Banach 格的张量积理论

黎永锦　著

科 学 出 版 社

北 京

内 容 简 介

本书基于作者在中山大学研究生讨论班主讲 Banach 格的张量积理论的讲稿,主要是关于 Banach 空间和 Banach 格的张量积基本概念与性质、Radon-Nikodym 性质和 Grothendieck 性质等几何性质在张量积的继承问题.

本书可供高等院校数学系研究生学习张量积理论和开展学术研究时参考.

图书在版编目(CIP)数据

Banach 格的张量积理论/黎永锦著. —北京:科学出版社,2020.12
ISBN 978-7-03-066973-5

I. ① B··· Ⅱ. ① 黎··· Ⅲ. ① 巴拿赫空间–张量分析 Ⅳ. ① O177.2

中国版本图书馆 CIP 数据核字(2020) 第 229393 号

责任编辑:李 欣 李香叶 / 责任校对:杨聪敏
责任印制:吴兆东 / 封面设计:无极书装

科学出版社 出版
北京东黄城根北街 16 号
邮政编码:100717
http://www.sciencep.com

北京厚诚则铭印刷科技有限公司 印刷
科学出版社发行 各地新华书店经销
*

2020 年 12 月第 一 版 开本:720×1000 1/16
2024 年 2 月第三次印刷 印张:12 1/2
字数:253 000
定价:98.00 元
(如有印装质量问题,我社负责调换)

前　言

　　Banach 空间张量积的研究可以追溯到 1966 年的菲尔兹奖获得者 Grothendieck 的博士学位论文《拓扑张量积和核型空间》(*Produits tensoriels topologiques et espaces nucléaires*) 和他 20 世纪 50 年代的两篇重要论文, 它们包含了 Banach 空间张量积范数的一般理论, 已经给出从一些范数产生新范数的方法, 开拓了泛函分析的一些新的研究方向, 其中一个方向就是 Banach 空间 X 和 Y 的张量积可以继承 Banach 空间 X 和 Y 的哪些几何性质. Bochner 关于 Radon-Nikodym 性质的研究在 1933 年就开始了, Birkhoff 在 1935 年证明了 Hilbert 空间具有 Radon-Nikodym 性质. Clarkson 在 1936 年引入了一致凸空间的概念, 并证明了一致凸 Banach 空间具有 Radon-Nikodym 性质. Radon-Nikodym 性质得到了深入和广泛的研究, 成为 Banach 空间几何的重要性质. Diestel 和 Uhl 在 1977 年提出问题: 两个具有 Radon-Nikodym 性质的 Banach 空间的张量积是否具有 Radon-Nikodym 性质? 1994 年的菲尔兹奖获得者 Bourgain 和 Pisier 在 1983 年构造了一个具有 Radon-Nikodym 性质的 Banach 空间 X, 使得 $X \hat{\otimes}_\pi X$ 不具有 Radon-Nikodym 性质. 卜庆营教授和他的合作者对两个具有 Radon-Nikodym 性质的 Banach 空间或 Banach 格的张量积是否具有 Radon-Nikodym 性质的问题进行了比较深入的研究.

　　1953 年, Grothendieck 发现了非自反的 Banach 空间 ℓ_∞ 的共轭空间 ℓ_∞^* 中序列的弱 $*$ 收敛与弱收敛是一致的, 容易知道自反空间具有这样的性质, 通常称这样的空间为 Grothendieck 空间. 1981 年 Haydon 构造了一个非自反的 Grothendieck 空间 $C(K)$ (K 为拟 Stonean 紧空间). 卜庆营教授和他的合作者对张量积是否能够继承 Grothendieck 性质的问题进行了仔细的研究, 得到了很多很好的结果.

　　本书的主要内容选自美国密西西比大学卜庆营教授和他的合作者发表的论文, 本人只是作了一些翻译和整理, 目的是方便我的研究生们学习和开展研究. 每一章基本上都是独立的, 可以分开阅读. 不过为了保持每一章的独立性, 有些概念可能会与其他章节重复, 某些表示的符号各章也没有统一, 一般情况下都是尽量保留原来论文的表述. 非常感谢卜庆营教授多年来的帮助和指导, 感谢国家自然科学基金 (项目编号: 11571378, 11971493) 的资助.

还要向我的学生们表示衷心的感谢, 陈炳任和刘琪翻译与整理了本书很多相关的资料, 胡必成等对本书的改进和校对做了很多的工作. 刘琪等在校对时提出了很多很好的意见.

黎永锦

2020 年 9 月于中山大学

目　录

符 号 表

c_0	所有收敛到 0 的数列 $x = (x_n)$ 构成的赋范空间
$c_0(X)$	所有 $\|x_n\|$ 收敛到 0 的序列 $x = (x_n), x_n \in X$ 构成的赋范空间
K	实数 $\mathbb{R}$ 或复数 $\mathbb{C}$
$B(X, Y)$	$X \times Y$ 上的双线性泛函全体
ℓ_p	所有 $\sum\limits_{n=1}^{\infty} |x_n|^p < \infty$ 的数列 $x = (x_n)$ 构成的赋范空间
$\ell_p(X)$	所有 $\sum\limits_{n=1}^{\infty} \|x_n\|^p < \infty$ 的序列 $x = (x_n), x_n \in X$ 构成的赋范空间
ℓ_p^n	K^n 在范数 $\|x\| = \left(\sum\limits_{i=1}^{n} |x_i|^p \right)^{\frac{1}{p}}$ 下构成的赋范空间
$L(X, Y)$	X 到 Y 的线性算子全体
$L(X, K)$	X 上的线性泛函全体, 就是 X^Π
X^Π	X 到 K 的线性泛函全体, 向量空间 X 的代数共轭
$\langle \varphi, x \rangle$	φ 在 x 点的值, 记为 $\varphi(x)$ 或 $\langle \varphi, x \rangle$
$\aleph_0$	阿列夫零, 可列集的基数
$\ker(A)$	算子 A 的核
$\mathcal{L}(X, Y)$	从 X 到 Y 的线性有界算子组成的空间
X^*	Banach 空间 X 的共轭空间
$\oplus$	Boolean 直和
$\otimes$	张量积
$\bar{\otimes}$	张量积子空间的闭包
$\perp$	正交符号
$\langle , \rangle$	内积空间
$\hat{\ }$	点函数: $\hat{s}(x) = x(s)$
$\circ$	两个函数的复合
$\wedge$	格意义下的最小值
$\vee$	格意义下的最大值
$\mathcal{R}(A)$	算子 A 的值域
$\mathbb{R}$	实线
$\mathbb{N}$	正整数集

χ_E	集合 E 的特征函数
$L_p(S)$	S 上的 Lebesgue 空间
$C(S)$	S 上连续函数组成的空间
$L_p(S,X)$	S 到 X 上 L_p-映射组成的空间
$L_\infty(S)$	S 上本性有界函数
$\ell_\infty(S)$	S 上有界函数
x_s	x 的下标: $x_s(t)=x(s,t)$
x^t	x 的上标: $x^t(s)=x(s,t)$
$\sum x_i \otimes y_i$	张量
$C(S,Y)$	S 到 Y 的连续函数全体
$\|A\|_\alpha$	算子 A 的 α 范数
$\mathcal{L}_\alpha(X,Y^*)$	算子的有界 α 范数
ℓ_p	p 阶可和数列组成的序列空间
$A \otimes B$	算子 A 与 B 的张量积
$A \otimes_\alpha B$	$A \otimes B$ 的连续延拓
δ	凸性模
$f|_A$	f 在集合 A 上的限制
$\lambda(W,Z)$	W 在 Z 中的射影常数
J_X	X 到 X^{**} 上的自然映射
$\mapsto$	映射符号
A^*	A 的伴随算子
I_Y	Y 上的单位算子
$\mathbb{R}^n$	n 维实空间
ℓ_p^n	$\mathbb{R}^n$ 上赋予 p 范数
$A \backslash B$	集合差
$\ell_\infty(S,X)$	S 到 X 的有界映射
$\bar{K}$	集合 K 的闭包
$S \times T$	两个集合的笛卡儿积
sgn	符号函数
$\lambda(W,Z)$	相对投影常数
$\|T\|_r$	T 的正则范数
$\mathcal{L}^r(X,Y)$	X 到 Y 的正则线性算子全体
C_i	$X \otimes Y$ 上的单射锥
$\|u\|_{|\pi|}$	正射影张量范数
$\ell_\varphi \tilde{\otimes}_i X$	ℓ_φ 和 X 上的正内射张量积
$\ell_\varphi \hat{\otimes}_F X$	ℓ_φ 和 X 上的正投射张量积

第 1 章　Banach 格

想象力比知识更重要, 因为知识是有限的, 而想象力概括着世界的一切, 推动着进步, 并且是知识进化的源泉.

Einstein (1879—1955, 德国物理学家)

泛函分析的主要研究对象是函数类, 为了研究函数之间的关系, 一般是考虑线性空间结构和拓扑空间结构, 比较容易的方法就是利用范数, 因此, Banach 空间理论得到深入的研究. 但是在函数空间, 如 $C[0,1]$ 和 $L_p[0,1]$ 等, 还具有序结构, 这是一种重要的属性, 在 Banach 空间没有得到反映. Banach 格就是将序与 Banach 空间结合起来, Banach 格结合了 Banach 空间和向量格的优点, 要求元素的 "绝对值" 越大, 它的长度就越长. 为了深入研究 Banach 格的结构, 一些序论的基本概念和问题是很重要的.

1.1　向　量　格

定义 1.1　设 X 是一个集合, $\geqslant$ 是 X 上的二元关系, 若 $\geqslant$ 具有反身性、传递性和反对称性, 即

(1) 对于任意 $x \in X$, 有 $x \geqslant x$.

(2) 对于任意 $x, y, z \in X$, 若 $x \geqslant y, y \geqslant z$, 则 $x \geqslant z$.

(3) 对于任意 $x, y \in X$, 若 $x \geqslant y, y \geqslant x$, 则 $x = y$.

则称 $\geqslant$ 是 X 上的一个偏序或序.

若 $x \geqslant y$, 并且 $x \neq y$, 则记为 $x > y$. 若 $x \geqslant y$, 则可记为 $y \leqslant x$.

设 Y 是 X 的子集, 若 $x \in X$, 对于任意 $y \in Y$, 都有 $x \geqslant y$, 则称 x 是 Y 的上界. 设 Y 是 X 的子集, 若 $x \in X$, 对于任意 $y \in Y$, 都有 $x \leqslant y$, 则称 x 是 Y 的下界.

设 Y 是 X 的子集, 若 $x \in X$, 不存在 $y \in Y$, 使得 $y \geqslant x$, 则称 x 是 Y 的极大元. 设 Y 是 X 的子集, 若 $x \in X$, 不存在 $y \in Y$, 使得 $y \leqslant x$, 则称 x 是 Y 的极小元.

设 Y 是 X 的子集, 若 $x \in Y$, 对于任意 $y \in Y$, 都有 $y \geqslant x$, 则称 x 是 Y 的最小元. 设 Y 是 X 的子集, 若 $x \in Y$, 对于任意 $y \in Y$, 都有 $y \leqslant x$, 则称 x 是 Y 的最大元.

例 1.1 设 X 是实数全体, Y 是区间 $(0,1]$, 则实数大小 $\geqslant$ 是 X 上的序, 1 是 Y 的最大元, 0 不是 Y 的最小元, 0 是 Y 的极小元.

称 $[x,y] = \{z \in X: \ x \leqslant z \leqslant y\}$ 为 x 和 y 的序区间. 对于 X 的子集 Y, 若 $x \in X$ 是 Y 最小的上界, 则称 x 是 Y 的上确界. 若 $x \in X$ 是 Y 最大的下界, 则称 x 是 Y 的下确界. 对于两个点的子集 $\{x,y\}$, 记 $x \wedge y$ 或 $\inf\{x,y\}$ 为 $\{x,y\}$ 的下确界, 记 $x \vee y$ 或 $\sup\{x,y\}$ 为 $\{x,y\}$ 的上确界.

定义 1.2 设 X 是一个实线性空间, $\leqslant$ 是 X 上的一个偏序. 若

(1) 当 $x \leqslant y$ 时, 有 $x \pm z \leqslant y \pm z$ 对任意 $z \in X$ 成立.

(2) 若对于任意 $x,y \in X$ 以及所有正实数 p, 有 $px \leqslant py$.

则称 X 是一个序线性空间.

定义 1.3 设 X 是序线性空间, 若对任意 $x,y \in X$, x 和 y 的最小上界 $x \vee y$ 且 x 和 y 的最大下界 $x \wedge y$ 都存在, 则称 X 为向量格或 Riesz 空间.

$C[0,1]$ 和 ℓ_p $(1 \leqslant p < \infty)$ 都是向量格.

在向量格中, 会使用下面的一些符号. 若 x 是向量格 X 的一个元素, 则

$$x^+ = x \vee 0, \quad x^- = (-x) \vee 0, \quad |x| = x^+ \vee x^-,$$

X 的正锥 X^+ 是指下面集合:

$$X^+ = \{x \in X: \ x \geqslant 0\}.$$

定理 1.1 设 X 是向量格. 则对任意 $x,y,z \in X$, 有

(1) $x+y = (x \vee y) + (x \wedge y)$, 且 $x \vee y = -[(-x) \wedge (-y)]$;

(2) $(x \vee y) + z = (x + z) \vee (y + z)$, 且 $(x \wedge y) + z = (x + z) \wedge (y + z)$;

(3) $x = x^+ - x^-$, $|x| = x^+ + x^-$, 且 $x^+ \wedge x^- = 0$;

(4) 若 $x = u + v, u,v \in X^+, u \wedge v = 0$, 则 $x^+ = u$, 且 $x^- = v$;

(5) 对所有实数 a, 有 $|ax| = |a||x|$;

(6) $|x+y| \leqslant |x| + |y|$, 且若 $|x| \wedge |y| = 0$, 则 $|x + y| = |x| + |y| = |x| \vee |y|$;

(7) $(x \vee y) \wedge z = (x \wedge z) \vee (y \wedge z)$, 且 $(x \wedge y) \vee z = (x \vee z) \wedge (y \vee z)$;

(8) (Riesz 分解性质) 若 $0 \leqslant z \leqslant x+y, x,y \geqslant 0$, 则存在 $u \in X^+$ 和 $v \in X^+, u \leqslant x, v \leqslant y$, 使得 $z = u + v$;

(9) $|x - y| = (x \vee y) - (x \wedge y) = |(x \vee z) - (y \vee z)| + |(x \wedge z) - (y \wedge z)|$.

证明 这里只给出了 Riesz 分解性质的证明.

设 $x,y,z \in X^+$, $0 \leqslant z \leqslant x+y$. 令 $u = x \wedge z, v = z - u$, 则由 $x,z \in X^+$ 可知 $u \geqslant 0$. 并且 $u = x \wedge z \leqslant x, u = x \wedge z \leqslant z$.

由于 $u \leqslant z$, 因此, $v = z - u \geqslant 0$.

另外, $v = z - u \leqslant x + y - u \leqslant y$. 因此

$$
\begin{aligned}
y - v &= y - (z - u) = y - z + u = (y - z) + (x \wedge z) \\
&= y + (x - z) \wedge (z - z) = y + ((x - z) \wedge 0) \\
&= (y + x - z) \wedge y = (x + y - z) \wedge y \geqslant 0.
\end{aligned}
$$

所以, $u \leqslant x, v \leqslant y$, 满足 $z = u + v$. ∎

设 X 是 Banach 空间, 若 X 是向量格, 并且当 $0 \leqslant x \leqslant y$ 时, 有 $\|x\| \leqslant \|y\|$, 则称 X 是一个 Banach 格. 明显地, 对于任意 $x \in X$, 有 $\|x\| = \| |x| \|$.

定义 1.4 设 X 是 Banach 格, 网 $\{x_\alpha\}$ 属于 X, 若 $\alpha \geqslant \beta$, 有 $x_\alpha \geqslant x_\beta$ (或者 $x_\alpha \leqslant x_\beta$), 则称 $\{x_\alpha\}$ 是增加的 (或者减少的), 记为 $x_\alpha \uparrow$ (或者 $x_\alpha \downarrow$).

记号 $x_\alpha \downarrow x$ 表示 $x_\alpha \downarrow$, 并且 $\inf\{x_\alpha\} = x, x_\alpha \uparrow x$ 表示 $x_\alpha \uparrow$, 并且 $\sup\{x_\alpha\} = x$.

定理 1.2 设 X 是一个 Banach 格, 则

(1) 格运算是连续的;

(2) X^+ 是闭的;

(3) 如果 $\{x_n\}$ 是一个增加的序列, 并且 $x = \lim\limits_{n \to \infty} x_n$ 依范数收敛, 则 $x = \sup\limits_{n}\{x_n\}$.

证明 (1) 由于

$$
\begin{aligned}
|x_n \wedge y_n - x \wedge y| &\leqslant |x_n \wedge y_n - x_n \wedge y| + |x_n \wedge y - x \wedge y| \\
&\leqslant |y_n - y| + |x_n - x|.
\end{aligned}
$$

因此

$$
\begin{aligned}
\|x_n \wedge y_n - x \wedge y\| &= \| |(x_n \wedge y_n) - (x \wedge y)| \| \\
&\leqslant \| |y_n - y| + |x_n - x| \| \\
&\leqslant \| |y_n - y| \| + \| |x_n - x| \| \\
&= \|y_n - y\| + \|x_n - x\|,
\end{aligned}
$$

所以, (1) 得证.

(2) 若 $x_n \in X^+$, $x_n \to x$, 则 $x = \lim x_n = \lim(x_n \vee 0) = (\lim\limits_{n} x_n) \vee 0 = x \vee 0$. 因此, $x = x \vee 0$, 并且 $x = \lim\limits_{n} x_n \in X^+$. 所以, X^+ 是闭集.

(3) 若对所有 $n \in \mathbb{N}$, 有 $x_n \leqslant x_{n+1}$, 并且 $x = \lim\limits_{n} x_n$, 则对于任意 $m \geqslant n$, 有 $x_m - x_n \geqslant 0$. 由 (2) 可知 $x - x_n = \lim\limits_{m}(x_m - x_n) \geqslant 0$.

因此, 对于每个 n, 有 $x \geqslant x_n$, 故 x 是 $\{x_n : n \in \mathbb{N}\}$ 的上界.

假设 $u \in X$, 对所有 n, 有 $x_n \leqslant u \leqslant X$, 则

$$u = x \wedge u = \lim_n x_n \wedge u = \lim_n x_n = x.$$

所以, $\sup\limits_n x_n = \lim\limits_{n \to \infty} x_n$.   ∎

定义 1.5 设 X 是 Banach 格, 则

(1) 若 U 是 X 的子空间, 对于任意 $x, y \in U$, 都有 $x \vee y \in U, x \wedge y \in U$, 则称 U 是 X 的子格.

(2) 若 A 是 X 的子集, 对于某个 $y \in A$, 所有满足 $|x| \leqslant |y|$ 的 x 都属于 A, 则称 A 是实体的 (solid).

(3) X 的每个实体子空间 I 称为 X 的理想 (或者序理想).

(4) 设 B 是 X 的理想, 若对于每个子集 $A \subseteq B$, 都有上确界 $\sup(A) \in B$, 则称 B 是一个带 (band).

(5) 设 B 是 X 的一个带, 若存在线性投影 $P : X \to B$, 使得 $0 \leqslant Px \leqslant x$ 对所有 $x \in X^+$ 成立, 则称 B 是投影带. 这样的投影称为带投影 (band projection).

例 1.2 若 c 记所有收敛的实数序列, 则 c 是 ℓ_∞ 的子格, 但它不是 ℓ_∞ 的理想. c_0 是 ℓ_∞ 的理想, 但不是 ℓ_∞ 的带. 实际上, 若 $v_n = e_1 + e_2 + \cdots + e_n$, 则 $e = \sup\{v_n : n \in \mathbb{N}\}$ 在 ℓ_∞ 存在, 但它不属于 c_0.

定义 1.6 设 A 是 Banach 格 X 的子集, 则用 $U(A), I(A)$ 和 $B(A)$ 分别记由 A 生成的子格、理想和带. 由单点集 $\{x\}$ 生成的理想 X_x 和带 B_x 分别称为主理想和主带.

容易验证, 对于 $x \in X^+$, 有 $X_x = \bigcup\{n[-x, x] : n \in \mathbb{N}\}$.

定义 1.7 设 X 是 Banach 格, $e \in X^+$, 若 $X_e = X$, 则称 e 是 X 的序单位或者强单位 (order unit or strong unit). 若 $B_e = X$, 则称 e 是 X 的弱单位 (weak unit).

定义 1.8 设 X 是 Banach 格, 若对于任意 $x \in X^+, n \in \mathbb{N}$, 都有 $n^{-1}x \downarrow 0$, 则称 Banach 格 X 是 Archimedean (阿基米德的).

1.2 Banach 格的共轭空间

共轭在 Banach 格的研究中起着很重要的作用, 正线性泛函是很好的研究工具.

定义 1.9 设 X 和 Y 是 Banach 格, $T : X \to Y$ 是线性算子, 若当 $x \geqslant 0$ 时, 有 $Tx \geqslant 0$, 则称 T 是正线性算子.

性质 1.1 设 X 和 Y 是 Banach 格, 若 $T : X \to Y$ 是线性算子, 则 T 是正线性算子的充要条件为 $|Tx| \leqslant T|x|$.

证明 若 T 是正线性算子, 则由 $-|x| \leqslant x \leqslant |x|$ 可得 $-T|x| \leqslant Tx \leqslant |x|$. 反过来, 对于 $x \geqslant 0$, 有 $0 \leqslant |Tx| \leqslant T|x| = Tx$. 所以, T 是正线性算子. ∎

Banach 空间的线性算子是否连续可以用算子的范数来刻画, 对于线性算子 $T : X \to Y$, 有

$$\|T\| = \sup\{\|Tx\| : \|x\| \leqslant 1\}.$$

性质 1.2 设 X 和 Y 是 Banach 格, 若 $T : X \to Y$ 是正线性算子, 则

$$\|T\| = \sup\{\|Tx\| : x \geqslant 0, \|x\| \leqslant 1\}.$$

证明 由于 $\|T\| = \sup\{\|Tx\| : \|x\| \leqslant 1\} \geqslant \sup\{\|Tx\| : x \geqslant 0, \|x\| \leqslant 1\}$, 因此, 只需证明相反的不等式.

对于每个 $\|x\| \leqslant 1$, 有 $|x| = x^+ + x^- \geqslant 0$, $\|x\| = \||x|\| \leqslant 1$. 由于 $T|x| \geqslant |Tx|$, 因此, $\| T|x| \| \geqslant \| |Tx| \| = \|Tx\|$. 故

$$\sup\{\|Tx\| : \|x\| \leqslant 1\} \leqslant \sup\{\|Tx\| : x \geqslant 0, \|x\| \leqslant 1\},$$

所以, 结论成立. ∎

在 Banach 空间中, 线性算子不一定是连续的. 在 Banach 格中, 有下面的结论成立.

定理 1.3 在 Banach 格之间的正线性算子是连续的.

证明 由于 Banach 格是 Banach 空间, 因此, 只需证明正线性算子 $T : X \to Y$ 是有界线性算子.

假如 T 是 Banach 格 X 和 Y 之间的正线性算子, 但它是无界的, 则 T 在 $B_X \subseteq B_{X^+} - B_{X^+}$ 上也是无界的, 这里 $B_{X^+} = X^+ \cap B_X$. 实际上, 若 $x \in B_X$, 则 $x = x^+ - x^-$. 这是由于 $0 \leqslant x^+,\ x^- \leqslant |x| \in B_X$ 可推出 $x^+,\ x^- \in B_{X^+}$. 因此, T 在 B_{X^+} 上是无界的.

由此在 B_{X^+} 中可以找到一个序列 $\{x_n\}$, 使得对于每个 n, 有

$$\|Tx_n\| \geqslant n^3.$$

明显地, 有

$$z = \sum_n \frac{x_n}{n^2} \in X^+.$$

并且对每个 n, 有

$$z \geqslant \frac{x_n}{n^2}.$$

因此, 由 T 是正线性算子可知

$$Tz \geqslant T\left(\frac{x_n}{n^2}\right) = \frac{Tx_n}{n^2} \geqslant 0.$$

故

$$\|Tz\| \geqslant \frac{\|Tx_n\|}{n^2} \geqslant \frac{n^3}{n^2} = n,$$

对于任意大的 n 都成立, 但是 $\|Tz\|$ 是一个有限的固定值, 矛盾. 所以, Banach 格 X 和 Y 之间的正线性算子一定是有界线性算子, 从而是连续算子. ■

　　为了深入了解 Banach 格中的线性连续泛函, 下面在 X 上引入序有界线性泛函. 设 B 是向量格 X 中的子集, 若 $x \in X^+$, 对所有 $b \in B$, 有 $|b| \leqslant x$, 则称 B 是序有界的.

　　定义 1.10　设 f 是 X 上的线性泛函, 若 f 将 X 中的序有界集都映为 $\mathbb{R}$ 中的有界集, 则称 f 是序有界线性泛函, 记 X 上全体序有界的线性泛函为 $X^{\#}$.

　　对于 $f, g \in X^{\#}$, 若当 $x \in X^+$ 时, $f(x) \leqslant g(x)$, 则 $f \leqslant g$.

　　格运算由其在 X^+ 上的值给出, 即当 $x \in X^+$ 时, 有

$$(f \vee g)(x) = \sup\{f(y) + g(z) : \ y, z \in X^+, \ x = y + z\},$$

$$(f \wedge g)(x) = \inf\{f(y) + g(z) : \ y, z \in X^+, \ x = y + z\},$$

$$|f|(x) = \sup\{|f(z)| : \ 0 \leqslant z \leqslant x\},$$

$$f^+(x) = \sup\{f(y) : \ 0 \leqslant y \leqslant x\},$$

$$f^-(x) = -\inf\{-f(y) : \ 0 \leqslant y \leqslant x\}.$$

如果 $\mathcal{F}$ 是有上界的 $X^{\#}$ 的非空有向子集, 则 $g = \sup \mathcal{F}$ 由 $g(x) = \sup\limits_{f \in \mathcal{F}} f(x)$ 在 X^+ 上给出.

　　定义 1.11　设 X 是向量格, 若 X 中每个有上界的非空子集都至少有一个最小上界, 则称 X 是向量 Dedekind 完备的或者序完备的. 若 X 每个有上界的非空可数子集都至少有一个最小上界, 则称 X 是向量 σ-Dedekind 完备的或者 σ-序完备的.

　　在向量格中, 可加且正齐次的泛函在整个向量空间有唯一的线性延拓.

　　定理 1.4　X 上所有序有界线性泛函的线性空间 $X^{\#}$ 是一个 Dedekind 完备的向量格.

　　证明　假设 $f, g \in X^{\#}$ 和 $k \in X^{\#}$, 其中 $f, g \leqslant k$. 定义 $h : X^+ \to \mathbb{R}$ 为

$$h(x) = \sup\{f(y) + g(x - y) : \ 0 \leqslant y \leqslant x\}.$$

很明显, 若 $0 \leqslant y \leqslant x$, 则

$$f(y) + g(x - y) \leqslant k(y) + k(x - y) = k(x).$$

因此, $h(x) \leqslant k(x)$.

因此, 如果 h 是线性的 (在 E^+ 上) 且序有界, 则它必须是 $f \vee g$. 很容易看到 h 在 E^+ 上是正齐次的. 对于 $\lambda \geqslant 0$, 有

$$
\begin{aligned}
h(\lambda x) &= \sup\{f(y) + g(\lambda x - y) : 0 \leqslant y \leqslant \lambda x\} \\
&= \sup\{f(\lambda z) + g(\lambda x - \lambda z) : \lambda z = y, \ 0 \leqslant y \leqslant \lambda x\} \\
&= \lambda \sup\{f(z) + g(x - z) : 0 \leqslant z \leqslant x\} \\
&= \lambda h(x).
\end{aligned}
$$

利用向量格的 Riesz 分解性质中的可加性. 设 $x, x_1, x_2 \in X^+$, 其中 $x = x_1 + x_2$. 若 $0 \leqslant y \leqslant x$, 则可以找到 $y_1 \in [0, \ x_1]$ 以及 $y_2 \in [0, \ x_2]$, 使得 $y = y_1 + y_2$. 故

$$
\begin{aligned}
f(y) + g(x - y) &= f(y_1 + y_2) + g((x_1 + x_2) - (y_1 + y_2)) \\
&= [f(y_1) + g(x_1 - y_1)] + [f(y_2) + g(x_2 - y_2)] \\
&\leqslant h(x_1) + h(x_2).
\end{aligned}
$$

因此

$$
h(x_1 + x_2) \leqslant h(x_1) + h(x_2).
$$

取 $0 \leqslant y_1 \leqslant x_1$ 和 $0 \leqslant y_2 \leqslant x_2$, 则 $0 \leqslant y_1 + y_2 \leqslant x_1 + x_2 = x$. 因此

$$
\begin{aligned}
f(y_1) + g(x_1 - y_1) + f(y_2) + g(x_2 - y_2) &= f(y_1 + y_2) + g((x_1 + x_2) - (y_1 + y_2)) \\
&= f(y_1 + y_2) + g(x - (y_1 + y_2)) \\
&\leqslant \sup\{f(y) + g(x - y) : 0 \leqslant y \leqslant x\} \\
&= h(x).
\end{aligned}
$$

固定 y_2, 当 $0 \leqslant y_1 \leqslant x_1$ 时, 有

$$
f(y_1) + g(x_1 - y_1) \leqslant h(x) - [f(y_2) + g(x_2 - y_2)].
$$

因此, 当 $0 \leqslant y_2 \leqslant x_2$ 时, 有

$$
h(x_1) \leqslant h(x) - [f(y_2) + g(x_2 - y_2)],
$$

因而, 当 $0 \leqslant y_2 \leqslant x_2$ 时, 有

$$
f(y_2) + g(x_2 - y_2) \leqslant h(x) - h(x_1).
$$

当 y_2 取遍它的定义域时, 即 $0 \leqslant y_2 \leqslant x_2$, 有

$$
h(x_2) \leqslant h(x) - h(x_1),
$$

即

$$h(x_1) + h(x_2) \leqslant h(x).$$

因此, h 在 X^+ 上是可加的且正齐次的. 显然, h 在 $[0,\ x]$ 上以 k 为界, 所以, $h \in X^\#$.

最后, 若 $\mathcal{F}$ 是 $X^\#$ 中的非空定向集, 并且在 $X^\#$ 上有上界, 则泛函

$$u\colon X^+ \to \mathbb{R},\ u(x) = \sup\{f(x)\colon f \in \mathcal{F}\}\quad (x \geqslant 0)$$

在 X^+ 上是正齐次的且可加的, 在 X^+ 上由 $\mathcal{F}$ 的上界控制.

另外, 假设 $x, x_1, x_2 \in X^+$, 且 $x = x_1 + x_2$. 一方面, 若 $f_1, f_2 \in \mathcal{F}$, 且 $f \in \mathcal{F}$, $f \geqslant f_1, f_2$, 则

$$f_1(x_1) + f_2(x_2) \leqslant f(x_1) + f(x_2) = f(x_1 + x_2) = f(x) \leqslant u(x),$$

由此可得 $u(x_1) + u(x_2) \leqslant u(x)$. 另一方面, 有

$$
\begin{aligned}
u(x) &= \sup\{f(x)\colon f \in \mathcal{F}\}\\
&= \sup\{f(x_1) + f(x_2)\colon f \in \mathcal{F}\}\\
&\leqslant \sup\{f(x_1)\colon f \in \mathcal{F}\} + \sup\{f(x_2)\colon f \in \mathcal{F}\}\\
&= u(x_1) + u(x_2).
\end{aligned}
$$
∎

明显地, 正线性泛函是线性泛函, 因此一定在 $X^\#$ 中, $X^\#$ 是一个向量格, 它的正锥可由正线性泛函构成, $X^\# = X^{\#+} - X^{\#-}$. 当 f 是两个正线性函数在 X 上的差时, 有 $f \in X^\#$.

推论 1.1   设 X 是一个 Banach 格, 则 $X^* = X^\#$.

证明   若 X 是一个 Banach 格, 则 X 上的正线性泛函是连续的 (就像所有 Banach 格上的正线性算子一样), 因此 $X^\# \subseteq X^*$.

由于 X^* 的元素在所有有界集上都是有界的, 因此, 它在序有界集上也是有界的, 所以, $X^* \subseteq X^\#$. ∎

命题 1.1   设 X 是一个 Banach 格, 若 $x^* \in X^*$, 则

$$|x^*(x)| \leqslant |x^*|(|x|).$$

证明   对于 $x^*, y^* \in X^*$, 若 $x \geqslant 0$, 则

$$(x^* \vee y^*)(x) = \sup\{x^*(u) + y^*(x - u)\colon 0 \leqslant u \leqslant x\},$$

并且, 当 $0 \leqslant x - u \leqslant x$ 时, 有 $0 \leqslant u \leqslant x$. 故在 $x \geqslant 0$ 时, 有

$$
\begin{aligned}
|x^*|(x) &= [x^* \vee (-x^*)](x) \\
&= \sup\{x^*(u) + (-x^*)(x - u) : 0 \leqslant u, \ x - u \leqslant x\} \\
&= \sup\{x^*(u - (x - u)) : 0 \leqslant u, \ x - u \leqslant x\} \\
&= \sup\{x^*(y - z) : 0 \leqslant y, z \text{ 且 } y + z = x\}.
\end{aligned}
$$

很明显, 若 $0 \leqslant y, z$ 且 $y + z = x$, 则 $y - z \leqslant y + z = x$ 和 $z - y \leqslant z + y = x$, 所以, $|y - z| \leqslant x$. 因此, 若 $x \geqslant 0$, 则

$$
|x^*|(x) \leqslant \sup\{x^*(w) : |w| \leqslant x\}.
$$

另一方面, 若 $|w| \leqslant x$, 则

$$
\begin{aligned}
x^*(w) &= x^*(w^+ - w^-) \\
&= x^*(w^+) - x^*(w^-) \\
&\leqslant |x^*|(w^+) + |x^*|(w^-) \\
&= |x^*|(|w|) \\
&\leqslant |x^*|(x),
\end{aligned}
$$

由此, 若 $x \geqslant 0$, 则

$$
|x^*|(x) = \sup\{x^*(w) : |w| \leqslant x\} = \sup\{|x^*(w)| : |w| = x\}
$$

且对一般的 x, 有

$$
|x^*(x)| \leqslant |x^*|(|x|). \qquad \blacksquare
$$

推论 1.2 Banach 格的共轭空间是一个 Banach 格. 若 $x^* \in X^*$, 则

$$
\|x^*\| = \sup\{|x^*(x)| : x \geqslant 0, \|x\| \leqslant 1\}.
$$

证明 若 $|x^*| \leqslant |y^*|$, 则

$$
\begin{aligned}
\|x^*\| &= \sup\{|x^*(x)| : x \in B_X\} \\
&\leqslant \sup\{|x^*|(|x|) : x \in B_X\} \\
&= \sup\{|x^*|(p) : 0 \leqslant p \in B_X\} \\
&\leqslant \sup\{|y^*|(p) : 0 \leqslant p \in B_X\},
\end{aligned}
$$

对于 $p \geqslant 0$, 有

$$|y^*|(p) = \sup\{y^*(u) - y^*(p-u): 0 \leqslant u \leqslant p\}$$
$$= \sup\{y^*(p-2u): 0 \leqslant u \leqslant p\},$$

因此

$$\|x^*\| \leqslant \sup\{y^*(p-2u): 0 \leqslant u \leqslant p \in B_X\}$$
$$\leqslant \sup\{\|y^*\|\|p-2u\|: 0 \leqslant u \leqslant p \in B_X\}.$$

若 $0 \leqslant u \leqslant p$, 则 $p-u$ 和 u 是 X 的正元素, 并且其和为 p, 因此, $|(p-u)-u| \leqslant p$ ($(p-u)-u \leqslant p-u \leqslant p$ 和 $u-(p-u) \leqslant p$, 故 $\pm[(p-u)-u] \leqslant p$), 因而

$$\|p-2u\| = \| \, |p-2u| \, \| = \| \, |(p-u)-u| \, \| \leqslant \|p\| = 1.$$

所以

$$\|x^*\| \leqslant \|y^*\|. \qquad\qquad\blacksquare$$

推论 1.3　设 X^{**} 是 Banach 格 X 的二次共轭空间, 则对于任何 $x \in X, x \geqslant 0$ 当且仅当 $\hat{x} = Jx \geqslant 0$, 这里 J 是从 X 到 X^{**} 的自然嵌入映射.

证明　实际上, 由于

$$x \geqslant 0 \Rightarrow x^*(x) \geqslant 0 \text{ 对每一个 } x^* \in (X^*)^+ \text{ 成立}$$
$$\Rightarrow \hat{x}(x^*) \geqslant 0 \text{ 对每一个 } x^* \in (X^*)^+ \text{ 成立}$$
$$\Rightarrow \hat{x} \geqslant 0 \text{ 成为 } (X^*)^* \text{ 的元素}.$$

反过来, 若对于某个 $x \notin X^+$, 有 $\hat{x} \geqslant 0$, 则由 X^+ 是闭集可知, 存在 $x^* \in X^*$, 使得 $x^*(x) < 0$. 并且对每个 $p \in X^+$ 有 $x^*(p) \geqslant 0$. 显然, 这样的 x^* 是一个正的线性泛函. 因此

$$0 \leqslant \hat{x}(x^*) = x^*(x) < 0.$$

矛盾. 所以, 当 $\hat{x} \geqslant 0$ 时, 一定有 $x \in X^+$. $\qquad\qquad\blacksquare$

1.3　格　同　态

定义 1.12　向量格 X 和 Y 之间的线性映射被称为格同态, 如果对任意 $x_1, x_2 \in X$, 有 $u(x_1 \vee x_2) = u(x_1) \vee u(x_2)$ 和 $u(x_1 \wedge x_2) = u(x_1) \wedge u(x_2)$.

由于格同态是线性映射, 因此, $u(-x) = -u(x)$, 且对任意 $x_1, x_2 \in X$, 有 $x_1 \vee x_2 = -(-x_1 \wedge -x_2)$ 和 $x_1 \wedge x_2 = -(-x_1 \vee -x_2)$ 成立.

命题 1.2 若 $u: X \to Y$ 是向量格 X 和 Y 之间的一个线性算子, 则下面命题是等价的:

(1) u 是一个格同态;

(2) 对任意 $x \in X$, 有 $|u(x)| = u(|x|)$;

(3) 对任意 $x \in X$, 有 $u(x^+) \wedge u(x^-) = 0$.

证明 明显地, 由于 $x^+ \wedge x^- = 0$, 因此, (1) 推出 (3).

若 (3) 对于 u 成立, 则 u 是一个正算子. 实际上, 若 $x \in x^+$, 则 $x = x^+$, 且 $x^- = 0$. 因此, 由 (3) 可知 $u(x) \geqslant u(x^+) \wedge u(x^-) = 0$, 所以, 对任意 $x \geqslant 0$ 有 $u(x) \geqslant 0$, 即 u 是一个正算子.

若 $u(x) = u^+ - u^-, u^+ \wedge u^- = 0$ 是 $u(x)$ 的唯一分解, 则由 (3) 可知 $u(x^+) = u(x)^+$ 和 $u(x^-) = u(x)^-, |u(x)| = u(x)^+ + u(x)^- = u(x^+) + u(x^-) = u(x^+ + x^-) = u(|x|)$ 成立. 所以, (3) 推出 (2).

最后, 假设 (2) 成立, 则明显有 $u \geqslant 0$. 因此, $u(x)^+ = u(x) \vee 0 \leqslant u(x^+) \vee u(x^+) = u(x^+)$ 和 $u(x)^- \leqslant u(x^-)$.

由 (2) 可知

$$u(x)^+ + u(x)^- = |u(x)| = u(|x|) = u(x^+) + u(x^-).$$

因此, 对任意 $x \in X$, 有 $u(x)^+ = u(x^+)$ 与 $u(x)^- = u(x^-)$.

对于任意 $x, y \in X$, 有

$$x \vee y = x + y - x \wedge y = y + (x - x \wedge y) = y + [-[(x \wedge y) - x]]$$
$$= y + [-[0 \wedge (y - x)]] = y + [0 \vee (x - y)] = y + (x - y)^+.$$

因此

$$u(x \vee y) = u(y) + u((x - y)^+) = u(y) + [u(x - y)]^+$$
$$= u(y) + [u(x) - u(y)]^+ = u(x) \vee u(y),$$

所以, u 是格同态, 即 (2) 推出 (1). ∎

定义 1.13 若 X 的子集 I 是线性的, 并且对给定 $x \in X$ 和 $i \in I$, 满足 $|x| \leqslant |i|$, 有 $x \in I$, 则称 I 是 X 的一个理想.

推论 1.4 设 X 是 Banach 格且 $x^* \in X^*$, 则下面关于 x^* 的命题是等价的:

(1) x^* 是一个格同态;

(2) 对每个 $x \in X$, 有 $\min\{x^*(x^+), x^*(x^-)\} = 0$;

(3) $x^* \in X^*$ 且 $\ker(x^*)$ 是一个理想;

(4) $x^* \in X^{*+}$ 和 $X_{x^*}^*$ 是一维的, 这里 $X_{x^*}^*$ 是 X^* 中由 x^* 生成的理想, 也就是说, 若存在 $c > 0$ 使得 $|y^*| \leqslant cx^*$, 则有 $y^* \in X_{x^*}^*$.

证明   前面已经知道, (1) 和 (2) 是等价的.

若 (1) 成立, 则由 x^* 是一个格同态可知 $x^* \geqslant 0$. 对于 $x \in \ker(x^*)$, 不妨设 $|y| \leqslant |x|$, 则

$$|x^*(y)| = x^*(|y|) \leqslant x^*(|x|) = |x^*(x)| = 0,$$

因此, $y \in \ker(x^*)$. 故 $\ker(x^*)$ 是一个理想, 所以, (3) 成立.

假设 (2) 不成立, 设 $x \in X$, 满足 $x^*(x^+) \wedge x^*(x^-) > 0$, 则选取 $a > 0$, 使得 $x^*(x^+ - ax^-) = 0$, 因此, $x^+ - ax^- \in \ker(x^*)$. 由于 $x^+ \leqslant |x^+ - ax|$, 并且 $ax^- \leqslant |x^+ - ax|$. 若 (3) 成立, 则 $x^*(x^+) = 0, x^*(ax^-) = 0$. 因此, (3) 推出 (2). 所以, (1), (2) 和 (3) 都是等价的.

最后证明 (4) 与其他三个条件都是等价的. 若 $y^* \in X^*, |y^*| \leqslant x^*$, 则对任意 $x \in X$, 有 $|y^*(x)| \leqslant x^*(|x|)$. 若 (1) 到 (3) 都是成立的, 则 $|x^*(x)| = x^*(|x|)$. 因此, 当 $|y^*| \leqslant x^*$ 时, 有 $\ker(y^*) \supseteq \ker(x^*)$. 从而, $\ker(y^*) = X$ 或 $\ker(y^*) = \ker(x^*)$. 若 $\ker(y^*) = X$, 则 $y^* = 0$. 若 $\ker(y^*) = \ker(x^*)$, 则存在某个 α, 满足 $|\alpha| \leqslant 1$, 使得 $y^* = \alpha x^*$. 所以, $X^*_{x^*}$ 都是一维的.

反过来, 若 (4) 成立. 固定 $x \in X$, 在 X^+ 上定义 y^* 如下:

$$y^*(y) = \lim_n x^*(y \wedge nx^+).$$

明显地, y^* 在 X^+ 上是正齐次的. 既然对于 $p, q \in X^+$, 有

$$(p + q) \wedge (nx^+) \leqslant (p \wedge (nx^+)) + (q \wedge (nx^+)),$$

很容易看出 y^* 是次可加的. 若固定 $\varepsilon > 0$, 选取 n, 使得

$$y^*(p) \leqslant x^*(p \wedge (nx^+)) + \varepsilon \quad 且 \quad y^*(q) \leqslant x^*(q \wedge (nx^+)) + \varepsilon,$$

故

$$\begin{aligned}
y^*(p) + y^*(q) &\leqslant x^*([p \wedge (nx^+)] + [q \wedge (nx^+)]) + 2\varepsilon \\
&\leqslant x^*((p + q) \wedge (2nx^+)) + 2\varepsilon \\
&\leqslant y^*(p + q) + 2\varepsilon.
\end{aligned}$$

因此, y^* 是可加的.

明显地, 有 $0 \leqslant y^* \leqslant x^*$. 由 (4) 可知存在某个 $a \geqslant 0$, 使得 $y^* = ax^*$. 若 $x^*(x^+) > 0$, 则 $y^*(x^+) = x^*(x^+)$, 因此可知 $a = 1$. 从而 $x^*(x^-) = y^*(x^-) = 0$, 所以, (2) 成立. ∎

定理 1.5   Banach 格 X 到它的二次共轭空间的自然映射 $J : x \to \hat{x}$ 是向量格的等距同构.

证明 根据前面的命题, 只需证明 $(\hat{x})^+$ 和 $\widehat{x^+}$ 在 x^{**} 中是相同的.

一方面, 容易知道 $J: x \to \hat{x}$ 是一个正的线性等距映射, 并且 $x \leqslant x^+ = x \vee 0$, 因此, $\hat{x} \leqslant \widehat{x^+}$, 于是 $(\hat{x})^+ = \hat{x} \vee 0 \leqslant \widehat{x^+} \vee 0 = \widehat{x^+}$.

另一方面, 若 x^* 是一个固定的正线性泛函, 并在 X^+ 上定义 χ 如下:

$$\chi(y) = \sup\left\{ x^*(y') \;\middle|\; 0 \leqslant y' \leqslant y,\ y' \in \bigcup_n n[0,\ x^+] \right\},$$

则利用前面的推论, 可以证明 χ 是正齐次的且可加的. 因此, 可将 χ 延拓到正线性泛函 $y^* \in X^*$. 容易知道 $0 \leqslant y^* \leqslant x^*$ 和 $y^*(x^-) = 0$. 故

$$y^*(x) = y^*(x^+) = x^*(x^+),$$

并且

$$\widehat{x^+}(x^*) = x^*(x^+) = y^*(x) \leqslant \sup_{0 \leqslant z^* \leqslant x^*} z^*(x) = (\hat{x})^+(x^*)\,. \blacksquare$$

1.4 AM-空间和 AL-空间

AM-空间和 AL-空间在 Banach 格理论和 Banach 空间理论中起着重要的作用.

定义 1.14 设 X 是 Banach 格, 若当 $x, y \in X^+$ 时, 有 $\|x \vee y\| = \|x\| \vee \|y\|$, 则称 Banach 格 X 为 AM-空间.

若 B_X 有一个最大的元 u, 则 u 被称为 X 的序单位.

定义 1.15 设 X 是 Banach 格, 若当 $x, y \in X^+$ 时, 有 $\|x+y\| = \|x\| + \|y\|$, 则称 Banach 格 X 为 AL-空间.

定理 1.6 设 X 是一个 Banach 格.

(1) X 是 AM-空间当且仅当 X^* 是 AL-空间;

(2) X 是 AL-空间当且仅当 X^* 是有序单位元的 AM-空间.

证明 若 X 是 AM-空间, 令 x^*, y^* 是 X 上的正线性泛函, 则对于 B_X 中任何 $x, y \geqslant 0$, 有 $\|x \vee y\| = \|x\| \vee \|y\| \leqslant 1$, 于是

$$x^*(x) + y^*(y) \leqslant x^*(x \vee y) + y^*(x \vee y) = (x^* + y^*)(x \vee y)$$

$$\leqslant \|x^* + y^*\|\|x \vee y\| \leqslant \|x^* + y^*\|.$$

因此, 对于固定的 y^*, 当 $x \geqslant 0, x \in B_X$ 时, 有

$$x^*(x) \leqslant \|x^* + y^*\| - y^*(y).$$

故

$$\|x^*\| = \sup\{x^*(x): \ 0 \leqslant x, x \in B_X\}$$

$$\leqslant \|x^* + y^*\| - y^*(y).$$

类似地, 对于 $0 \leqslant y, y \in B_X$, 有

$$y^*(y) \leqslant \|x^* + y^*\| - \|x^*\|,$$

因此

$$\|y^*\| = \sup\{y^*(y): \ 0 \leqslant y, y \in B_X\}$$

$$\leqslant \|x^* + y^*\| - \|x^*\|.$$

所以, $\|x^*\| + \|y^*\| \leqslant \|x^* + y^*\|$. 根据三角不等式可知 X^* 是 AL-空间.

假设 X 是一个 AL-空间. 在 X^+ 上定义 e^* 如下:

$$e^*(x) = \|x\|.$$

则 e^* 是可加的且正齐次的. 由于 X 是一个 AL-空间, 因此, e^* 延拓为 X^* 的元, 根据它的定义, 它在 X 上是一个正的线性泛函. 取 $x^* \in B_{X^*}$, 则对于任意 $x \in B_X, x \geqslant 0$, 有

$$x^*(x) \leqslant \|x\| = e^*(x).$$

于是可得 $B_{X^*} \subseteq [-e^*, \ e^*]$.

由于 $\|e^*\| = 1, B_{X^*} = [-e^*, \ e^*]$, 因此, $X^* = X_{e^*}^*$ 是有序单位 e^* 的 AM-空间.

既然 X 是 X^{**} 的闭子格, 因此已经证明 (1) 和 (2) 成立. ∎

容易知道, 若 X 是 AL-空间, 则 $S_{X^+} = \{x \geqslant 0: \|x\| = 1\}$ 是一个凸集.

引理 1.1　若 X 是 AL-空间, 则 x 是 $S_{X^+} = \{x \in X^+: \|x\| = 1\}$ 的端点的充要条件为 X_x 是一维的.

证明　若 $x \geqslant 0$ 是 S_{X^+} 的一个端点, $0 < y < x$, 则 $x - y \geqslant 0$, 并且

$$x = y + (x - y),$$

故存在 λ, 使得

$$1 = \|x\| = \|y\| + \|x - y\| = \lambda + (1 - \lambda).$$

因此

$$x = \|y\|\frac{y}{\|y\|} + \|x - y\|\frac{x - y}{\|x - y\|}$$

$$= \lambda x_1 + (1 - \lambda)x_2,$$

这里 $x_1 = \dfrac{y}{\|y\|}$ 和 $x_2 = \dfrac{x - y}{|x - y|}$ 都在 S_{X^+}. 由于 x 是端点, 因此, $x = x_1 = x_2$, 从而, $x = \dfrac{y}{\|y\|}$, 即 $\dim X_x = 1$.

反过来, 若 $x \in S_{X^+}$, 使得 X_x 是一维的. 假设 $0 < \lambda < 1$, 并且

$$x = \lambda y + (1 - \lambda)z,$$

这里 $y, z \in S_{X^+}$, 则

$$x = \lambda y + (1 - \lambda)z \geqslant \lambda y.$$

由于 X_x 是一维的, 因此, 存在 $\mu \geqslant 0$, 使得

$$\mu x = \lambda y;$$

既然 $\|x\| = 1 = \|y\|, \lambda, \mu \geqslant 0$, 因此, $x = y$. 因而, $x = z$. 所以, x 是 S_{X^+} 的端点. ∎

现在把这个引理应用到 AL-空间的一个最重要的具体例子中.

定理 1.7 设 K 为一个紧 Hausdorff 空间, 对每个 $t \in K$, 定义 $\delta_t \in C(K)^*$ 为 $\delta_t(f) = f(t)$, 则

(1) 一个非负 $\mu \in C(K)^*$ 是 $S_{(C(K)^*)^+}$ 的一个端点当且仅当存在某个 $t \in K$, 使得 μ 等于 δ_t;

(2) $\mu \in B_{C(K)^*}$ 是一个端点当且仅当存在某个 $t \in K$, 使得 $\mu = \pm\delta_t$.

证明 容易知道, 每个 δ_t 都是格同态, 因此, $C(K)^*_{\delta_t}$ 是一维的. 既然 $C(K)^*$ 是 AL-空间, 因此, δ_t 是 $S_{(C(K)^*)^+}$ 的端点.

另一方面, 若 μ 是 $S_{(C(K)^*)^+}$ 的一个端点, 由于 $C(K)^*$ 是 AL-空间, 因此, $C(K)^*_\mu$ 是一维的, 故 μ 是一个格同态.

下面证明对某个 $t \in K$, 有 $\mu = \delta_t$, 这是由于存在某个 $t \in K$, 使得 $\mu \wedge \delta_t \neq 0$. 利用反证法, 假设对每个 $t \in K$, 都有 $\mu \wedge \delta_t = 0$. 则对每个 $t \in K$, 有

$$0 = (\mu \wedge \delta_t)(1)$$
$$= \inf\{\mu(1-g) + \delta_t(g) : 0 \leqslant g \leqslant 1\}$$
$$= \inf\{1 - \mu(g) + g(t) : 0 \leqslant g \leqslant 1\}.$$

故对每个 $t \in K$, 存在 $g_t \in C$. 因此, $0 \leqslant g_t \leqslant 1$ 且 $0 \leqslant 1 - \mu(g_t) + g_t(t) < \dfrac{1}{2}$. 因而, 容易知道 $\mu(g_t) > \dfrac{1}{2}$. 因此

$$1 - \mu(g_t) \leqslant 1 - \mu(g_t) + g_t(t) < \frac{1}{2}.$$

由此可知 $g_t(t) < \dfrac{1}{2}$. 因而, $g_t(t) < \mu(g_t) - \dfrac{1}{2} \leqslant 1 - \dfrac{1}{2} = \dfrac{1}{2}$.

定义开集

$$U(t) = \left[g_t < \frac{1}{2}\right],$$

则 $t \in U(t)$. 因此, $\{U(t) : t \in K\}$ 构成了 K 的一个开覆盖. K 的紧性确保存在有限的子族 $\{U(t_1), \cdots, U(t_m)\}$, 它仍然覆盖 K. 令 $g = g_{t_1} \wedge \cdots \wedge g_{t_m}$, 则对于任何 $x \in K$, 存在 $1 \leqslant i \leqslant m$, 使得 $x \in U(t_i)$, 因此, $g(x) \leqslant g_{t_i}(x) < \dfrac{1}{2}$. 故 $\mu(g) < \dfrac{1}{2}$.

由于 μ 是格同态, 因此, $\mu(g) = \mu(g_{t_1} \wedge \cdots \wedge g_{t_m}) = \mu(g_{t_1}) \wedge \cdots \wedge \mu(g_{t_m}) > \dfrac{1}{2}$. 这是一个矛盾, 因此, 由反证法原理可知结论成立. ■

定义 1.16   设 X 是 Banach 格, 若 X^+ 的每个增加和范数有界的序列都是范数收敛序列, 则称 Banach 格 X 是 KB-空间.

自反 Banach 格和 AL-空间都是 KB-空间.

命题 1.3   若 Banach 格 X 是 KB-空间, 则它的范数是序连续的.

定理 1.8   设 X 是 Banach 格, 则下列命题等价:

(1) X 是 KB-空间;

(2) X 是弱序列完备的;

(3) c_0 不能嵌入 X.

1.5   Stone-Weierstrass 定理的 Kakutani 向量格形式

定理 1.9   设 V 是 $C(K)$ 的一个向量子格, K 是一个紧 Hausdorff 空间, 若 V 分离 K 的点, 并且包含常数, 则 $\overline{V} = C(K)$.

证明   (1) 先证明对 $s, t \in K, s \neq t$ 和 $a, b \in \mathbb{R}$, 存在 $f \in V$ 使得 $f(s) = a$ 和 $f(t) = b$.

由于 V 分离了 K 中的点, 因此, 存在 $g \in V$, 使得 $g(s) \neq g(t)$. 定义 f 为

$$f(x) = \frac{ag(x) - ag(t) - bg(x) + bg(s)}{g(s) - g(t)},$$

则 $f \in V, f(s) = a$, 并且 $f(t) = b$.

(2) 下面证明若 $h \in C, \varepsilon > 0$, 并且 $s \in K$, 则存在 $g_s \in V$, 使得 $g_s(s) = h(s)$, 且对每个 $t \in K$, 有 $g_s(t) > h(t) - \varepsilon$.

实际上, 由 (1) 可知, 对于每个 $t \in K$, 存在 $f_t \in V$, 使得 $f_t(s) = h(s)$ 且 $f_t(t) = h(t)$ 成立.

记开集 $U(t) = [f_t > h - \varepsilon]$, 则对每个 $t \in K$, 有 $t \in U(t)$, 因此, 集族 $\{U(t) : t \in K\}$ 构成了紧空间 K 的一个开覆盖. 因此, 存在有限的子族 $\{U(t_1), \cdots, U(t_m)\}$ 也可以覆盖 K. 若 $g_s = f_{t_1} \vee \cdots \vee f_{t_m}, g_s \in V$, 则不仅有 $g_s \in V$, 而且 $g_s(s) = h(s)$, 且无论选取哪个 $t \in K$, 只要 $t \in U(t_i)$, 都有

$$g_s(t) \geqslant f_{t_i}(t) > h(t) - \varepsilon, \quad 1 \leqslant i \leqslant n.$$

(3) 若 $h \in C, \varepsilon > 0$, 对于每个 $s \in K$, 利用 (2) 的方法选取 $g_s \in V$, 则 $g_s(s) = h(s)$ 且对所有 $t \in K$, 有 $g_s(t) > h(t) - \varepsilon$.

定义开集 $W(s) = [g_s < h + \varepsilon]$, 则明显地, 有 $s \in W(s)$. 因此, 集族 $\{W(s): s \in K\}$ 构成了紧空间 K 的一个开覆盖. 故存在一个有限的子族 $\{W(s_1), \cdots, W(s_n)\}$ 仍然覆盖 K.

令 $g = g_{s_1} \wedge \cdots \wedge g_{s_n}$, 则 $g \in V$(每个 g_{s_j} $(j = 1, 2, \cdots, n)$ 也是), 且无论选取哪个 $t \in K$, 都有

$$h(t) - \varepsilon < g(t) < h(t) + \varepsilon,$$

所以, $\|g - h\|_\infty < \varepsilon$. ■

1.6 带单位元的 AM-空间的 Kakutani 刻画

定义 1.17 设 X 是向量空间, A 是 X 的凸吸收集, 则 A 的 Minkowski 泛函 p_A 定义为

$$p_A(x) = \inf\{\lambda > 0: x \in \lambda A\}, \quad x \in X.$$

在 Banach 格理论中, 带有单位元的 AM-空间经常出现: 实际上, 设 X 是 Banach 格, 若 x 是 X^+ 的非零元素, 则由 $\{x\}$ 生成的理想为 $\{u: |u| \leqslant cx$ 对某个 $c \in \mathbb{R}^+\}$, 因此, $X_x = \bigcup_{n=1}^{\infty} n[-x, x]$. 既然 $[-x, x]$ 是 X_x 的凸吸收集, 并且它不包含 X_x 除了 $\{0\}$ 以外的线性子空间, 因此, 它的 Minkowski 泛函 p 是 X_x 上的范数. 由于 $[-x, x]$ 在 X 中完备, 因此, (X_x, p) 是 Banach 空间, 所以, X_x 就是一个带有单位元 x 的 AM-空间.

下面定理说明任意带单位元的 AM-空间都与 $C(K)$ 同构, 这里 K 是某个紧空间.

定理 1.10(Kakutani 定理) 设 X 是一个具有范数为 1 的序单位 e 的 AM-空间, 则

(1) S_{X^*} 的正球面 $(S^*)^+$ 是弱紧凸集;

(2) $(S^*)^+$ 的端点全体 K 是弱 * 紧的;

(3) X 与 $C((K, \mathrm{w}^*))$ 是向量格等距同构的, 并且同构为

$$X \to C((K, \mathrm{w}^*)) : x \mapsto f_x(\cdot),$$

这里对 $x^* \in K$, 有 $f_x(x^*) = x^*(x)$.

证明 既然 X^* 是 AL-空间, $S^{*+} = S_{X^*} \cap (X^*)^+$ 是凸集, 并且 $S^{*+} = -(X^*)^+ \cap \{x^* \geqslant 0: x^*(e) = 1\}$ 是有界弱 * 闭集, 因此, S^{*+} 是弱 * 紧的且凸的 (非空的). 根据 Krein-Milman 定理, S^{*+} 一定有端点.

由于 X^* 是一个 AL-空间, 因此, 可以证明 S^{*+} 的端点集 K 是由 X 上的范数为 1 的正线性泛函 x^* 组成的, 其中 $X_{x^*}^*$ 是一维的. 因此 K 完全由 X 到 $\mathbb{R}$ 上的范数为 1 的格同态构成.

定义 $f_x \in C((K,\ \mathrm{w}^*)), f_x(x^*) = x^*(x)$. 若 $x \in X$, 则

$$\|x\| = \sup\{|x^*(x)|:\ 0 \leqslant x^* \in S_{X^*}\}$$
$$= \sup\{|x^*(x)|:\ x^* \in \mathrm{ext}\ S^{*+}\}$$
$$= \sup\{|f_x(x^*)|:\ x^* \in K\}$$
$$= \|f_x\|_\infty.$$

因此, 映射 $x \to f_x$ 是线性等距映射.

假如 K 不仅仅是 S^{*+} 的端点的集合, 即 K 包含格同态. 若 $x, y \in X, x^* \in K$, 则有

$$f_{x \vee y}(x^*) = x^*(x \vee y) = x^*(x) \vee x^*(y) = f_x(x^*) \vee f_y(x^*),$$

而映射 $x \to f_x$ 是一个向量格, 它是 X 到 $C((K, \mathrm{w}^*))$ 的等距同构.

此外, 还要证明 $\{f_x:\ x \in X\}$ 是 $C((K, \mathrm{w}^*))$ 的所有元. 由于 $\{f_x:\ x \in X\}$ 是 C 的一个闭向量子格, 它包含常值函数 ($f_e(x^*) = 1$ 对所有的 $x^* \in K$), 并且可分离 K 的点. 因此, 利用 Stone-Weierstrass 定理可知结论成立.   ■

1.7   Banach 格的性质

定义 1.18   若 Banach 格的每个序有界正增加序列一定是范数收敛的, 则称 Banach 格 X 是序连续的.

任意不包含 c_0 副本的 Banach 格都是序连续的.

定义 1.19   设 X 是 Riesz 空间, 若 $z \in X^+$, 主理想 $X_z = \{x \in X:\ 存在 n \in \mathbb{N},\ 使得 |x| \leqslant nz\}$ 是一维的, 则称 z 是 Riesz 空间 X 的一个原子 (atom).

定义 1.20   若 Banach 格 X 的元素 x 和 y 满足 $|x| \wedge |y| = 0$, 则称 x 和 y 是正交的 (orthogonal). 一个由相互正交的正元构成的极大系称为极大正交系. 若 Banach 格 X 具有一个由原子构成的极大正交系, 则称 X 是原子 Banach 格 (atomic Banach lattice).

明显地, z 是 Banach 格 X 的原子, 则 $z > 0$, 并且当 $0 \leqslant y \leqslant z$ 时, 一定存在某个 $a \geqslant 0$, 使得 $y = az$. c_0, c 和 $\ell_p\ (1 \leqslant p \leqslant \infty)$ 都是原子 Banach 格.

命题 1.4   设 X 是 Banach 格, 则 X 是原子 Banach 格, 并且范数是序连续的当且仅当序区间 $[x, y]$ 是范数紧的.

命题 1.5   设 X 是原子 Banach 格, 并且范数是序连续的, 则

(1) X 的每个闭子格 Y 都是原子 Banach 格, 并且范数是序连续的.

(2) 对于 X 的每个闭理想 I, 商格 X/I 都是原子 Banach 格, 并且范数是序连续的.

定义 1.21 设 X 是 Banach 空间, 若任意 $\sigma(X^*, X)$ 收敛序列 $(x_n)_1^\infty \subseteq X^*$ 都是 $\sigma(X^*, X^{**})$ 收敛的, 则称 X 是 Grothendieck 空间.

明显地, 自反 Banach 空间一定是 Grothendieck 空间. ℓ_∞ 也是 Grothendieck 空间.

Banach 空间 X 到 Y 的线性有界算子 T, 若 T 将 X 的闭单位球 B_X 映为 Y 中的弱相对紧集, 则称 T 是弱紧的.

命题 1.6 设 X 是 Banach 格, 则下列命题是等价的:

(1) X 是 Grothendieck 空间.

(2) 每个有界线性算子 $T : X \to c_0$ 是弱紧的.

(3) 若 Y 是可分 Banach 空间, 则任意有界线性算子 $T : X \to Y$ 都是弱紧的.

命题 1.7 设 Banach 格 X 是 Dedekind 完备的, 并且具有序单位的 AM-空间, 则 X 是 Grothendieck 空间.

定义 1.22 设 X 是实 Banach 格, 若对于任意 Banach 格 Y, 每一个 Y 的子格 Y_0, 任意正线性算子 $T_0 : Y_0 \to X$, 都存在正线性延扩 $T : Y \to X$, 满足 $\|T\| = \|T_0\|$, 则称 X 是内射 (injective).

Lotz 在 1975 年证明了 AL-空间和 $C(X)(X$ 是 Stonian$)$ 都是内射的.

高尔斯(William Timothy Gowers, 1963—), 早年受教于英格兰剑桥郡的国王学院, 1990 年在剑桥大学三一学院获得博士学位, 博士学位论文题为 *Symmetric structures in Banach spaces*. 他的博士生导师是著名数学家波罗巴斯. 他的研究兴趣为泛函分析和组合数学, 他巧妙运用组合数学的方法在巴拿赫空间中塑造了一系列完全不具备对称性的结构.

康托尔发现的关于无穷集合的两个定理是否对无穷维空间也成立, 一直是大家关注的问题: 第一个问题是无穷集一定与其一个子集同势 (即一一对应), 相应的 Banach 空间定理就是任何 Banach 空间一定同它的超平面同构. 第二个问题是关于施罗德-伯恩斯坦定理, 若 X 与 Y 的一个真子集同势, Y 与 X 的一真子集同势, 则 X 与 Y 同势. 相应的定理是: 若 X 是 Y 的有补子空间, Y 是 X 的有补子空间, 则 X 与 Y 同构. 高尔斯针对这两个问题都举出反例, 从而否定地解决了这些基本问题.

高尔斯发现了一个完全不具备对称性的 Banach 空间, 塑造了一系列 Banach 空间中完全不具备对称性的结构, 解决了 Banach 超平面问题, 提出高尔斯二分法定理. 1998 年, 因将泛函分析和组合学领域联系起来, 35 岁的高尔斯获得了菲尔兹奖. 1999 年, 高尔斯当选为英国皇家学会院士. 2011 年, 获得美国数学协会的欧拉数学著作奖.

第 2 章 张 量 积

生命是永恒不断的创造, 因为在它内部蕴含着过剩的精力, 它不断流溢, 越出时间和空间的界限, 它不停地追求, 以形形色色的自我表现的形式表现出来.

Tagore (1861—1941, 印度诗人)

张量积是 Whitney 于 1938 年在交换群中引入的[7]. 投影向量积和射影向量积的一般理论可以追溯到 Grothendieck 著名的论文 [3] 和 [4], 这两篇论文对 Banach 空间理论的发展影响很大, 开辟了泛函分析的新研究方向, 其中一个方向就是研究 Banach 空间 X 和 Y 的几何性质是否能够被它们的投影向量积和射影向量积继承.

2.1 向量空间的张量积

考虑数域 K 上的向量空间, 这里 K 是实数 $\mathbb{R}$ 或复数 $\mathbb{C}$. 记向量空间 X 到 K 上的线性泛函全体为 X^{Π}, 称为向量空间 X 的代数共轭. 若 x 为 X 的元素, φ 为 X 上的一个线性泛函, 则 φ 在 x 点的值记为 $\varphi(x)$ 或 $\langle \varphi, x \rangle$. 向量空间 X 到 Y 上的线性算子全体记为 $L(X,Y)$, 因此 $L(X,K)$ 就是 X^{Π}.

2.1.1 张量积的定义

定义 2.1 设 A 是从向量空间 X 和 Y 的笛卡儿积到向量空间 Z 的映射, 若 A 对每个变量都是线性的, 即

$$A(\alpha_1 x_1 + \alpha_2 x_2, y) = \alpha_1 A(x_1, y) + \alpha_2 A(x_2, y),$$

$$A(x, \beta_1 y_1 + \beta_2 y_2) = \beta_1 A(x, y_1) + \beta_2 A(x, y_2)$$

对所有的 $x_1, x_2 \in X, y_1, y_2 \in Y$ 和所有的 $\alpha_1, \alpha_2, \beta_1, \beta_2 \in K$ 成立, 则称 A 是双线性形式 (bilinear form).

记 $X \times Y$ 到向量空间 Z 的双线性形式全体记为 $B(X \times Y, Z)$, 当 Z 为数域时, 就记为 $B(X \times Y)$.

向量空间 X 和 Y 的笛卡儿积 $X \times Y$ 可以按下面的形式看成 $B(X \times Y)$ 上的线性泛函: 对于任意的 $x \in X, y \in Y$, 用 $x \otimes y$ 记为点 (x, y) 对应的泛函. 换句话说, 对于 $X \times Y$ 上的每个双线性算子 A, 有

$$(x \otimes y)(A) = \langle A, x \otimes y \rangle = A(x, y).$$

张量积 (tensor product) $X \otimes Y$ 就是这些向量在 $B(X \times Y)^\Pi$ 的共轭空间中生成的子空间. 张量积在 $X \otimes Y$ 中具有下面的形式

$$u = \sum_{i=1}^{n} \lambda_i x_i \otimes y_i,$$

这里 n 是某个自然数, $\lambda_i \in K, x_i \in X, y_i \in Y, \ i = 1, 2, \cdots, n$.

需要注意的是, 这里 u 表示不一定是唯一的, 一般对于给出的向量, 都有很多不同的方法将它写成上面的形式. 例如在 $\mathbb{R}^3$ 中, $\{e_1, e_2, e_3\}$ 为标准基, 容易验证

$$(e_1 + e_2) \otimes (e_1 - e_2) + (e_2 + e_3) \otimes (e_2 - e_3) + (e_3 + e_1) \otimes (e_3 - e_1)$$

$$= e_1 \otimes (e_3 - e_2) + e_2 \otimes (e_1 - e_3) + e_3 \otimes (e_2 - e_1).$$

对于向量 $u = \sum_{i=1}^{n} \lambda_i x_i \otimes y_i$ 和双线性形式 A, u 在 A 上的作用可用下面形式给出

$$u(A) = \left\langle A, \sum_{i=1}^{n} \lambda_i x_i \otimes y_i \right\rangle = \sum_{i=1}^{n} \lambda_i A(x_i, y_i).$$

这个表达式的值与 u 的表示无关.

容易知道张量积具有下面的性质.

性质 2.1   对于任意 $x, x_1, x_2 \in X, y, y_1, y_2 \in Y$, 有

(1) $(x_1 + x_2) \otimes y = x_1 \otimes y + x_2 \otimes y$;

(2) $x \otimes (y_1 + y_2) = x \otimes y_1 + x \otimes y_2$;

(3) $\lambda(x \otimes y) = (\lambda x) \otimes y = x \otimes (\lambda y)$;

(4) $0 \otimes y = x \otimes 0 = 0$.

由 (3) 可知, 张量积在 $X \otimes Y$ 中的表达式 $u = \sum_{i=1}^{n} \lambda_i x_i \otimes y_i, \lambda_i \in K, x_i \in X, y_i \in Y$. 可以写成下面的形式

$$u = \sum_{i=1}^{n} x_i \otimes y_i,$$

这里 n 是某个自然数, $x_i \in X, y_i \in Y$.

若 E 中的任意有限个元素都是线性无关的, 则称 E 是一个线性无关集. X 和 Y 的线性无关集或者基, 可以转化成 $X \otimes Y$ 的线性无关集或者基.

性质 2.2   设 X 和 Y 是线性空间.

(1) 若 E 和 F 分别是 X 与 Y 的线性无关集, 则 $\{x \otimes y : x \in E, y \in F\}$ 是 $X \otimes Y$ 的线性无关集.

(2) 若 $\{e_i: i \in I\}$ 和 $\{f_j: j \in J\}$ 分别是 X 和 Y 的基, 则 $\{e_i \otimes f_j: (i,j) \in I \times J\}$ 是 $X \otimes Y$ 的一个基.

证明 (1) 若 $u = \sum_{i=1}^{n} \lambda_i x_i \otimes y_i, \lambda_i \in K, x_i \in X, y_i \in Y$. 令 φ 和 ψ 分别是 X 与 Y 的线性泛函, 定义双线性泛函 $A(x,y) = \varphi(x)\psi(y)$, 则 $u(A) = 0$, 并且对于任意 X 上的每个线性泛函 ψ, 都有

$$u = \sum_{i=1}^{n} \lambda_i \varphi(x_i)\psi(y_i) = \psi\left(\sum_{i=1}^{n} \lambda_i \varphi(x_i) y_i\right) = 0.$$

因此, $\sum_{i=1}^{n} \lambda_i \varphi(x_i) y_i = 0$. 由 F 是线性无关集和 $y_i \in F$ 可知 $\lambda_i \varphi(x_i) = 0$ 对任意 $\varphi \in X^{\Pi}$ 都成立. 因为 E 是线性无关集, 所以, 每个 x_i 都是非零元, 故 $\lambda_i = 0$, 因而, $\{x_i \otimes y_j: x_i \in X, y_j \in F\}$ 是 $X \otimes Y$ 的线性无关集.

(2) 由 (1) 的证明容易知道结论成立. ∎

推论 2.1 设 X 和 Y 是有限维线性空间, 则

(1) $\dim(X \otimes Y) = \dim(X)\dim(Y)$;

(2) 对于任意 X, 有 $\dim(X \otimes K) = \dim(X)$.

实际上, 由于 $x \otimes \lambda \mapsto \lambda x$ 和 $\lambda \otimes x \mapsto \lambda x$ 都是同构的, 因此 $X \otimes K$ 和 $K \otimes X$ 与 X 是同构的.

对于任意的 $u \in X \otimes Y$, 都有一个最小的自然数 n 使得 u 的表达式只有 n 项. 若 $\sum_{i=1}^{n} x_i \otimes y_i$ 是 u 的表达式, 则容易知道 $\{x_1, x_2, \cdots, x_n\}$ 和 $\{y_1, y_2, \cdots, y_n\}$ 都是线性无关的, 这个最小的自然数 n 就称为 u 的秩. 秩为 1 的元称为基本元.

怎么样区分两个向量是否一样呢? 容易知道, 这个问题等价于如何确定等价于零向量.

性质 2.3 对于 $u = \sum_{i=1}^{n} x_i \otimes y_i \in X \otimes Y$, 下列命题等价:

(1) $u = 0$;

(2) 对于任意的 $\varphi \in X^{\Pi}, \psi \in Y^{\Pi}$, 都有 $u = \sum_{i=1}^{n} \varphi(x_i)\psi(y_i) = 0$;

(3) 对于任意的 $\varphi \in X^{\Pi}$, 都有 $u = \sum_{i=1}^{n} \varphi(x_i)y_i = 0$;

(4) 对于任意的 $\psi \in Y^{\Pi}$, 都有 $u = \sum_{i=1}^{n} \psi(y_i)x_i = 0$.

证明 容易知道 $(1) \Rightarrow (2) \Rightarrow (3) \Rightarrow (4)$ 是显然的, 因此, 只需证明 $(4) \Rightarrow (1)$.

若对于任意的 $\psi \in Y^{\Pi}$, 都有 $u = \sum_{i=1}^{n} \psi(y_i)x_i = 0$. 对于 $A \in B(X \times Y)$, 设 E, F 分别为 $\{x_1, x_2, \cdots, x_n\}$ 和 $\{y_1, y_2, \cdots, y_n\}$ 在 X 和 Y 生成的子空间, 将 A 在 $E \times F$ 的限制记为 B.

选择有限维空间 E, F 的基, 并将 B 按这些基扩展成形式

$$B(x,y) = \sum_{j=1}^{m} \theta_j(x)\omega_j(y),$$

这里, $\theta_j \in E^{\Pi}, \omega_j \in F^{\Pi}$.

将 θ_j 和 ω_j 按下面的方式延拓到整个 X 和 Y: 选择 G 和 H, 使得 $X = E \oplus G, Y = F \oplus H$, 对于满足 $x_1 \in E, x_2 \in G$ 的 $x = x_1 + x_2$, 取 $\theta_j(x) = \theta_j(x_1)$. 类似地, 一样可以在整个 Y 上定义 ω_j. 这样就可以按上面的方式将 B 看作 $X \times Y$ 上的双线性形式. 明显地, A 和 B 可能在 $X \times Y$ 上是不同的双线性形式, 但它们在 $E \times F$ 上一定是一样的. 因此

$$u(A) = \sum_{i=1}^{n} A(x_i, y_i) = \sum_{i=1}^{n} B(x_i, y_i)$$
$$= \sum_{i=1}^{n}\sum_{j=1}^{m} \theta_j(x_i)\omega_j(y_i) = \sum_{j=1}^{m} \theta_j\left(\sum_{i=1}^{n} \omega_j(y_i)x_i\right) = 0.$$

由 (4) 可知 $u(A) = 0$ 对任意 $A \in B(X \times Y)$ 成立. ■

定义 2.2 设 S 是共轭空间 X^{Π} 的子集, 若 S 包含足够多的泛函来区分 X 中的点, 则称 S 是可区分的.

换句话说, 若对于任意的 $\varphi \in S$, 都有 $\varphi(x) = 0$, 则一定有 $x = 0$. 容易看出, 上面性质中的条件可以改为只对可区分的子集成立就可以了.

若 E 和 F 分别是 X 和 Y 的线性子空间, 则 $E \otimes F$ 可以看作 $X \otimes Y$ 的子空间. 实际上, 对于 $E \otimes F$ 中的元 $\sum_{i=1}^{n} x_i \otimes y_i$, 可以按 $\langle A, u \rangle = \sum_{i=1}^{n} A(x_i, y_i)$(这里 $A \in B(X \times Y)$) 的形式, 将 u 看作 $X \otimes Y$ 的元. 这就给出了 $E \otimes F$ 到 $X \otimes Y$ 的线性映射, 不难验证该映射是内射的.

性质 2.4 若 $Y = F_0 \oplus F_1$, 则 $X \otimes Y = (X \otimes F_0) \oplus (X \otimes F_1)$.

证明 明显地, $X \otimes Y$ 是由 $X \otimes F_0$ 和 $X \otimes F_1$ 生成的, 因此只需证明

$$(X \otimes F_0)\bigcap(X \otimes F_1) = \{0\}.$$

对于 $u \in (X \otimes F_0) \cap (X \otimes F_1)$, 若有两个表示形式

$$u = \sum_{i=1}^{n} v_i \otimes y_i = \sum_{j=1}^{m} w_j \otimes z_j \quad (\text{这里 } y_i \in F_0, z_j \in F_1),$$

则对于任意 $\varphi \in X^{\Pi}$, 有

$$\sum_{i=1}^{n} \varphi(v_i) y_i = \sum_{j=1}^{m} \psi(w_j) z_j.$$

由于 $F_0 \cap F_1 = \{0\}$, 因此对于任意 $\varphi \in X^{\Pi}$, 都有 $\sum_{i=1}^{n} \varphi(v_i) y_i = 0$, 所以 $u = 0$. ∎

推论 2.2 设 F_0 是 Y 是线性子空间, 则 $(X \otimes Y)/(X \otimes F_0) = X \otimes (Y/F_0)$.

2.1.2 张量积和线性化

张量积的最初目的是想将双线性映射线性化, 若 $A : X \times Y \to K$ 是双线性形式, 由于每个向量 $u \in X \otimes Y$ 可以看作双线性形式空间上的线性泛函, 因此可以用 $u \in X \otimes Y \mapsto \langle A, u \rangle \in K$ 来定义映射 $\tilde{A} : X \otimes Y \mapsto K$, 容易知道 $\tilde{A}$ 是 $X \otimes Y$ 上的线性泛函. 另外, $\tilde{A}(x \otimes y) = \langle A, x \otimes y \rangle = A(x, y)$, 并且

$$\tilde{A}\left(\sum_{i=1}^{n} x_i \otimes y_i\right) = \sum_{i=1}^{n} A(x_i, y_i),$$

可以将双线性形式 A 看作双线性映射 $(x, y) \in X \times Y \mapsto x \otimes y \in X \otimes Y$ 和 $X \otimes Y$ 到数域 K 的线性算子 $\tilde{A}$ 的复合. 容易知道, 若 ψ 是 $X \otimes Y$ 上的线性泛函, 则 ψ 和双线性映射 $(x, y) \mapsto x \otimes y$ 的复合就是一个双线性形式, A 在 $X \times Y$ 就满足 $\tilde{A} = \psi$. 从而 $X \times Y$ 上的双线性形式与 $X \otimes Y$ 的线性泛函一一对应. 因此, 下面结论成立.

命题 2.1 $B(X \times Y) = (X \otimes Y)^{\Pi}$.

同样的方法可以应用于双线性映射. 若 $A : X \times Y \to Z$ 是一个双线性映射, 则可以定义线性映射 $\tilde{A}\left(\sum_{i=1}^{n} x_i \otimes y_i\right) = \sum_{i=1}^{n} A(x_i, y_i)$. 为了验证 $\tilde{A}$ 的定义是有意义的, 若 $\sum_{i=1}^{n} x_i \otimes y_i = 0$, 则对于每个 $\varphi \in Z^{\Pi}$, $\varphi \circ A$ 是 $X \times Y$ 上的双线性泛函, 并且

$$\varphi\left(\sum_{i=1}^{n} A(x_i, y_i)\right) = \sum_{i=1}^{n} \varphi \circ A(x_i, y_i) = \left\langle \sum_{i=1}^{n} x_i \otimes y_i, \varphi \circ A \right\rangle = 0.$$

故

$$\sum_{i=1}^n A(x_i, y_i) = 0.$$

因此 $\tilde{A}$ 是有意义的. 所以, $B(X \times Y, Z) = L(X \otimes Y, Z)$.

性质 2.5 对于任意的双线性映射 $A : X \times Y \to Z$, 存在唯一的线性映射 $\tilde{A} : X \otimes Y \to Z$ 使得 $\tilde{A}(x \otimes y) = A(x, y)$ 对任意 $x \in X, y \in Y$ 成立. 映射 $A \longleftrightarrow \tilde{A}$ 是向量空间 $B(X \times Y, Z)$ 和 $L(X \otimes Y, Z)$ 之间的同构.

性质 2.6 设 X 和 Y 是向量空间, 若存在向量空间 W 和双线性算子 $B : X \times Y \to W$, 使得对任意向量空间 Z 和双线性算子 $A : X \times Y \to Z$, 都存在唯一线性算子 $L : W \to Z$ 使得 $A = L \circ B$, 则一定存在一个同构 $J : X \otimes Y \to W$ 使得对任意 $x \in X, y \in Y$, 有 $J(x \otimes y) = B(x, y)$.

证明 由于每个 A 的线性映射 L 的唯一性蕴含 $X \times Y$ 在 B 作用下的像在 W 中一定生成 W, 故将 W 和 B 的性质应用在双线性映射 $(x, y) \in X \times Y \mapsto x \otimes y \in X \otimes Y$ 上, 可得到一个线性映射 $L : W \to X \otimes Y$, 使得 $L(B(x, y)) = x \otimes y$ 对所有 x, y 都成立.

另外, 双线性映射 B 可通过 $X \otimes Y$ 用 $\tilde{B}(x \otimes y) = B(x, y)$ 给出一个线性映射 $\tilde{B} : X \otimes Y \to W$. 因此, $\tilde{B} \circ L(B(x, y)) = B(x, y)$ 和 $L \circ \tilde{B}(x \otimes y) = x \otimes y$ 对所有的 x, y 都成立. 由于空间 $X \otimes Y$ 和 W 是分别由 $x \otimes y$ 和 $B(x, y)$ 生成的, 因此, $J = \tilde{B}$ 就是所需要的同构. ■

命题 2.2 $X \otimes Y$ 与 $Y \otimes X$ 是同构的.

实际上, 对于每个 $u = \sum_{i=1}^n x_i \otimes y_i \in X \otimes Y, u$ 的转置都具有下面形式的向量:

$$u^t = \left(\sum_{i=1}^n x_i \otimes y_i \right)^t = \sum_{i=1}^n y_i \otimes x_i \in Y \otimes X.$$

容易知道映射 $u \mapsto u^t$ 是有意义的, 并且它是 $X \otimes Y$ 到 $Y \otimes X$ 的同构.

设 $S : X \to E$ 和 $T : Y \to F$ 是线性映射, 则可以定义双线性映射如下:

$$(x, y) \in X \times Y \mapsto (Sx) \otimes (Ty) \in E \otimes F.$$

因此, 可以给出 $S \otimes T : X \otimes Y \to E \otimes F$ 的线性映射, 使得

$$(S \otimes T)(x \otimes y) = (Sx) \otimes (Ty)$$

对所有 $x \in X, y \in Y$ 都成立.

2.1.3 作为线性映射或双线性形式的张量积

前面知道张量积 $X \otimes Y$ 可以看作 $B(X \times Y)$ 上的线性泛函空间. 这里, 先证明张量积可以看作双线性形式. 对于每一对 $x \in X, y \in Y$, 定义 $B_{x,y}(\varphi, \psi) = \varphi(x)\psi(y)$, 则 $B_{x,y}$ 是 $X^\Pi \times Y^\Pi$ 上的双线性形式. 因此, 存在从 $X \otimes Y$ 到 $B^\Pi \times Y^\Pi$ 唯一的线性映射将 $x \otimes y$ 映为 $B_{x,y}$. 假如 $\sum_{i=1}^{n} B_{x_i,y_i} = 0$, 则 $\sum_{i=1}^{n} \varphi(x_i)\psi(y_i) = 0$ 对任意 $\varphi \in X^\Pi, \psi \in Y^\Pi$ 都成立. 故由前面的性质可知 $\sum_{i=1}^{n} x_i \otimes y_i = 0$. 因而 $X \otimes Y$ 可以嵌入 $B(X^\Pi \times Y^\Pi)$. 对应于

$$X \otimes Y \subseteq B(X^\Pi \times Y^\Pi).$$

可以证明

$$X^\Pi \otimes Y^\Pi \subseteq B(X \times Y),$$

这里张量积 $\sum_{i=1}^{n} \varphi_i \otimes \psi_i$ 与将 (x, y) 映到 $\sum_{i=1}^{n} \varphi_i(x)\psi_i(y)$ 的双线性形式看作一样. 用嵌入来看, 可以将张量积看作双线性形式, 对于每个向量 u, 对应的双线性形式记为 B_u.

还可以将向量看作线性形式, 若 B 是 $X \times Y$ 上的双线性形式, 则可以定义与 B 相关的映射 $L_B : X \to Y^\Pi$ 和 $R_B : Y \to X^\Pi$ 如下:

$$\langle y, L_B(x) \rangle = \langle x, R_B(y) \rangle = B(x, y).$$

因此, 对于每个向量 $u = \sum_{i=1}^{n} x_i \otimes y_i$ 可生成两个线性映射, 记为 L_u 和 R_u:

$$L_u(\varphi) = \sum_{i=1}^{n} \varphi(x_i)y_i, \quad R_u(\psi) = \sum_{i=1}^{n} \psi(y_i)x_i,$$

因而, 有

$$X \otimes Y \subseteq L(X^\Pi, Y), \quad X \otimes Y \subseteq L(Y^\Pi, X).$$

若有一个空间是共轭空间, 则有下面的自然嵌入成立:

$$X^\Pi \otimes Y \subseteq L(X \times Y), \quad X \otimes Y^\Pi \subseteq L(Y, X).$$

在这个嵌入映射下, $L(X, Y)$ 中与 $X^\Pi \otimes Y$ 对应的元素是一个有限秩的线性映射, 即它的值域是 Y 的有限维子空间.

考虑张量积 $X^\Pi \otimes X$ 的线性泛函 $(\varphi, x) \mapsto \varphi(x)$, 这个泛函称为迹 (trace), 记为 tr, 要指明特定的空间 X 就记为 tr_X. 容易知道

$$\mathrm{tr}\left(\sum_{i=1}^{n} \varphi_i \otimes x_i\right) = \sum_{i=1}^{n} \varphi_i(x_i)$$

并且它的值与张量积的表示无关.

若有限维空间的线性映射用矩阵来表示, 则这里的迹与矩阵的迹是一样的. 回顾一下线性映射 $S: X \to Y$ 的转置为 $S^t: Y^\Pi \to X^\Pi$, $\langle x, S^t\psi \rangle = \langle Sx, \psi \rangle$. 下面给出迹的一些性质.

性质 2.7 设 X 和 Y 是向量空间, 则

(1) 若 $U: X \to X$ 是有限秩的线性映射, 则 U 的转置 U^t 也是有限秩的, 并且 $\mathrm{tr}_X U = \mathrm{tr}_{X^\Pi} U^t$.

(2) 若 $S: X \to Y$ 和 $T: Y \to X$ 是线性映射, 并且至少有一个是有限秩的, 则 ST 和 TS 是有限秩的, 并且 $\mathrm{tr}_Y ST = \mathrm{tr}_X TS$.

(3) 设 X 是有限维向量空间, $V: X \to X$ 是线性映射. 若 A 是 V 关于 X 的某个基的矩阵, 则 $\mathrm{tr}_X V$ 是 A 的对角元素的和.

证明 (1) 若 $\displaystyle\sum_{i=1}^{n} \varphi_i \otimes x_i$ 是 U 的一个表示, 则 $U^t = \displaystyle\sum_{i=1}^{n} x_i \otimes \varphi_i$, 因此,

$$\mathrm{tr}_{X^\Pi} U^t = \sum_{i=1}^{n} \langle x_i, \varphi_i \rangle = \mathrm{tr}_X U.$$

(2) 若 $S = \displaystyle\sum_{i=1}^{n} \varphi_i \otimes y_i$ 是有限秩的, 则 $TS = \displaystyle\sum_{i=1}^{n} \varphi_i \otimes Ty_i$, 并且 $ST = \displaystyle\sum_{i=1}^{n} T^t\varphi_i \otimes y_i$. 故

$$\mathrm{tr}_X TS = \sum_{i=1}^{n} \langle Ty_i, \varphi_i \rangle = \sum_{i=1}^{n} \langle y_i, T^t\varphi_i \rangle = \mathrm{tr}_Y ST.$$

(3) 设 $\{e_1, e_2, \cdots, e_n\}$ 是 X 对于泛函 $\{\varphi_1, \varphi_2, \cdots, \varphi_n\}$ 的基, 则对于每个 $x \in X$, 有表示 $x = \displaystyle\sum_{i=1}^{n} \varphi_i(x)e_i$. 若 $A = (a_{ij})$ 是 V 关于这个基的矩阵, 则

$$V(x) = \sum_{j=1}^{n} \varphi_j(x)V(e_j) = \sum_{j=1}^{n}\sum_{i=1}^{n} \varphi_j(x)a_{ij}e_i.$$

因此, $V = \displaystyle\sum_{i,j=1}^{n} \varphi_j \otimes a_{ij}e_i$, 所以, $\mathrm{tr}_X V = \displaystyle\sum_{i,j=1}^{n} a_{ij}\varphi_j(e_i) = \sum_{i=1}^{n} a_{ii}$. ∎

2.2 投影向量积

本节将讨论如何用比较简单的方法来定义两个 Banach 空间的向量积的范数. 投影张量积有界双线性映射的线性化, 就像代数张量积双线性映射的线性化. 投影张量积对构造商空间有很好的帮助, 它的名字就是由此而来的.

2.2.1 投影范数

问题 2.1 设 X, Y 为 Banach 空间, 如何定义张量积 $X \otimes Y$ 的范数呢?

首先想到对于任意的 $x \in X, y \in Y$, 范数要满足下面的三角不等式:

$$\|x \otimes y\| \leqslant \|x\| \cdot \|y\|.$$

设 $u \in X \otimes Y$, 若 $\sum\limits_{i=1}^{n} x_i \otimes y_i$ 是 u 的一个表示, 则根据上面的三角不等式, 范数 $\|u\|$ 必须满足

$$\|u\| \leqslant \sum_{i=1}^{n} \|x_i\| \cdot \|y_i\|,$$

由于对所有 u 的表示都成立, 因此

$$\|u\| \leqslant \inf \left\{ \sum_{i=1}^{n} \|x_i\| \cdot \|y_i\| \right\},$$

这里的下确界取遍 u 的所有表示.

容易想到将上面不等式的右边部分作为 u 在 $X \otimes Y$ 上的范数.

定义 2.3 设 $u \in X \otimes Y$, 称

$$\pi(u) = \inf \left\{ \sum_{i=1}^{n} \|x_i\| \cdot \|y_i\| : \ u = \sum_{i=1}^{n} x_i \otimes y_i \right\}$$

为 u 的投影范数.

要强调 Banach 空间 X 和 Y 时, 可用 $\pi_{X,Y}(u)$ 或 $\pi(u; X \otimes Y)$ 表示 $\pi(u)$.

命题 2.3 若 X, Y 是 Banach 空间, 则 π 是 $X \otimes Y$ 上的范数, 并对任意 $x \in X, y \in Y$, 都有 $\pi(x \otimes y) = \|x\| \cdot \|y\|$.

证明 (1) 先证明 $\pi(\lambda u) = |\lambda| \pi(u)$.

当 $\lambda = 0$ 时, 等式显然成立.

当 $\lambda \neq 0$ 时, 若 $u = \sum\limits_{i=1}^{n} x_i \otimes y_i$ 是 u 的一个表示, 则 $\lambda u = \sum\limits_{i=1}^{n} (\lambda x_i) \otimes y_i$. 故

$$\pi(\lambda u) \leqslant \sum_{i=1}^{n} \|\lambda x_i\| \cdot \|y_i\| = |\lambda| \left(\sum_{i=1}^{n} \|x_i\| \cdot \|y_i\| \right).$$

由于对任意 u 的表示都成立, 因此, $\pi(\lambda u) \leqslant |\lambda| \pi(u)$.

按照同样的方法, 可知 $\pi(u) \leqslant \pi(\lambda^{-1} \lambda u) \leqslant |\lambda|^{-1} \pi(\lambda u)$, 因此, $\pi(\lambda u) = |\lambda| \pi(u)$.

(2) 下面证明 π 满足三角不等式, 设 $u, v \in X \otimes Y$, $\varepsilon > 0$. 根据范数的定义, 存在

$$u = \sum_{i=1}^{n} x_i \otimes y_i, \quad v = \sum_{j=1}^{m} w_j \otimes z_j,$$

使得

$$\sum_{i=1}^{n} \|x_i\| \cdot \|y_i\| \leqslant \pi(u) + \frac{\varepsilon}{2}, \quad \sum_{j=1}^{m} \|w_j\| \cdot \|z_j\| \leqslant \pi(v) + \frac{\varepsilon}{2},$$

由于 $\sum_{i=1}^{n} x_i \otimes y_i + \sum_{j=1}^{m} w_j \otimes z_j$ 是 $u + v$ 的一种表示, 因此

$$\pi(u+v) \leqslant \sum_{i=1}^{n} \|x_i\| \cdot \|y_i\| + \sum_{j=1}^{m} \|w_j\| \cdot \|z_j\| \leqslant \pi(u) + \pi(v) + \varepsilon.$$

由 ε 的任意性, 可得 $\pi(u+v) \leqslant \pi(u) + \pi(v)$.

(3) 若 $\pi(u) = 0$, 则对任意 $\varepsilon > 0$, 存在 u 的表示 $u = \sum_{i=1}^{n} x_i \otimes y_i$, 使得 $\sum_{i=1}^{n} \|x_i\| \cdot \|y_i\| \leqslant \varepsilon$. 因此, 对任意 $\varphi \in X^*, \psi \in Y^*$, 有 $\left| \sum_{i=1}^{n} \varphi(x_i) \psi(y_i) \right| \leqslant \varepsilon \|\varphi\| \cdot \|\psi\|$. 由于 $\sum_{i=1}^{n} \varphi(x_i) \psi(y_i)$ 与 u 的表示独立, $\sum_{i=1}^{n} \varphi(x_i) \psi(y_i) = 0$. 但是对偶空间 X^*, Y^* 各自是代数对偶的分离子集, 所以, 由性质 2.3 可知 $u = 0$.

(4) 最后, 来证明 $\pi(x \otimes y) = \|x\| \|y\|$. 一方面, 显然 $\pi(x \otimes y) \leqslant \|x\| \|y\|$. 取 $\varphi \in B_{X^*}, \psi \in B_{Y^*}$, 使得 $\varphi(x) = \|x\|, \psi(y) = \|y\|$. 对于 $X \times Y$ 上有界双线性形式 $B(w, z) = \varphi(w) \psi(z)$, 若 B 的线性化为线性泛函 $\widetilde{B}$, 则

$$\left| \widetilde{B} \left(\sum_{i=1}^{n} x_i \otimes y_i \right) \right| \leqslant \sum_{i=1}^{n} |\widetilde{B}(x_i \otimes y_i)| = \sum_{i=1}^{n} |\varphi(x_i) \psi(y_i)| \leqslant \sum_{i=1}^{n} \|x_i\| \|y_i\|.$$

故对于任意 $u \in X \otimes Y$, 有 $|\widetilde{B}(u)| \leqslant \pi(u)$. 因此, $\widetilde{B}$ 是在范数空间 $(X \otimes Y, \pi)$ 上的有界线性泛函, 并且范数不超过 1. 所以, $\|x\| \|y\| = \widetilde{B}(x \otimes y) \leqslant \pi(x \otimes y)$. ∎

用 $X \otimes_\pi Y$ 表示 $X \otimes Y$ 赋上投影范数 π 的情形, 除非 X, Y 是有限维空间, $X \otimes_\pi Y$ 不一定是完备的. 它的完备空间用 $X \hat{\otimes}_\pi Y$ 表示, 称 $X \hat{\otimes}_\pi Y$ 为 Banach 空间 X, Y 的投影张量积.

由性质 2.3 知, 在 $X \hat{\otimes}_\pi Y$ 上, 若对任意 $\varphi \in X^*, \psi \in Y^*$, 有 $\sum\limits_{i=1}^{n} \varphi(x_i)\psi(y_i) = 0$, 则张量 $u = 0$, 这里 $u = \sum\limits_{i=1}^{n} x_i \otimes y_i$. 在完备张量积 $X \hat{\otimes}_\pi Y$ 上建立零张量将更为复杂.

设 A, B 分别为 X, Y 的子集, 令 $A \otimes B = \{x \otimes y : x \in A, y \in B\}$. 集合 S 的凸包表示为 $\mathrm{co}(S)$, 闭集表示为 $\overline{\mathrm{co}}(S)$.

命题 2.4 $X \hat{\otimes}_\pi Y$ 的闭单位球是 $B_X \otimes B_Y$ 的闭凸包.

证明 由于 $X \hat{\otimes}_\pi Y$ 的闭单位球是非完备张量积 $X \otimes_\pi Y$ 闭单位球的闭包, 因此, 只需证明在 $X \otimes_\pi Y$ 空间上结论成立.

若 u 属于 $X \otimes_\pi Y$ 的开单位球, 则由投影范数的定义, u 可以表示成 $u = \sum\limits_{i=1}^{n} x_i \otimes y_i$, 这里 x_i, y_i 不为 0, 并且 $\sum\limits_{i=1}^{n} \|x_i\| \cdot \|y_i\| < 1$.

令 $w_i = \dfrac{x_i}{\|x_i\|}, z_i = \dfrac{y_i}{\|y_i\|}, \lambda_i = \|x_i\| \cdot \|y_i\|$, 则 $u = \sum\limits_{i=1}^{n} \lambda_i w_i \otimes z_i$, 并且 $w_i \in B_X, z_i \in B_Y, \lambda_i \geqslant 0, \sum\limits_{i=1}^{n} \lambda_i < 1$. 因此, $u \in \mathrm{co}(B_X \otimes B_Y)$. 所以, $X \otimes Y$ 的闭单位球包含于 $\overline{\mathrm{co}}(B_X \otimes B_Y)$.

另一方面, 易知 $B_X \otimes B_Y$ 包含于 $X \otimes_\pi Y$ 的闭单位球, 因此, $X \otimes_\pi Y$ 的闭单位球包含 $B_X \otimes B_Y$ 的闭凸包. ∎

下面考虑算子的张量积.

命题 2.5 设 $S : X \to W, T : Y \to Z$ 为算子, 则存在唯一的算子 $S \otimes_\pi T : X \hat{\otimes}_\pi Y \to W \hat{\otimes}_\pi Z$, 使得对任意 $x \in X$, 有 $S \otimes T(x \otimes y) = (Sx) \otimes (Ty)$. 并且 $\|S \otimes T\| = \|S\| \cdot \|T\|$.

证明 若 $S \in L(X, W), T \in L(Y, Z)$, 由前面可知, 存在唯一的线性映射 $S \otimes T : X \otimes Y \to W \otimes Z$, 使得 $S \otimes T(x \otimes y) = (Sx) \otimes (Sy)$, 对任意 $x \in X, y \in Y$ 都成立.

若 $u \in X \otimes Y$, $\sum\limits_{i=1}^{n} x_i \otimes y_i$ 是 u 的一个表示, 则

$$\pi(S \otimes T(u)) = \pi\left(\sum_{i=1}^{n}(Sx_i) \otimes (Ty_i)\right) \leqslant \|S\| \cdot \|T\| \sum_{i=1}^{n} \|x_i\| \|y_i\|.$$

故 $\pi(S \otimes T(u)) \leqslant \|S\| \cdot \|T\| \pi(u)$. 因此, $S \otimes T$ 在 $X \otimes Y$ 和 $W \otimes Z$ 的投影范数上有界, 并且 $\|S \otimes T\| \leqslant \|S\| \cdot \|T\|$. 另一方面, 由于 $S \otimes T(x \otimes y) = (Sx) \otimes (Ty)$, 因此, $\|S \otimes T\| \geqslant \|S\| \cdot \|T\|$. 所以, $\|S \otimes T\| = \|S\| \cdot \|T\|$. 最后, 将算子 $S \otimes T$ 在

$X \otimes_\pi Y$ 和 $W \otimes_\pi Z$ 的完备化空间作唯一的有界延拓, 并将此算子记为 $S \otimes_\pi T$, 则结论成立. ∎

若 W 是 Banach 空间 X 的子空间, 则 $W \otimes Y$ 是 $X \otimes Y$ 的代数子空间. 通常, 在 $W \otimes Y$ 上由 $X \otimes_\pi Y$ 引出的范数不是投影范数 $\pi_{W,Y}(\cdot)$.

现在, 先看看有关余子空间的结果. 大家都知道, Hilbert 空间 H 的每个闭子空间都有正交补. 线性空间 X 的可补子空间 (complemented subspace) 亦称可余子空间. 设 E_1 是线性空间 X 的子空间, 满足条件 $X = E_1 \oplus E_2$, 并且 $E_1 \cap E_2 = \{0\}$, 则 E_1 在 X 中是可补的, 称 E_2 为 E_1 的补子空间.

设 X 是 Banach 空间, 则 X 的闭子空间 E 在 X 中是可补的充要条件为 E 是某个连续线性投影算子 P 的值域.

命题 2.6 设 E, F 分别为 X, Y 的可补子空间, 则 $E \otimes F$ 为 $X \otimes_\pi Y$ 的可补子空间, 并且 $E \otimes F$ 上由 $X \otimes_\pi Y$ 的投影范数诱导的范数与投影范数 $\pi_{E,F}$ 等价.

若 E, F 是范数 1 的投影可补子空间, 则 $E \otimes_\pi F$ 是 $X \otimes_\pi Y$ 的子空间, 并且也是范数 1 的投影可补子空间.

证明 设 P, Q 分别为 X, Y 到 E, F 的投影算子. 易知, $P \otimes Q$ 是 $X \otimes_\pi Y$ 到 $E \otimes F$ 的投影算子. 若 $u \in E \otimes F$, 则 $\pi_{X,Y}(u) \leqslant \pi_{E,F}(u)$. 设 $\sum\limits_{i=1}^{n} x_i \otimes y_i$ 为 u 在 $X \otimes Y$ 的一个表示, 则 $u = P \otimes Q(u)$, 故 $\sum\limits_{i=1}^{n}(Px_i) \otimes (Qy_i)$ 也是 u 在 $E \otimes F$ 的一个表示. 因此

$$\pi_{E,F}(u) \leqslant \sum_{i=1}^{n} \|Px_i\| \|Qy_i\| \leqslant \|P\| \|Q\| \sum_{i=1}^{n} \|x_i\| \|y_i\|.$$

既然上式对任意 u 在 $X \otimes Y$ 上的表示均成立, 故

$$\pi_{X,Y}(u) \leqslant \pi_{E,F}(u) \leqslant \|P\| \|Q\| \pi_{X,Y}(u).$$

若 E, F 是范数为 1 的投影算子的可补空间, 则对任意 $u \in F$, 有 $\pi_{E,F}(u) = \pi_{X,Y}(u), \|P \otimes Q\| = \|P\| \|Q\| = 1$. 因此, $P \otimes Q$ 是到 $E \otimes F$ 的范数为 1 的投影算子. ∎

下面来证明一个结果, 它可以解释为什么将范数 π 称为投影范数.

称算子 $Q : Z \to Y$ 是商算子, 若 Q 是满射, 并且对任意 $y \in Y$, 则有 $\|y\| = \inf\{\|z\| : z \in Z, Q(z) = y\}$. 或者等价地, Q 将 Z 的开单位球映射为 Y 的开单位球. 这意味着 Y 与商空间 $Z/\ker Q$ 等距同构.

命题 2.7 若 $Q : W \to X, R : Z \to Y$ 为商算子, 则 $Q \otimes_\pi R : W \hat{\otimes}_\pi Z \to X \hat{\otimes}_\pi Y$ 是商算子.

证明 只需证明 $Q \otimes R : W \otimes_\pi Z \to X \otimes_\pi Y$ 是商算子. 为了证明 $Q \otimes R$ 是满射, 令 $\sum_{i=1}^{n} x_i \otimes y_i \in X \otimes_\pi Y$, 则存在 $w_i \in W, z_i \in Z$, 使得对每一个 i, 有 $Q(w_i) = x_i, R(z_i) = y_i$. 故 $Q \otimes R \left(\sum_{i=1}^{n} w_i \otimes z_i \right) = \sum_{i=1}^{n} x_i \otimes y_i$. 因此, $Q \otimes R$ 是满射.

令 $u \in X \otimes_\pi Y$, 若 $Q \otimes R(v) = u$, 则 $\pi(u) \leqslant \|Q\| \cdot \|R\| \pi(v) = \pi(v)$. 对于 $\varepsilon > 0$, 选取 $u = \sum_{i=1}^{n} x_i \otimes y_i$, 使得 $\sum_{i=1}^{n} \|x_i\| \|y_i\| \leqslant \pi(u) + \varepsilon$. 对每一个 i, 选择 $w_i \in W, z_i \in Z$, 使得 $Q(w_i) = x_i, R(z_i) = y_i$, 并且 $\|w_i\| \leqslant (1 + 2^{-n}\varepsilon)\|x_i\|, \|z_i\| \leqslant (1 + 2^{-n}\varepsilon)\|y_i\|$. 故 $Q \otimes R \left(\sum_{i=1}^{n} w_i \otimes z_i \right) = u$. 由于 $\prod_{i=1}^{n}(1 + a_i) \leqslant \exp \left(\sum_{i=1}^{n} |a_i| \right)$, 因此

$$\pi \left(\sum_{i=1}^{n} w_i \otimes z_i \right) \leqslant e^{4\varepsilon} \left(\sum_{i=1}^{n} \|x_i\| \|y_i\| \right) \leqslant e^{4\varepsilon}(\pi(u) + \varepsilon).$$

因为对任意 $\varepsilon > 0$ 都成立, 所以, $\pi(u) = \inf\{\pi(v): v \in W \otimes_\pi Z, Q \otimes R(v) = u\}$. ∎

从投影范数的定义可以看出, 通常情况下张量 u 的投影范数 $\pi(u)$ 是比较难计算的, 因为检验每一种 u 的可能表示显然是不可行的. 但是, 有一些空间的张量积是比较容易描述的.

例 2.1 投影张量积 $\ell_1 \hat{\otimes}_\pi X$.

设 X 为 Banach 空间, 则张量积 $\ell_1 \otimes X$ 的元素可看作 X-值级数. 在这种情况下, 对于每一个 $a = (a_n) \in \ell_1, x \in X$, 张量 $a \otimes x$ 与序列 $(a_n x)$ 在 X 中可以看作一致. 由于 $\sum_{n=1}^{\infty} \|a_n x\| \leqslant \left(\sum_{n=1}^{\infty} |a_n| \right) \|x\|$, 因此, $(a_n x)$ 是绝对可和序列. 换句话说, $a \otimes x$ 属于 X 中所有绝对可和序列构成的 Banach 空间 $\ell_1(X)$, 其中范数为

$$\|(x_n)\|_1 = \sum_{n=1}^{\infty} \|x_n\|.$$

因此, 存在线性映射 $J : \ell_1 \otimes X \to \ell_1(X)$, 满足 $J(a \otimes x) = (a_n x)$. 若 $\sum_{i=1}^{m} a_i \otimes x_i$ 是 $u \in \ell_1 \otimes X$ 的表示, 这里对于每一个 i, 有 $a_i = (a_{in})_n$. 则

$$\|J(u)\|_1 = \left\| \left(\sum_{i=1}^{m} a_{in} x_i \right)_n \right\|_1 = \sum_{n=1}^{\infty} \left\| \left(\sum_{i=1}^{m} a_{in} x_i \right)_n \right\|_n$$

$$\leqslant \sum_{n=1}^{\infty} \sum_{i=1}^{m} \|a_{in} x_i\| = \sum_{i=1}^{m} \left(\sum_{n=1}^{\infty} |a_{in}| \right) \|x_i\| = \sum_{i=1}^{m} \|a_i\| \|x_i\|,$$

由于上式对 u 的任意表示都成立, 因此

$$\|J(u)\|_1 \leqslant \pi(u).$$

为证明反向的不等式, 固定 u 的表达式 $\sum_{i=1}^{m} a_i \otimes x_i$. 则 $J(u) = (u_n)$, 这里 $u_n = \sum_{i=1}^{m} a_{in} \otimes x_i$.

下面证明级数 $\sum_{n=1}^{\infty} e_n \otimes u_n$ 在 $\ell_1 \otimes_\pi X$ 上收敛到 u, 其中 e_n 是 ℓ_1 的标准单位向量. 用 Π_k 记 ℓ_1 到第一个 k 坐标的投影, 则 $\Pi_k(a) = \sum_{n=1}^{k} a_n e_n$. 故当 $k \to \infty$ 时, 有 $\Pi_k(a) \to a$. 因此

$$\pi \left(u - \sum_{n=1}^{k} e_n \otimes u_n \right) = \pi \left(\sum_{i=1}^{m} a_i \otimes x_i - \sum_{n=1}^{k} \sum_{i=1}^{m} e_n \otimes a_{in} x_i \right)$$

$$= \pi \left(\sum_{i=1}^{m} \left(a_i \otimes x_i - \sum_{n=1}^{k} a_{in} e_n \otimes x_i \right) \right)$$

$$= \pi \left(\sum_{i=1}^{m} (a_i - \Pi_k a_i) \otimes x_i \right)$$

$$\leqslant \sum_{i=1}^{m} \|a_i - \Pi_k a_i\| \|x_i\|.$$

故当 $k \to \infty$ 时, 有 $\pi \left(u - \sum_{n=1}^{k} e_n \otimes u_n \right) \to 0$. 这证明了上面的结论. 现在已经得到

$$\pi(u) = \pi \left(\sum_{n=1}^{\infty} e_n \otimes u_n \right) \leqslant \sum_{n=1}^{\infty} \|u_n\| = \|J(u)\|_1.$$

因此, 线性映射 $J : \ell_1 \otimes_\pi X \to \ell_1(X)$ 是等距映射. 由于 $\ell_1(X)$ 是完备的, 因此, J 可以唯一延拓为从完备投影张量积 $\ell_1 \hat{\otimes}_\pi X$ 到 $\ell_1(X)$ 的等距算子. 另外, 这个算子是满射. 为了证明这个结论, 令 $v = (x_n) \in \ell_1(X)$, 下面来证明级数 $\sum_{n=1}^{\infty} e_n \otimes x_n$ 在 $\ell_1 \hat{\otimes}_\pi X$ 中收敛. 易知 J 将这个级数的和映到 u. 既然 $\ell_1 \hat{\otimes}_\pi X$ 是 Banach 空间, 因

此只需证明该级数为 Cauchy 序列. 这由 $\pi\left(\sum\limits_{n=j}^{k} e_n \otimes x_n\right) \leqslant \pi \sum\limits_{i=j}^{k} \|x_n\|$ 可以得出. 所以, 实际上, 已经证明了存在一个经典等距同构

$$J : \ell_1 \hat{\otimes}_\pi X \to \ell_1(X). \qquad \blacksquare$$

对于空间 ℓ_1 所得的结论同样能够应用到空间 $\ell_1(I)$, 这里 I 是任意指标集, 有下面结论成立:

$$\ell_1(I) \hat{\otimes}_\pi X = \ell_1(I, X),$$

这里 $\ell_1(I, X)$ 是在指标集 I 的 X 上的绝对可加序列构成的 Banach 空间, 范数为 $\|(x_1)\|_1 = \sum\limits_{i \in I} \|x_i\|$. 要证明这个结论, 只需回顾若 (x_i) 是绝对可加序列, 则存在 I 的可数集 I_0, 使得 $x_i = 0$ 对所有 $i \notin I_0$ 成立.

将 $\ell_1(I) \hat{\otimes}_\pi X$ 与 $\ell_1(I, X)$ 看作一样, 可以得出有趣的结论. 一般来说, 若 W 是 X 的子空间, $W \hat{\otimes}_\pi Y$ 不一定是 $X \hat{\otimes}_\pi Y$ 的子空间. 若其中有一个空间是 $\ell_1(I)$, 则情况有所不同.

命题 2.8 设 X 为 Banach 空间, Y 为 X 的闭子集, 则 $\ell_1(I) \hat{\otimes}_\pi Y$ 是 $\ell_1(I) \hat{\otimes}_\pi X$ 的子空间.

证明 由于 $\ell_1(I) \hat{\otimes}_\pi Y = \ell_1(I, Y)$, 并且 $\ell_1(I) \hat{\otimes}_\pi X = \ell_1(I, X)$, 因此, 明显地, $\ell_1(I, Y)$ 是 $\ell_1(I, X)$ 的子空间. $\blacksquare$

对于完备投影张量积 $X \hat{\otimes}_\pi Y$ 中元素 u, 如何利用向量积 $X \otimes Y$ 来表示呢?

大家知道, Banach 空间 X 都可以找到某个合适的指数集 I, 使得 X 就是 $\ell_1(I)$ 的商空间.

命题 2.9 设 X, Y 为 Banach 空间, $u \in X \hat{\otimes}_\pi Y$, $\varepsilon > 0$, 则在 X, Y 中各自存在有界序列 $(x_n), (y_n)$, 使得级数 $\sum\limits_{n=1}^{\infty} x_n \otimes y_n$ 收敛到 u, 并且

$$\sum_{n=1}^{\infty} \|x_n\|\|y_n\| < \pi(u) + \varepsilon.$$

证明 选择指数集 J 和商算子 $Q : \ell_1(J) \to X$. 令 I 为在 Y 上的恒等算子. 当 Q, I 为商算子时, $Q \otimes_\pi I$ 是商算子. 故投影张量积 $Q \otimes_\pi I : \ell_1(J) \hat{\otimes}_\pi Y \to X \hat{\otimes}_\pi Y$ 是商算子. 因此, 存在 $v \in \ell_1(J) \hat{\otimes}_\pi Y$, 使得 $Q \otimes_\pi I(v) = u, \pi(v) \leqslant \pi(v) + \varepsilon$. 既然 $\ell_1(J) \hat{\otimes}_\pi Y = \ell_1(J, Y)$, 因此, 可将 v 看作 Y 的绝对可和序列 (v_j). 由于存在 J 的可数子集 $J_0 = \{j_n\}$, 使得 $v_j = 0$, 若 $j \notin J_0$. 因此, 将 v 写成 $\sum\limits_{n=1}^{\infty} e_{j_n} \otimes v_{j_n}$, 并且 $\pi(v) = \sum\limits_{n=1}^{\infty} \|v_{j_n}\|$. 令 $x_n = Q(e_{j_n}), y_n = v_{j_n}$, 则 $u = Q \otimes_\pi I(v) = \sum\limits_{n=1}^{\infty} x_n \otimes y_n$, 并

且 $\displaystyle\sum_{n=1}^{\infty} \|x_n\|\|y_n\| = \pi(v) \leqslant \pi(u) + \varepsilon.$ ∎

由上面结果立即可以得出

$$\pi(u) = \inf\left\{\sum_{n=1}^{\infty} \|x_n\| \cdot \|y_n\| : \ \sum_{n=1}^{\infty} \|x_n\| \cdot \|y_n\| < \infty, u = \sum_{n=1}^{\infty} x_n \otimes y_n\right\},$$

这里对所有 $u \in X\hat{\otimes}_\pi Y$ 的表示取下确界. 这个公式在使用的时候也可以作小小的变形. 例如, 下确界对每个 n, 只取 $\|x_n\| = \|y_n\| = 1$, 甚至是当 $x_n \to 0, y_n \to 0$ 时的 $\displaystyle\sum_{n=1}^{\infty} \lambda_n x_n \otimes y_n$, 投影范数对应的公式为

$$\pi(u) = \inf\left\{\sum_{n=1}^{\infty} |\lambda_n| : \ u = \sum_{n=1}^{\infty} \lambda_n x_n \otimes y_n, \ \sum_{n=1}^{\infty} |\lambda_n| < \infty, \|x_n\| = \|y_n\| = 1\right\}$$

$$= \inf\left\{\sum_{n=1}^{\infty} |\lambda_n| \|x_n\| \cdot \|y_n\| : u = \sum_{n=1}^{\infty} \lambda_n x_n \otimes y_n, \ \sum_{n=1}^{\infty} |\lambda_n| < \infty, x_n \to 0, y_n \to 0\right\}.$$

2.2.2 $X\hat{\otimes}_\pi Y$ 的对偶空间

若存在一个正常数 C, 对任意 $x \in X, y \in Y$, 有 $\|B(x,y)\| \leqslant C\|x\|\|y\|$, 或者说, B 在单位球 $B_X \times B_Y$ 上有界, 则称双线性映射 $X \times Y \to Z$ 是有界的.

用 $B(X \times Y, Z)$ 记从 $X \times Y$ 到 Z 有界双线性映射的 Banach 空间, 其中的范数为 $\|B\| = \sup\{\|B(x,y)\| : x \in B_X, y \in B_Y\}$. 当 Z 是数域时, 记为 $B(X \times Y)$.

命题 2.10 设 $B : X \times Y \to Z$ 为有界双线性映射, 则存在唯一算子 $\widetilde{B} : X\hat{\otimes}_\pi Y \to Z$, 对任意 $x \in X, y \in Y$, 满足 $\widetilde{B}(x \otimes y) = B(x,y)$, 映射 $B \longleftrightarrow \widetilde{B}$ 是 $B(X \times Y, Z)$ 与 $L(X\hat{\otimes}_\pi Y, Z)$ 的等距同构.

证明 存在唯一线性映射 $B : X \times Y \to Z$, 使得对任意 x, y, 有 $\widetilde{B}(x \otimes y) = B(x,y)$.

先证明 $\widetilde{B}$ 在 $X \otimes Y$ 投影范数下是有界的. 对 $u = \displaystyle\sum_{i=1}^{n} x_i \otimes y_i \in X \otimes Y$, 有

$$\|\widetilde{B}(u)\| = \left\|\sum_{i=1}^{n} B(x_i, y_i)\right\| \leqslant \|B\| \sum_{i=1}^{n} \|x_i\|\|y_i\|.$$

由于上述不等式对任意 u 的表示都成立, 因此, $\|\widetilde{B}(u)\| \leqslant \|B\|\pi(u)$. 因而, $\widetilde{B}$ 是有界的, 并且满足 $\|\widetilde{B}\| \leqslant \|B\|$.

另一方面, 由 $\|B(x,y)\| = \|\widetilde{B}(x \otimes y)\| \leqslant \|\widetilde{B}\|\|x\|\|y\|$, 可推出 $\|B\| \leqslant \|\widetilde{B}\|$. 因此, $\|B\| = \|\widetilde{B}\|$.

现在, 在相同范数下, 若算子 $\widetilde{B}: X \otimes_\pi Y \to Z$ 能唯一延拓到 $\widetilde{B}: X \hat\otimes_\pi Y \to Z$, 则明显地, 映射 $B \to \widetilde{B}$ 是线性等距映射. 因此, 只需证明映射是满射.

令 $L \in L(X \hat\otimes_\pi Y, Z)$, 则 $B(x,y) = L(x \otimes y)$ 定义下的有界双线性映射满足 $\widetilde{B} = L$. ∎

由此可见
$$B(X \times Y, Z) = L(X \hat\otimes_\pi Y, Z).$$

若 Z 取为数域 K, 则投影向量积的共轭空间可用双线性算子来表示:
$$(X \hat\otimes_\pi Y)^* = B(X \times Y).$$

按照这样的想法, 作为 $X \hat\otimes_\pi Y$ 上的有界双线性映射 B 可写成
$$\left\langle \sum_{i=1}^n x_i \otimes y_i, B \right\rangle = \sum_{i=1}^n B(x_i, y_i).$$

这种对偶关系给出了投影范数的一个新公式:
$$\pi(u) = \sup\{|\langle u, B \rangle| : B \in B(X \times Y), \|B\| \leq 1\}. \tag{2.1}$$

现在就有了两种方法来计算投影范数, 这就是传统的方法和以上提到的对偶公式.

例 2.2 $\ell_2 \hat\otimes_\pi \ell_2$ 的对角张量.

要给出空间 $\ell_2 \hat\otimes_\pi \ell_2$ 的简单刻画并不容易. 但是, $\ell_2 \hat\otimes_\pi \ell_2$ 有一个闭子空间具有很好的特征, 它就是对角张量 D, 由张量 $e_n \otimes e_n$ 生成, 这里 $\{e_n\}$ 是 ℓ_2 的标准单位向量.

先来计算 D 中元素 u 的投影范数, 若 $u = \sum_{n=1}^k a_n e_n \otimes e_n$, 由范数定义, 有 $\pi(u) \leq \sum_{n=1}^k |a_n|$. 考虑在 $\ell_2 \times \ell_2$ 上的双线性形式 $B(x,y)$:
$$B(x,y) = \sum_{n=1}^k \mathrm{sgn}(a_n) x_n y_n,$$

其中 sgn 是符号函数, 满足 $\mathrm{sgn}(a)a = |a|$, 则容易知道 $\|B\| = 1$. 因此, 由对偶性公式 (2.1), 得
$$\pi(u) \geq \langle u, B \rangle = \sum_{n=1}^k a_n B(e_n, e_n) = \sum_{n=1}^k |a_n|.$$

因此, $\pi(u) = \sum_{n=1}^k |a_n|$. 所以, D 与 ℓ_1 等距同构.

还可以证明, 下面结论成立.

命题 2.11 D 在 $\ell_2 \hat{\otimes}_\pi \ell_2$ 中是 1-范数投影的可补子空间.

实际上, 这个投影是从 $\ell_2 \times \ell_2$ 到 D 双线性映射的线性化, 投影算子 P:

$$(x, y) \longmapsto \sum_{n=1}^{\infty} x_n y_n e_n \otimes e_n.$$

利用上面命题, 可以知道虽然 ℓ_2 是自反 Banach 空间, 但是向量积空间 $\ell_2 \hat{\otimes}_\pi \ell_2$ 包含 ℓ_1, 所以, $\ell_2 \hat{\otimes}_\pi \ell_2$ 不是自反的.

对于每一个有界双线性形式 $B \in B(X \times Y)$, 有相伴算子 $L_B \in L(X, Y^*)$, 满足 $\langle y, L_B(x) \rangle = B(x, y)$. 不难证明映射 $B \longmapsto L_B$ 是空间 $B(X \times Y)$ 与 $L(X, Y^*)$ 之间的等距同构. 因此, 有下面结论成立.

命题 2.12 $(X \hat{\otimes}_\pi Y)^* = L(X, Y^*).$

类似地, 可得另一种表达.

命题 2.13 $(X \hat{\otimes}_\pi Y)^* = L(Y, X^*).$

从上面可以看出, 对于 $X \hat{\otimes}_\pi Y$ 中元素的投影范数, 有

$$\pi(u) = \sup\{|\langle u, S \rangle| : S \in L(X, Y^*), \|S\| \leqslant 1\}$$

$$= \sup\{|\langle u, T \rangle| : T \in L(Y, X^*), \|T\| \leqslant 1\}.$$

利用对偶性理论, 回顾之前投影张量积涉及子空间的问题. 接下来的命题是对偶性公式 (2.1) 和 Hahn-Banach 定理的直接结果.

命题 2.14   设 W, Z 分别是 X, Y 的子空间, 则 $W \hat{\otimes}_\pi Z$ 是 $(X \hat{\otimes}_\pi Y)$ 的子空间当且仅当每个在 $W \times Z$ 上的有界双线性形式可以保范延拓为 $X \times Y$ 的有界双线性形式.

若在上面命题中固定第二个 Banach 空间, 则可以得到下面的推论.

推论 2.3   设 W 为 X 的子空间, 则 $W \hat{\otimes}_\pi Y$ 是 $X \hat{\otimes}_\pi Y$ 的子空间当且仅当每个从 W 到 Y^* 的算子可以保范延拓到为 X 到 Y^* 的算子.

定义 2.4   设 Z 是 Banach 空间, 若对于任意 Banach 空间 X 和它的子空间 W, 每个从 W 到 Z 的算子, 都可以保范延拓为 X 到 Z 的算子, 则称 Banach 空间 Z 是内射的.

不难看出, 下面结论成立.

命题 2.15   Banach 空间 Z 是内射的当且仅当 Z 在包含它为子空间的 Banach 空间中, Z 是投影算子范数为 1 的可补子空间.

不难验证 ℓ_∞ 是内射的.

命题 2.16   每个在 $X \times Y$ 上的有界双线性形式在 $X^{**} \times Y^{**}$ 上都有保范延拓.

证明   若 A 为 $X \times Y$ 上的有界双线性形式, S 为从 X 到 Y^* 的相伴算子, 则对任意 $x \in X, y \in Y$, 有

$$A(x, y) = \langle y, Sx \rangle.$$

定义 $X^{**} \times Y^{**}$ 上的有界双线性形式 $B, B(x^{**}, y^{**}) = \langle S^* y^{**}, x^{**} \rangle$, 这里 $S^*:$ $Y^{**} \to X^*$ 是 S 的伴随算子. 若 $x \in X, y \in Y$, 则

$$B(x, y) = \langle S^* y, x \rangle = \langle y, Sx \rangle = A(x, y),$$

所以, B 是 A 的延拓, 并且 $\|A\| = \|S\| = \|S^*\| = \|B\|$. ∎

推论 2.4 $X \hat{\otimes}_\pi Y$ 是 $X^{**} \hat{\otimes}_\pi Y^{**}$ 的子空间.

对于 Banach 格的投影向量积, 有下面结论成立.

命题 2.17 若 X 和 Y 都是 Banach 格, 则它们的投影向量积 $X \hat{\otimes}_\pi Y$ 不一定是 Banach 格.

实际上, 对于 $\dfrac{1}{p} + \dfrac{1}{q} \leqslant 1$, 投影向量积 $\ell_p \hat{\otimes}_\pi \ell_q$ 不是 Banach 格[5].

2.3 射影向量积

在 Banach 空间 X 和 Y 的张量积 $X \otimes Y$ 上还可以考虑不同的范数. 张量积 $X \otimes Y$ 的元素可以看作代数对偶积 $X^\Pi \otimes Y^\Pi$ 上的双线性形式. 若 $u = \sum\limits_{i=1}^{n} x_i \otimes y_i$ 是任意一个张量, 则它的伴随双线性形式可以表述如下:

$$B_u(\varphi, \psi) = \sum_{i=1}^{n} \varphi(x_i) \psi(y_i).$$

B_u 在 $X^* \times Y^*$ 的对偶空间中的限制是有界的, 因此, 可以构造一个从 $X \otimes Y$ 到 $B(X^* \times Y^*)$ 的经典代数嵌入. 在 $X \otimes Y$ 上的射影范数就是用这个嵌入诱导出来的. 将射影范数 $u \in X \otimes Y$ 记为 $\varepsilon(u)$, 或者 $\varepsilon_{X,Y}(u)$, 或者 $\varepsilon(u; X \otimes Y)$, 则可以得出

$$\varepsilon(u) = \sup \left\{ \left| \sum_{i=1}^{n} \varphi(x_i) \psi(y_i) \right| : \varphi \in B_{X^*}, \psi \in B_{Y^*} \right\}, \tag{2.2}$$

这里 $\sum\limits_{i=1}^{n} x_i \otimes y_i$ 是 u 的任意一个表示.

$X \otimes Y$ 的元可以看作一个算子, 从 X^* 映射到 Y, 或者从 Y^* 映射到 X. 故 $L_u : X^* \to Y$ 和 $R_u : Y^* \to X$ 是由 $L_u \varphi = \sum\limits_{i=1}^{n} \varphi(x_i) y_i$ 和 $R_u \psi = \sum\limits_{i=1}^{n} \psi(y_i) x_i$ 给出的, 这些算子作为双线性形式 B_u, 具有一样的范数. 由此可以得到射影范数的

公式如下:

$$\varepsilon(u) = \sup\left\{ \left\| \sum_{i=1}^{n} \varphi(x_i)y_i \right\| : \varphi \in B_{X^*} \right\}$$

$$= \sup\left\{ \left\| \sum_{i=1}^{n} \psi(y_i)x_i \right\| : \psi \in B_{Y^*} \right\}. \tag{2.3}$$

除了特殊情况, 后面都约定用同样的符号表示张量 u 和双线性形式 B_u.

容易验证, 若 $u = \displaystyle\sum_{i=1}^{n} \varphi_i \otimes \psi_i \in X^* \otimes Y^*$, 则

$$\varepsilon(u) = \sup\left\{ \left| \sum_{i=1}^{n} \varphi_i(x)\psi_i(y) \right| : x \in B_X, y \in B_Y \right\}. \tag{2.4}$$

用 $X \otimes_\varepsilon Y$ 来表示张量积 $X \otimes Y$ 在射影范数下构成的赋范空间, 它的完备化空间用 $X \check\otimes_\varepsilon Y$ 来表示.

由于 $X \otimes_\varepsilon Y$ 是 $B(X^* \otimes Y^*)$ 的子空间, 因此, 完备空间 $X \check\otimes_\varepsilon Y$ 就是它在 $B(X^* \otimes Y^*)$ 的闭包. 所以, 射影张量积 $X \check\otimes_\varepsilon Y$ 可以看作有界双线性形式 $B(X^* \otimes Y^*)$ 的子空间, 或者算子空间 $L(X^*, Y)$ 的子空间, 或者算子空间 $L(Y^*, X)$ 的子空间.

特别地, $X^* \check\otimes_\varepsilon Y$ 是 $L(X, Y)$ 的子空间.

容易验证下面性质成立.

性质 2.8　设 X 和 Y 是 Banach 空间, 则

(1) $X \check\otimes_\varepsilon Y \subseteq B(X^* \times Y^*)$, $X \check\otimes_\varepsilon Y \subseteq L(X^*, Y)$, $X \check\otimes_\varepsilon Y \subseteq L(Y^*, X)$;

(2) $X^* \check\otimes_\varepsilon Y \subseteq B(X \times Y^*)$, $X^* \check\otimes_\varepsilon Y \subseteq L(Y^*, X^*)$, $X^* \check\otimes_\varepsilon Y \subseteq L(X, Y)$;

(3) $X^* \check\otimes_\varepsilon Y^* \subseteq B(X \times Y)$, $X^* \check\otimes_\varepsilon Y^* \subset L(X, Y^*)$, $X^* \check\otimes_\varepsilon Y^* \subseteq L(Y, X^*)$.

性质 2.9　设 X 和 Y 是 Banach 空间, 则

(1) 对任意 $u \in X \otimes Y$, 有 $\varepsilon(u) \leqslant \pi(u)$;

(2) 对任意 $x \in X, y \in Y$, 有 $\varepsilon(x \otimes y) = \|x\|\|y\|$;

(3) 若 $\varphi \in X^*, \psi \in Y^*$, 则 $\varphi \otimes \psi$ 是 $X \check\otimes_\varepsilon Y$ 上的有界线性泛函, 并且 $\|\varphi \otimes \psi\| = \|\varphi\| \cdot \|\psi\|$.

下面考虑算子的射影张量积.

命题 2.18　设 $S : X \to W$ 和 $T : Y \to Z$ 是算子, 则存在唯一的算子 $S \otimes_\varepsilon Y : X \check\otimes_\varepsilon Y \to W \check\otimes_\varepsilon Z$, 使得对任意的 $x \in X, y \in Y$, 有 $(S \otimes_\varepsilon T)(x \otimes y) = (Sx) \otimes (Sy)$, 并且 $\|S \otimes_\varepsilon T\| = \|S\| \cdot \|T\|$.

证明　设 $S \otimes T : X \otimes Y \to W \otimes Z$ 为张量积算子. 若 $u = \displaystyle\sum_{i=1}^{n} x_i \otimes y_i \in X \otimes Y$,

则

$$\varepsilon_{W,Z}(S \otimes T(u)) = \sup\left\{\left|\sum_{i=1}^{n}\varphi(Sx_i)\psi(Ty_i)\right| : \varphi \in B_{W^*}, \psi \in B_{Z^*}\right\}$$

$$= \sup\left\{\left|\sum_{i=1}^{n}(S^*\varphi)x_i(T^*\psi)y_i\right| : \varphi \in B_{W^*}, \psi \in B_{Z^*}\right\}$$

$$\leqslant \|S^*\| \cdot \|T^*\|\varepsilon_{X,Y}(u) = \|S\| \cdot \|T\|\varepsilon_{X,Y}(u).$$

因此, $S \otimes T$ 对于射影范数是有界的, 并且小于等于 $\|S\| \cdot \|T\|$.

另一方面, 对任意的 $\varepsilon > 0$, 可以找到 $x \in B_X, y \in B_Y$, 使得

$$\|Sx\| \geqslant (1-\varepsilon)\|S\|, \quad \|Ty\| \geqslant (1-\varepsilon)\|T\|.$$

故 $\varepsilon(x \otimes y) \leqslant 1$, 并且 $\varepsilon(S \otimes T)(x \otimes y) \geqslant (1-\varepsilon)^2\|S\|\|T\|$. 因此, $\|S \otimes T\| \geqslant \|S\| \cdot \|T\|$. 所以, $\|S \otimes T\| = \|S\| \cdot \|T\|$.

由于算子 $S \otimes T$ 有唯一的保范延拓, 因此, 在完备化的向量积空间, 可以定义该保范延拓为 $S \otimes_\varepsilon T$. ■

若 X 是 W 的闭子空间, Y 是 Z 的闭子空间, 则 $X \check{\otimes}_\varepsilon Y$ 是 $W \check{\otimes}_\varepsilon Z$ 的闭子空间. 但是, 若 X 是 W 的商空间, 则 $X \check{\otimes}_\varepsilon Y$ 不一定是 $W \check{\otimes}_\varepsilon Y$ 的商空间.

例 2.3 射影张量积 $c_0 \check{\otimes}_\varepsilon X = c_0(X)$.

设 $c_0(X)$ 为所有 X 中收敛于 0 的序列, 在 $\|(x_n)\| = \sup_n \|x_n\|$ 下构成的 Banach 空间. 考虑经典映射 $J: c_0 \otimes_\varepsilon X \to c_0(X)$, 将张量 $u = \sum_{i=1}^{n} a_i \otimes x_i$ 映射到以 X 为序列 $Ju = \left(\sum_{i=1}^{n} a_{ik}x_i\right)_k$. 下面证明其实 Ju 就是 $c_0(X)$ 的元素, 首先考虑到

$$\left\|\sum_{i=1}^{n} a_{ik}x_i\right\| \leqslant \max_{1\leqslant i \leqslant n}|a_{ik}|\sum_{i=1}^{n}\|x_i\| \to 0 \quad (k \to \infty).$$

下面来计算 Ju 的范数. 利用 c_0 和 ℓ_1 的对偶性, 有

$$\|Ju\| = \sup_k\left\|\sum_{i=1}^{n} a_{ik}x_i\right\|$$

$$= \sup_k \sup_{\varphi \in B_{x^*}}\left|\sum_{i=1}^{n} a_{ik}\varphi(x_i)\right|$$

$$= \sup_{\varphi \in B_{x^*}} \sup_k \left| \sum_{i=1}^n a_{ik} \varphi(x_i) \right|$$

$$= \sup_{\varphi \in B_{x^*}} \sup_{b \in B_{\ell_1}} \left| \sum_{k=1}^\infty \sum_{i=1}^n b_k a_{ik} \varphi(x_i) \right|$$

$$= \sup_{b \in B_{\ell_1}} \sup_{\varphi \in B_{x^*}} \left| \sum_{i=1}^n b(a_i) \varphi(x_i) \right|$$

$$= \varepsilon(u).$$

由此可知 J 可以延拓为 $c_0 \check{\otimes}_\varepsilon X$ 到 $c_0(X)$ 的等距算子. 容易知道 $J(c_0 \otimes X)$ 在 $c_0(X)$ 中是稠密的, 所以, J 是一个等距同构. ∎

例 2.4   射影张量积 $\ell_1 \check{\otimes}_\varepsilon X = \ell_1[X]$.

令 $\ell_1[X]$ 为 X 的所有无条件收敛级数序列构成的空间, 即序列 (x_n) 满足无论如何排序, 级数 $\sum x_n$ 都在 X 中收敛. 不难验证, 序列 (x_n) 属于 $\ell_1[X]$ 当且仅当对于任意一个有界序列 (b_n), $\sum b_n x_n$ 都在 X 中收敛.

若 (x_n) 是无条件收敛的, 由 $T\varphi = (\varphi x_n)$ 可以定义线性映射 $T : X^* \to \ell_1$. 由闭图像定理可知, T 是有界的. 另外, 伴随算子 T^* 在 X 中取值, 并且对任意的 $b = (b_n) \in \ell_\infty$, 有 $T^* b = \sum b_n x_n$. 因此, T 对于 X^* 的弱 $*$ 拓扑和 ℓ_1 上的弱拓扑是连续的. 利用 Alaoglu 定理, T 将弱 $*$ 紧闭单位球 X^* 映射为 ℓ_1 的一个弱紧子集. 根据 ℓ_1 具有 Schur 性质可知, 每一个弱紧集在范数拓扑中都是紧的. 所以, 算子 $T : X^* \to \ell_1$ 是紧的, 并且它的伴随算子 $T^* : \ell_\infty \to X$ 也是紧的.

由于算子 T 的范数与它的伴随算子 T^* 的范数是相等的, 因此, 对于 $\ell_1[X]$ 中的每个元素的范数有两种表示:

$$\|(x_n)\| = \sup \left\{ \sum_{n=1}^\infty |\varphi(x_n)| : \varphi \in B_{X^*} \right\} = \sup \left\{ \left\| \sum_{n=1}^\infty b_n x_n \right\| : b \in B_{\ell_\infty} \right\}.$$

不难验证, $\ell_1[X]$ 在这个范数下是完备的.

由算子 T 的紧性可知, 当 $n \to \infty$ 时, 有 $\sup \left\{ \sum_{k>n} |\varphi(x_k)| : \varphi \in B_{X^*} \right\} \to 0$. 也就是第 n 项为 $(x_1, \cdots, x_n, 0, 0, \cdots)$ 的序列在 $\ell_1[X]$ 中收敛于 (x_k).

下面来证明 $\ell_1[X]$ 等距同构于张量积 $\ell_1 \check{\otimes}_\varepsilon X$. 对于经典映射 $J : \ell_1 \otimes X \to \ell_1[X]$, 它将张量 $u = \sum_{i=1}^n a_i x_i$ 映射到序列 $Ju = \left(\sum_{i=1}^n a_{ik} x_i \right)_k$. Ju 的范数为

$$\|Ju\| = \sup_{\varphi \in B_{X^*}} \sum_{k=1}^{\infty} \left| \varphi \left(\sum_{i=1}^{n} a_{ik} x_i \right) \right|$$

$$= \sup_{\varphi \in B_{X^*}} \sup_{b \in B_{\ell_\infty}} \left| \sum_{k=1}^{\infty} b_k \left(\sum_{i=1}^{n} a_{ik} \varphi(x_i) \right) \right|$$

$$= \sup_{\varphi \in B_{X^*}} \sup_{b \in B_{\ell_\infty}} \left| \sum_{i=1}^{n} b(a_i) \varphi(x_i) \right| = \varepsilon(u).$$

因此, J 可以扩展为 $\ell_1 \check{\otimes}_\varepsilon X$ 到 $\ell_1[X]$ 的等距算子. 因为所有有限个坐标不为 0 的序列在 $\ell_1[X]$ 中是稠密的, 并且 $J(\ell_1 \otimes X)$ 包含了所有这种序列, 所以, J 是等距同构的. ■

对于 Banach 格的射影向量积, 有下面结论成立.

命题 2.19 若 X 和 Y 都是 Banach 格, 则它们的射影向量积 $X \check{\otimes}_\varepsilon Y$ 不一定是 Banach 格.

实际上, 对于 $\dfrac{1}{p} + \dfrac{1}{q} \geqslant 1$, 射影向量积 $\ell_p \check{\otimes}_\varepsilon \ell_q$ 不是 Banach 格[5].

对于 Banach 空间向量积的自反性和凸性, 有下面的结果[1].

命题 2.20 若 X 是自反 Banach 空间, 并且每个从 ℓ_p 到 X^* 的线性有界算子都是紧的, 则投影向量积 $\ell_p \hat{\otimes}_\pi X$ 是自反的.

因此, $\ell_2 \hat{\otimes}_\pi \ell_2$ 不是自反的, 但 $\ell_3 \hat{\otimes}_\pi \ell_3$ 是自反的.

命题 2.21 若 X 是无穷维 Banach 空间, 则

(1) 投影向量积 $\ell_p \hat{\otimes}_\pi X$ 一定不是一致凸空间;

(2) 投影向量积 $\ell_p \hat{\otimes}_\pi X$ 一定不是一致光滑空间;

(3) 投影向量积 $\ell_p \hat{\otimes}_\pi X$ 一定不是超自反的.

迪斯特尔 (Joe Diestel, 1943—2017), 专门研究 Banach 空间和测度论的杰出数学家, 1968 年在 Catholic 大学获得博士学位, 导师是波兰数学家 Witold Bogdanowicz (后来改名为 Victor Bogdan), 博士学位论文为 *An approach to the theory of Orlicz spaces of Lebesgue-Bochner measurable functions and to the theory of Orlicz spaces of finitely additive vector-valued set functions with applications to the representation of multilinear continuous operators.* 迪斯特尔对向量测度和张量积的度量理论作出了重要的贡献. 1975 年出版了 *Geometry of Banach Spaces–Selected Topics*, 1977 年与 J. Jerry Uhl 合著 *Vector Measures.* 他还在 2008 年与 Fourie 和 Swart 合著 *The Metric Theory of Tensor Products*, 在 1995 年与 Jarchow 和 Tonge 合著 *Absolutely Summing Operators*, 在 2014 年与 Spalsbury 合著 *The Joys of Haar Measure.* 他的著作还有 *Sequences and Series in Banach*

Spaces 等.

卜庆营教授 (后排左 1) 和他的博士生导师 Diestel 教授 (前排左 3).

参 考 文 献

[1]　Bu Q Y, Diestel J. Observations about the projective tensor product of Banach spaces. I. $\ell^p \hat{\otimes} X, 1 < p < \infty$. Quaest. Math., 2001, 24(4): 519-533.

[2]　Diestel J, Uhl J J, Jr. Vector Measures. Mathematical Surveys, No. 15. Providence: American Mathematical Society, 1977.

[3]　Grothendieck A. Résumé de la théorie métrique des produits tensoriels topologiques. Bol. Soc. Mat. São Paulo, 1953, 8: 1-79.

[4]　Grothendieck A. Produits tensoriels topologiques et espaces nucléaires. Mem. Amer. Math. Soc., 1955, 16: Chapter 1: 196, Chapter 2: 140.

[5]　Kwapień S, Pelczyński A. The main triangle projection in matrix spaces and its applications. Studia Math., 1970, 34: 43-67.

[6]　Ryan R A. Introduction to Tensor Products of Banach Spaces. Springer Monographs in Mathematics. London: Springer-Verlag, 2002.

[7]　Whitney H. Tensor products of Abelian groups. Duke Math. J., 1938, 4(3): 495-528.

第 3 章 张量积的 Radon-Nikodym 性质

> 学习任何知识的最佳途径是由自己去发现的, 因为这种发现理解最深, 也最容易掌握其中的规律、性质和联系.
>
> Polya (1887—1985, 匈牙利数学家)

Banach 空间 X 称为关于 (Ω, Σ, μ) 具有 Radon-Nikodym 性质, 其中 (Ω, Σ, μ) 是有限完备非负的测度空间. 对于每个有界变差和 μ 连续的向量测度 $m : \Sigma \to X$, 存在 $f \in L_1(\mu, X)$, 使得对一切 $E \in \Sigma$, 有

$$m(E) = \int_E f d\mu.$$

Banach 空间 X 称为具有 Radon-Nikodym 性质, 若 X 关于每个有限完备非负测度空间 (Ω, Σ, μ) 具有 Radon-Nikodym 性质.

Bochner 关于 Radon-Nikodym 性质的研究在 1933 年就开始了, Birkhoff 在 1935 年证明了 Hilbert 空间具有 Radon-Nikodym 性质. Clarkson 在 1936 年引入了 Banach 空间一致凸的概念, 并证明一致凸 Banach 空间具有 Radon-Nikodym 性质.

Diestel 和 Uhl 在 1977 年提出问题:

两个具有 Radon-Nikodym 性质的 Banach 空间的张量积是否一定具有 Radon-Nikodym 性质?

Bourgain 和 Pisier 在 1983 年构造了一个具有 Radon-Nikodym 性质的 Banach 空间 X, 使得 $X \hat{\otimes} X$ 不具有 Radon-Nikodym 性质.

在 2001 年, Bu Qingying 和 Diestel 证明了下面结果[4].

命题 3.1 若 Banach 空间 X 具有 Radon-Nikodym 性质, 则投影向量积 $\ell_p \hat{\otimes}_\pi X$ 也具有 Radon-Nikodym 性质.

Bu Qingying 在 2002 年, 得到下面的结果[5].

命题 3.2 若 Banach 空间 X 具有 Radon-Nikodym 性质, 则投影向量积 $L_p(0, 1) \hat{\otimes}_\pi X$ 也具有 Radon-Nikodym 性质.

Bu Qingying 和 Dowling 在 2002 年证明了下面的结果[6].

命题 3.3 若复 Banach 空间 X 具有解析 Radon-Nikodym 性质, 则投影向量积 $L_p[0, 1] \hat{\otimes}_\pi X$ 也具有解析 Radon-Nikodym 性质.

1972 年, Fremlin 证明 Fremlin 投影向量积 $L_2[0, 1] \hat{\otimes}_F L_2[0, 1]$ 不具有 Radon-Nikodym 性质, 因此, 即使对于 Hilbert 空间 $L_2[0, 1]$, 它的 Fremlin 投影向量积也

不具有 Radon-Nikodym 性质. 这说明 Banach 空间 X 和 Y 具有 Radon-Nikodym 性质时, Fremlin 投影向量积 $X \hat{\otimes}_F Y$ 不一定具有 Radon-Nikodym 性质.

3.1　Köthe 函数空间的投影张量积的 Radon-Nikodym 性质

本节内容主要来自文献 [8]. 设 (Ω, Σ, μ) 为概率测度空间, 并设 $\mathcal{M}(X)$ 表示所有从 Ω 到 X 的强 μ-可测函数的等价类构成的空间. 假设 E 是一个在 (Ω, Σ, μ) 上的 Köthe 函数空间, E' 表示它的 Köthe 对偶空间, 即

$$E' = \left\{ g \in \mathcal{M}(\mathbb{R}) : \int_\Omega |f(t)g(t)|d\mu(t) < \infty, \text{ 任意 } f \in E \right\},$$

则 E' 也是 Köthe 函数空间, 它的范数为

$$\|g\|_{E'} = \sup \left\{ \int_\Omega |f(t)g(t)|d\mu(t) : f \in B_E \right\}.$$

明显地, 下面结论成立.

命题 3.4　设 E 是 Köthe 函数空间, 则

(1) E' 是 E^* 的一个闭子空间;

(2) 若 E 是序连续的, 则 $E' = E^*$.

设

$$E(X) = \{f \in \mathcal{M}(X) : \|f(\cdot)\|_X \in E\}$$

和

$$\|f\|_{E(X)} = \|\|f(\cdot)\|_X\|_E,$$

则 $(E(X), \|\cdot\|_{E(X)})$ 是 Banach 空间.

设

$$E'_{w^*}(X^*) = \left\{ g \in \mathcal{M}(X^*) : xg(\cdot) \in E', \text{ 任意 } x \in X \right\}$$

和

$$\|g\|_{E'_{w^*}(X^*)} = \sup \left\{ \|xg(\cdot)\|_{E'} : x \in B_X \right\},$$

其中 $xg(\cdot)$ 表示 $\langle x, g(\cdot) \rangle$. 则 $(E'_{w^*}(X^*), \|\cdot\|_{E'_{w^*}(X^*)})$ 是赋范空间.

设

$$E\langle X \rangle = \left\{ f \in \mathcal{M}(X) : \int_\Omega |\langle f(t), g(t) \rangle|d\mu(t) < \infty, \text{ 任意 } g \in E'_{w^*}(X^*) \right\}$$

和

$$\|f\|_{E\langle X \rangle} = \sup \left\{ \int_\Omega |\langle f(t), g(t) \rangle|d\mu(t) : g \in B_{E'_{w^*}(X^*)} \right\}.$$

则 $(E\langle X \rangle, \|\cdot\|_{E\langle X \rangle})$ 是赋范空间.

在 $E^*(X^*, w^*)$ 上定义了如下所示的范数.

引理 3.1 设 $f \in \mathcal{M}(X)$, 则对每个 $\varepsilon > 0$, 存在 $g_\varepsilon \in \mathcal{M}(X^*)$, 使得 $g_\varepsilon(t) \in B_{X^*}, \mu$-a.e. 并且

$$\|f(t)\| \leqslant |\langle f(t), g_\varepsilon(t) \rangle| + \varepsilon, \ \mu\text{-a.e.}$$

证明 由于 f 是强 μ-可测的, 根据 Pettis 可测性定理, 存在 $A \in \Sigma$ 满足 $\mu(A) = 0$, 使得 $f(\Omega \backslash A)$ 是 X 的可分子集. 因此, 存在 X 中的序列 $\{x_n\}_1^\infty$, 使得

$$f(\Omega \backslash A) \subseteq \overline{\mathrm{span}} \ \{x_n\}_1^\infty.$$

令

$$A_n = \left\{ t \in \Omega \backslash A : \|f(t) - x_n\| < \frac{\varepsilon}{4} \right\}, \quad n = 1, 2, \cdots.$$

则对于每个 $n \in \mathbb{N}$, 有 $A_n \in \Sigma$, 并且 $\Omega \backslash A = \bigcup_{n=1}^\infty A_n$.

设 $B_1 = A_1$ 和 $B_n = A_n \backslash (A_1 \cup \cdots \cup A_{n-1})$ 对于 $n \geqslant 2$ 成立, 则 $\{B_n\}_1^\infty$ 是 $\Omega \backslash A$ 的一个划分. 选择 $x_n^* \in B_{X^*}$, 使得

$$\|x_n\| \leqslant |x_n^*(x_n)| + \frac{\varepsilon}{2}, \quad n = 1, 2, \cdots,$$

对每个 $t \in \Omega \backslash A$, 定义

$$g_\varepsilon(t) = \sum_{n=1}^\infty x_n^* \chi_{B_n}(t),$$

则 $g_\varepsilon \in \mathcal{M}(X^*)$, 并且满足

$$g_\varepsilon(t) \in B_{X^*}, \quad t \in \Omega \backslash A.$$

此外, 对于每个固定的 $t \in \Omega \backslash A$, 存在 $n \in \mathbb{N}$, 使得 $t \in B_n \subseteq A_n$. 因此, $g_\varepsilon(t) = x_n^*, \|f(t) - x_n\| < \frac{\varepsilon}{4}$. 故

$$\begin{aligned}
\|f(t)\| &\leqslant \|f(t) - x_n\| + \|x_n\| \leqslant \frac{\varepsilon}{4} + |x_n^*(x_n)| + \frac{\varepsilon}{2} \\
&\leqslant |\langle x_n - f(t), x_n^* \rangle| + |\langle f(t), x_n^* \rangle| + \frac{3\varepsilon}{4} \\
&\leqslant \|x_n - f(t)\| + |\langle f(t), g_\varepsilon(t) \rangle| + \frac{3\varepsilon}{4} \\
&\leqslant |\langle f(t), g_\varepsilon(t) \rangle| + \varepsilon.
\end{aligned}$$ ∎

命题 3.5 设 E 是 Köthe 函数空间, 则

(1) $E\langle X \rangle \subseteq E''(X)$, 且 $\| \cdot \|_{E''(X)} \leqslant \| \cdot \|_{E\langle X \rangle}$.

(2) 若 $f_n \in B_{E\langle X \rangle}$ 且 $f \in E''(X)$, 使得 $\lim_n f_n = f$ 在 $E''(X)$ 中成立, 则 $f \in B_{E\langle X \rangle}$.

证明　首先, 证明 $E\langle X\rangle \subseteq E''(X)$ 和 $\|\cdot\|_{E''(X)} \leqslant \|\cdot\|_{E\langle X\rangle}$.

设 $f \in E\langle X\rangle$. 对每个 $h \in E'$ 和每个 $\varepsilon > 0$, 根据引理 3.1, 存在 $g_\varepsilon \in \mathcal{M}(X^*)$, 使得 $g_\varepsilon(t) \in B_{X^*}, \mu\text{-a.e}$, 并且

$$\|h(t)f(t)\| \leqslant |\langle h(t)f(t),\ g_\varepsilon(t)\rangle| + \varepsilon,\ \mu\text{-a.e.}$$

由 $\|hg_\varepsilon\| \leqslant |h|$, $\mu\text{-a.e.}$ 可推出 $hg_\varepsilon \in E'(X^*) \subseteq E'_{w^*}(X^*)$. 因此

$$\int_\Omega |h(t)| \cdot \|f(t)\| d\mu(t) \leqslant \int_\Omega |\langle f(t),\ h(t)g_\varepsilon(t)\rangle| d\mu(t) + \varepsilon$$

$$\leqslant \|f\|_{E\langle X\rangle} \cdot \|hg_\varepsilon\|_{E'_{w^*}(X^*)} + \varepsilon$$

$$\leqslant \|f\|_{E\langle X\rangle} \cdot \|h\|_{E'} + \varepsilon < \infty.$$

由于 h 在 E' 中是任意的, $\|f(\cdot)\|_X \in E''$, 因此, $f \in E''(X)$. 此外

$$\|f\|_{E''(X)} = \sup\left\{\int_\Omega |h(t)| \cdot \|f(t)\|_X d\mu(t):\ h \in B_{E'}\right\} \leqslant \|f\|_{E\langle X\rangle} + \varepsilon.$$

令 $\varepsilon \to 0$,

$$\|f\|_{E''(X)} \leqslant \|f\|_{E\langle X\rangle}.$$

下面来证明第二部分. 设 $f_n \in B_{E\langle X\rangle}, f \in E''(X)$, 使得 $\lim\limits_n f_n = f$ 在 $E''(X)$ 上成立. 固定 $\varepsilon > 0$ 和 $g \in E'_{w^*}(X^*)$. 由于 g 是强 μ 可测的, 根据 Pettis 可测性定理, 存在可数值函数, 即 $h = \sum\limits_{i=1}^\infty x_i^* \chi_{A_i}$, 其中 $x_i^* \in X^*$, $A_i \in \Sigma$, 且对于 $i \neq j$, 有 $A_i \cap A_j = \varnothing$, 使得

$$\|g(t) - h(t)\|_{X^*} < \varepsilon, \quad \mu\text{-a.e.}$$

因此, $\|g(\cdot) - h(\cdot)\|_{X^*} \in E'$, 因而, $g - h \in E'(X^*)$. 此外

$$\|g - h\|_{E'(X^*)} = \|\|g(\cdot) - h(\cdot)\|_{X^*}\|_{E'} \leqslant \varepsilon\|\chi_\Omega\|_{E'}.$$

令 $s(t) = \mathrm{sign}\langle f(t), h(t)\rangle, h_i(t) = s(t)x_i^*\chi_{A_i}$, 则对于每个 $i \in \mathbb{N}$, 有 $h_i \in E'(X^*) \subseteq E(X)^* \subseteq (E''(X))^*$. 既然对于每个 $i \in \mathbb{N}$, 有 $\lim\limits_n \|f_n - f\|_{E''(X)} = 0, \lim\limits_n \langle f_n - f, h_i\rangle = 0$. 因此, 对于每个固定的 $m \in \mathbb{N}$, 存在 $n_0 \in \mathbb{N}$, 使得

$$|\langle f_{n_0} - f,\ h_i\rangle| < \frac{\varepsilon}{m}, \quad i = 1, 2, \cdots, m.$$

故

$$
\sum_{i=1}^{m} \left| \int_{A_i} \langle f(t),\ s(t)x_i^* \rangle d\mu(t) \right|
$$

$$
\leqslant \sum_{i=1}^{m} \left| \int_{A_i} \langle f_{n_0}(t) - f(t),\ s(t)x_i^* \rangle d\mu(t) \right| + \sum_{i=1}^{m} \left| \int_{A_i} \langle f_{n_0}(t),\ s(t)x_i^* \rangle d\mu(t) \right|
$$

$$
= \sum_{i=1}^{m} |\langle f_{n_0} - f,\ h_i \rangle| + \left| \sum_{i=1}^{m} \int_{A_i} \langle f_{n_0}(t),\ \theta_i s(t)x_i^* \rangle d\mu(t) \right| \quad (\theta_i = \pm 1)
$$

$$
\leqslant \varepsilon + \left| \left\langle f_{n_0},\ \sum_{i=1}^{m} \theta_i s(\cdot)x_i^* \chi_{A_i} \right\rangle \right| \leqslant \varepsilon + \|f_{n_0}\|_{E\langle X \rangle} \cdot \left\| \sum_{i=1}^{m} \theta_i s(\cdot)x_i^* \chi_A \right\|_{E'_{w*}(X^*)}
$$

$$
\leqslant \varepsilon + 1 \cdot \|h\|_{E'_{w*}(X^*)}.
$$

令 $m \to \infty$, 得

$$
\sum_{i=1}^{\infty} \left| \int_{A_i} \langle f(t),\ s(t)x_i^* \rangle d\mu(t) \right| \leqslant \|h\|_{E'_{w*}(X^*)} + \varepsilon.
$$

因此

$$
\int_{\Omega} |\langle f(t),\ h(t) \rangle| d\mu(t) = \left| \int_{\Omega} \langle f(t),\ s(t)h(t) \rangle d\mu(t) \right|
$$

$$
= \left| \int_{\Omega} \left\langle f(t),\ \sum_{i=1}^{\infty} s(t)x_i^* \chi_{A_j} \right\rangle d\mu(t) \right|
$$

$$
= \left| \sum_{i=1}^{\infty} \int_{A_i} \langle f(t),\ s(t)x_i^* \rangle d\mu(t) \right|
$$

$$
\leqslant \sum_{i=1}^{\infty} \left| \int_{A_i} \langle f(t),\ s(t)x_i^* \rangle d\mu(t) \right| \leqslant \|h\|_{E'_{w*}(X^*)} + \varepsilon.
$$

由此可见

$$
\int_{\Omega} |\langle f(t),\ g(t) \rangle| d\mu(t) \leqslant \int_{\Omega} |\langle f(t),\ g(t) - h(t) \rangle| d\mu(t) + \int_{\Omega} |\langle f(t),\ h(t) \rangle| d\mu(t)
$$

$$
\leqslant \|f\|_{E''(X)} \cdot \|g - h\|_{E'(X^*)} + \|h\|_{E'_{w*}(X^*)} + \varepsilon
$$

$$
\leqslant \|f\|_{E''(X)} \cdot \varepsilon \|\chi_{\Omega}\|_{E'} + \|g\|_{E'_{w*}(X^*)} + \|g - h\|_{E'_{w*}(X^*)} + \varepsilon
$$

$$
\leqslant \|f\|_{E''(X)} \cdot \varepsilon \|\chi_{\Omega}\|_{E'} + \|g\|_{E'_{w*}(X^*)} + \|g - h\|_{E'(X^*)} + \varepsilon
$$

$$
\leqslant \|f\|_{E''(X)} \cdot \varepsilon \|\chi_{\Omega}\|_{E'} + \|g\|_{E'_{w*}(X^*)} + \varepsilon \|\chi_{\Omega}\|_{E'} + \varepsilon.
$$

令 $\varepsilon \to 0$, 得

$$\int_{\Omega} |\langle f(t),\ g(t)\rangle| d\mu(t) \leqslant \|g\|_{E'_{w^*}(X^*)} < \infty.$$

因为 g 在 $E'_{w^*}(X^*)$ 中是任意的, 所以, $f \in E\langle X\rangle$, 且 $\|f\|_{E\langle X\rangle} \leqslant 1$. ■

　　推论 3.1　　$(E\langle X\rangle,\ \|\cdot\|_{E\langle X\rangle})$ 是 Banach 空间.

　　推论 3.2　　从 $E\langle X\rangle$ 到 $E''(X)$ 的包含映射是半嵌入的, 即 $E\langle X\rangle$ 半嵌入于 $E''(X)$ 中.

　　命题 3.6　　设 E 是序连续 Köthe 函数空间, 满足 $E'' = E$, 并且 E 在二次对偶空间 E^{**} 中是范数 1 可补子空间. X 是可分的对偶 Banach 空间, 则 E 和 X 的投影张量积 $E \hat{\otimes} X$ 与 $E\langle X\rangle$ 等距同构.

　　证明　　定义

$$\psi : E \hat{\otimes} X \to E\langle X\rangle,\quad z \mapsto \sum_{k=1}^{\infty} a_k(\cdot)x_k,$$

这里 $\sum_{k=1}^{\infty} a_k(\cdot) \otimes x_k$ 是 z 的一种表示形式. 对每个 $\varepsilon > 0, z \in E\hat{\otimes}X$ 有表示形式:

$$z = \sum_{k=1}^{\infty} a_k(\cdot) \otimes x_k$$

使得

$$\sum_{k=1}^{\infty} \|a_k(\cdot)\|_E \cdot \|x_k\| \leqslant \|z\|_{E\hat{\otimes}X} + \varepsilon.$$

对每个 $g \in E'_{w^*}(X^*)$, 有

$$\int_{\Omega} \left| \left\langle \sum_{k=1}^{\infty} a_k(t)x_k,\ g(t) \right\rangle \right| d\mu(t) \leqslant \int_{\Omega} \sum_{k=1}^{\infty} |\langle a_k(t)x_k,\ g(t)\rangle| d\mu(t)$$

$$= \sum_{k=1}^{\infty} \int_{\Omega} |a_k(t)\langle x_k,\ g(t)\rangle| d\mu(t) \leqslant \sum_{k=1}^{\infty} \|a_k(\cdot)\|_E \cdot \|\langle x_k,\ g(\cdot)\rangle\|_{E'}$$

$$\leqslant \sum_{k=1}^{\infty} \|a_k(\cdot)\|_E \cdot \|x_k\| \cdot \|g\|_{E'_{w^*}(X^*)} \leqslant \|g\|_{E'_{w^*}(X^*)}(\|z\|_{E\hat{\otimes}X} + \varepsilon) < \infty.$$

故 $\sum_{k=1}^{\infty} a_k(\cdot)x_k \in E\langle X\rangle$, 即 $\psi(z) \in E\langle X\rangle$, 因此, ψ 是有意义的. 另外, 由上面不等式可知

$$\|\psi(z)\|_{E\langle X\rangle} \leqslant \|z\|_{E\hat{\otimes}X} + \varepsilon.$$

令 $\varepsilon \to 0$, 则

$$\|\psi(z)\|_{E\langle X\rangle} \leqslant \|z\|_{E\hat{\otimes}X}. \tag{3.1}$$

接下来将证明 ψ 是同构的, 并且是满的.

设 $f \in E\langle X \rangle, K = (B_{E^{**}}, w^*) \times (B_X, w^*)$, 则 K 是 Hausdorff 紧空间. 定义

$$J \colon E'_{w^*}(X^*) \to C(K), \quad g \mapsto Jg,$$

这里

$$Jg(\omega) = \langle a^{**}, xg \rangle, \quad 任意 \ \omega = (a^{**}, \ x) \in K. \tag{3.2}$$

则 J 是有意义的, 且

$$\|Jg\|_{C(K)} = \|g\|_{E'_{w^*}(X^*)}.$$

在 $J(E'_{w^*}(X^*))$ 上定义 F_f 为

$$F_f(Jg) = \langle f, g \rangle := \int_\Omega \langle f(t), g(t) \rangle d\mu(t), \quad 任意 \ g \in E'_{w^*}(X^*), \tag{3.3}$$

则 F_f 是 $C(K)$ 子空间 $J(E'_{w^*}(X^*))$ 上的有界线性泛函, 满足

$$\|F_f\| = \|f\|_{E\langle X \rangle}.$$

根据 Hahn-Banach 定理, F_f 可以被保范延拓为 $\tilde{F}_f \in C(K)^*$. 此外, 根据 Riesz 表示定理, 在 K 上存在正则的 Borel 测度 v, 使得

$$\tilde{F}_f(\phi) = \int_K \phi(\omega) dv(\omega), \quad 任意 \ \phi \in C(K) \tag{3.4}$$

和

$$|v|(K) = \|\tilde{F}_f\| = \|F_f\| = \|f\|_{E\langle X \rangle}. \tag{3.5}$$

现在定义

$$h_1 \colon K \to E^{**}, \quad \omega = (a^{**}, \ x) \mapsto a^{**}.$$

则 h_1 是弱 $*$ 连续, 因此也是弱 $*\nu$-可测的. 而且, 对于每个 $b^* \in E^*$, 有

$$\int_K |\langle h_1(\omega), \ b^* \rangle| d|\nu|(\omega) \leqslant \|b^*\|_{E^*} \int_K \|h_1(\omega)\|_{E^{**}} d|\nu|(\omega) \leqslant \|b^*\|_{E^*} \cdot |\nu|(K) < \infty.$$

故 h_1 是 Gelfand 可积的. 定义

$$h_2 \colon K \to X, \ \omega = (a^{**}, \ x) \mapsto x.$$

则 h_2 是弱 $*$ 连续的, 因此也是弱 $*\nu$-可测的. 由于 X 是可分的, 因此, h_2 是强 ν 可测的. 另外

$$\int_K \|h_2(\omega)\| d|\nu|(\omega) \leqslant |\nu|(K) < \infty.$$

因此, h_2 是 Bochner $|\nu|$-可积的. 因而, 对于每个 $\varepsilon > 0, X$ 中存在序列 $\{x_k\}_1^\infty$ 和 K 中的 Borel 可测子集 $\{B_k\}_1^\infty$ 序列, 使得

$$h_2(\omega) = \sum_{k=1}^\infty x_k \chi_{B_k}(\omega), \quad |\nu|\text{-a.e.,} \tag{3.6}$$

且

$$\sum_{k=1}^\infty \|x_k\| \cdot |\nu|(B_k) \leqslant \int_K \|h_2(\omega)\| d|\nu|(\omega) + \varepsilon \leqslant |\nu|(K) + \varepsilon. \tag{3.7}$$

由 (3.2)—(3.4) 式得, 对于每个 $g \in E'_{w^*}(X^*)$, 有

$$\langle f, \, g \rangle = F_f(Jg) = \int_K Jg(\omega) d\nu(\omega) = \int_K \langle a^{**}, \, xg \rangle d\nu(\omega) \, .$$

对于每个 $x^* \in X^*$ 和每个 $b^* \in E^*$, 将 $g = x^* b^*$ 代入上面的等式, 得

$$\langle f, \, x^* b^* \rangle = \int_K \langle a^{**}, \, x^*(x) b^* \rangle d\nu(\omega) = \int_K \langle h_1(\omega), \, b^* \rangle x^* h_2(\omega) d\nu(\omega)$$

$$= \int_K \langle h_1(\omega), \, b^* \rangle \sum_{k=1}^\infty x^*(x_k) \chi_{B_k}(\omega) d\nu(\omega)$$

$$= \sum_{k=1}^\infty \int_{B_k} x^*(x_k) \langle h_1(\omega), \, b^* \rangle d\nu(\omega) = \sum_{k=1}^\infty x^*(x_k) \langle a_k^{**}, \, b^* \rangle, \tag{3.8}$$

这里 a_k^{**} 是 h_1 在 B_k 上的 Gelfand 积分.

由于对于每个 $b^* \in E^*$ 和每个 $k \in \mathbb{N}$, 有

$$|\langle a_k^{**}, \, b^* \rangle| = \left| \int_{B_k} \langle h_1(\omega), \, b^* \rangle d\nu(\omega) \right| \leqslant \int_{B_k} \|h_1(\omega)\| \cdot \|b^*\| d|\nu|(\omega) \leqslant \|b^*\| \cdot |\nu|(B_k),$$

因此

$$\|a_k^{**}\|_{E^{**}} \leqslant |\nu|(B_k), \quad k = 1, 2, \cdots. \tag{3.9}$$

由 (3.17) 和 (3.19) 式, 得

$$\sum_{k=1}^\infty \|x^*(x_k) a_k^{**}\|_{E^{**}} \leqslant \sum_{k=1}^\infty \|x^*\| \cdot \|x_k\| \cdot \|a_k^{**}\|_{E^{**}} \leqslant \|x^*\| \sum_{k=1}^\infty \|x_k\| \cdot |\nu|(B_k)$$

$$\leqslant \|x^*\| (|v|(K) + \varepsilon).$$

因此, $\displaystyle\sum_{k=1}^\infty x^*(x_k) a_k^{**}$ 在 E^{**} 中收敛. 因为 E 是序连续的, $E' = E^*$, 所以, 范数 $\|\cdot\|_{E''}$ 和 $\|\cdot\|_E$ 在空间 $E = E''$ 上重合.

根据命题 3.5, $f \in E\langle X \rangle \subseteq E(X)$. 因此, 对于每个 $x^* \in X^*$, 有 $x^*f \in E$ 成立. 由 (3.8) 式可得

$$\langle x^*f, \ b^* \rangle = \langle f, \ x^*b^* \rangle = \left\langle \sum_{k=1}^{\infty} x^*(x_k)a_k^{**}, \ b^* \right\rangle.$$

由此可见

$$x^*f = \sum_{k=1}^{\infty} x^*(x_k)a_k^{**}. \tag{3.10}$$

设 $P: E^{**} \to E$ 是范数 1 的投影, 且 $a_k = Pa_k^{**}$ $(k \in \mathbb{N})$. 定义

$$z = \sum_{k=1}^{\infty} a_k \otimes x_k.$$

由 (3.5), (3.7) 和 (3.9) 式可知

$$\|z\|_{E\hat{\otimes}X} = \inf \sum_{k=1}^{\infty} \|a_k\|_E \cdot \|x_k\| \leqslant \inf \sum_{k=1}^{\infty} \|a_k^{**}\|_{E^{**}} \cdot \|P\| \cdot \|x_k\|$$

$$\leqslant \|P\| \cdot \inf \sum_{k=1}^{\infty} \|x_k\| \cdot |\nu|(B_k) \leqslant \|P\| \cdot (|\nu|(K) + \varepsilon)$$

$$= \|P\| \cdot (\|f\|_{E\langle X \rangle} + \varepsilon). \tag{3.11}$$

令 $\varepsilon \to 0$, 有

$$\|z\|_{E\hat{\otimes}X} \leqslant \|P\| \cdot \|f\|_{E\langle X \rangle}. \tag{3.12}$$

因此, $z \in E\hat{\otimes}X$. 另外, 既然 $x^*f \in E$, 因此, 由 (3.10) 式可得

$$x^*f = P(x^*f) = \sum_{k=1}^{\infty} x^*(x_k)Pa_k^{**} = \sum_{k=1}^{\infty} x^*(x_k)a_k. \tag{3.13}$$

同样由 (3.11) 式得

$$\left\| \sum_{k=1}^{\infty} a_k(\cdot)x_k \right\|_{E(X)} \leqslant \sum_{k=1}^{\infty} \|a_k(\cdot)\|_E \cdot \|x_k\| \leqslant \|P\| \cdot (\|f\|_{E\langle X \rangle} + \varepsilon).$$

因此, $\displaystyle\sum_{k=1}^{\infty} a_k(\cdot)x_k \in E(X)$. 再由命题 3.5 可得, $f \in E\langle X \rangle \subseteq E(X)$. 由 (3.13) 式得

$$f(\cdot) = \sum_{k=1}^{\infty} a_k(\cdot)x_k, \quad \mu\text{-a.e.}$$

因此 $\psi(z) = f$, 因而, ψ 是满射. 由 (3.1) 和 (3.12) 式得

$$\|\psi(z)\|_{E\langle X\rangle} \leqslant \|z\|_{E\hat{\otimes}X} \leqslant \|P\| \cdot \|\psi(z)\|_{E\langle X\rangle}.$$

所以, ψ 是同构的. ∎

下面的引理来自文献 [17].

引理 3.2　设 E 是序连续的 Köthe 函数空间, 若 E 是弱序列完备的, 则 $E'' = E$.

引理 3.3　设 X 和 Y 都是 Banach 空间, S 是 $X\hat{\otimes}Y$ 的可分的闭子空间, 则分别存在 X 和 Y 的可分的闭子空间 W 和 Z, 使得 S 是 $W\hat{\otimes}Z$ 的闭子空间.

证明　设 S 是 $X\hat{\otimes}Y$ 可分的闭子空间, $D = \{u_n\}_1^\infty$ 是 S 的可数稠密子集, 则对于每个固定的 $m \in \mathbb{N}$, u_n 有表示

$$u_n = \sum_{k=1}^\infty x_k^{(n,m)} \otimes y_k^{(n,m)}, \quad n = 1, 2, \cdots, \tag{3.14}$$

使得

$$\sum_{k=1}^\infty \|x_k^{(n,m)}\| \cdot \|y_k^{(n,m)}\| \leqslant \|u_n\|_{X\hat{\otimes}Y} + \frac{1}{m}, \quad n = 1, 2, \cdots. \tag{3.15}$$

令

$$W = \overline{\text{span}} \left\{ x_k^{(n,m)} : n, \ m, \ k = 1, 2, \cdots \right\}$$

和

$$Z = \overline{\text{span}} \left\{ y_k^{(n,m)} : n, m, k = 1, 2, \cdots \right\},$$

则 W 和 Z 分别是 X 和 Y 的可分的闭子空间. 另外, 由 (3.14) 和 (3.15) 式可得, 对每个 $n \in \mathbb{N}$, 有 $u_n \in W\hat{\otimes}Z$, 且

$$\|u_n\|_{W\hat{\otimes}Z} \leqslant \|u_n\|_{X\hat{\otimes}Y} + 1/m, \quad n = 1, 2, \cdots.$$

令 $m \to \infty$, 则

$$\|u_n\|_{W\hat{\otimes}Z} \leqslant \|u_n\|_{X\hat{\otimes}Y}, \quad n = 1, 2, \cdots.$$

明显地, 有

$$\|u_n\|_{W\hat{\otimes}Z} \geqslant \|u_n\|_{X\hat{\otimes}Y}, \quad n = 1, 2, \cdots.$$

因此

$$\|u_n\|_{W\hat{\otimes}Z} = \|u_n\|_{X\hat{\otimes}Y}, \quad n = 1, 2, \cdots.$$

故 $(S, \|\cdot\|_{X\hat{\otimes}Y}) = (D, \|\cdot\|_{X\hat{\otimes}Y})$ 的闭包 $= (D, \|\cdot\|_{W\hat{\otimes}Z})$ 的闭包 $\subseteq W\hat{\otimes}Z$. 所以, S 是 $W\hat{\otimes}Z$ 的闭子空间. ∎

定理 3.1 设 E 是序连续的 Köthe 函数空间, X 是对偶 Banach 空间, 若 E 和 X 具有 Radon-Nikodym 性质, 则 E 和 X 的投影张量积 $E \hat{\otimes} X$ 具有 Radon-Nikodym 性质.

证明 设 S 是 $E\hat{\otimes}X$ 的可分闭子空间. 由引理 3.3 可得, 存在 E 的可分的闭子空间 E_1 和 X 的可分闭子空间 X_1, 使得 S 是 $E_1\hat{\otimes}X_1$ 的子空间.

由于 X 具有 Radon-Nikodym 性质, 根据文献 [12], 存在 X 的子空间 X_2, 使得 X_1 是 X_2 的子空间, 并且 X_2 是可分的共轭空间. 既然在 S 上, 有

$$\| \cdot \|_{E_1\hat{\otimes}X_1} = \| \cdot \|_S = \| \cdot \|_{E\hat{\otimes}X} \leqslant \| \cdot \|_{E_1\hat{\otimes}X_2} \leqslant \| \cdot \|_{E_1\hat{\otimes}X_1}.$$

因此, 在 S 上有 $\| \cdot \|_S = \| \cdot \|_{E_1\hat{\otimes}X_2}$, 因而, S 是 $E_1\hat{\otimes}X_2$ 的子空间.

由于 E 具有 Radon-Nikodym 性质, E_1 作为 E 的子空间, 也具有 Radon-Nikodym 性质. 因此, E_1 不包含 c_0 的元素. 根据文献 [17], E_1 是其二次共轭空间的可补子空间, 且 E_1 是弱序列完备的.

由引理 3.2 推出 $E_1'' = E_1$. 根据推论 3.2 和命题 3.6 可知, $E_1\hat{\otimes}X_2$ 与 $E_1\langle X_2\rangle$ 是等距同构的, 并且 $E_1\langle X_2\rangle$ 可半嵌入 $E_1(X_2)$.

既然 $E(X)$ 具有 Radon-Nikodym 性质[10], $E_1(X_2)$ 作为 $E(X)$ 的子空间, 也具有 Radon-Nikodym 性质.

由于 $E_1\hat{\otimes}X_2 = E_1\langle X_2\rangle$ 是可分的, 由文献 [3] 定理 1 可知, $E_1\hat{\otimes}X_2$ 具有 Radon-Nikodym 性质. 因此, S 作为 $E_1\hat{\otimes}X_2$ 的子空间, 也具有 Radon-Nikodym 性质. 实际上, 已经证明了 $E\hat{\otimes}X$ 的每个可分的闭子空间都具有 Radon-Nikodym 性质, 所以, $E\hat{\otimes}X$ 具有 Radon-Nikodym 性质. ∎

Bourgain 和 Pisier[2] 构造了一个 $\mathcal{L}_\infty$-空间 X, 它具有 Radon-Nikodym 性质, 使得投影张量积 $X\hat{\otimes}X$ 包含了 c_0 副本. 因此, $X\hat{\otimes}X$ 不具有 Radon-Nikodym 性质. 所以, 一般来说, 当 Banach 空间 X 和 Y 具有 Radon-Nikodym 性质时, 投影张量积 $X\hat{\otimes}Y$ 不一定具有 Radon-Nikodym 性质.

众所周知, 可分的序连续 Banach 格与 Köthe 函数空间是等距同构的[17], 对于可分的序连续 Banach 格, 有下面较好的结果.

推论 3.3 设 E 是序连续的 Banach 格, X 是共轭 Banach 空间, 若 E 和 X 具有 Radon-Nikodym 性质, 则投影张量积 $E\hat{\otimes}X$ 具有 Radon-Nikodym 性质.

3.2 Banach 格的张量积的 Radon-Nikodym 性质

对于向量值序列空间, 先回顾一些基本知识. 对于 Banach 空间 X 和 $1 \leqslant p < \infty$, 定义

$$\ell_p^{\text{strong}}(X) = \left\{ \bar{x} = (x_n)_n \in X^{\mathbb{N}} : \sum_{n=1}^\infty \|x_n\|^p < \infty \right\},$$

它的范数为

$$\|\bar{x}\|_{\ell_p^{\mathrm{strong}}(X)} = \left(\sum_{n=1}^{\infty} \|x_n\|^p \right)^{\frac{1}{p}},$$

定义

$$\ell_p^{\mathrm{weak}}(X) = \left\{ \bar{x} = (x_n)_n \in X^{\mathbb{N}} : \sum_{n=1}^{\infty} |x^*(x_n)|^p < \infty, \quad 任意 \ x^* \in X^* \right\},$$

它的范数为

$$\|\bar{x}\|_{\ell_p^{\mathrm{weak}}(X)} = \sup \left\{ \left(\sum_{n=1}^{\infty} |x^*(x_n)|^p \right)^{\frac{1}{p}} : \ x^* \in B_{X^*} \right\},$$

则 $\ell_p^{\mathrm{strong}}(X)$ 和 $\ell_p^{\mathrm{weak}}(X)$ 是 Banach 空间.

记 $\ell_p^{\mathrm{weak},0}(X)$ 为 $\ell_p^{\mathrm{weak}}(X)$ 的闭子空间, 它由所有尾数收敛到 0 的元素组成, 即

$$\ell_p^{\mathrm{weak},0}(X) = \left\{ \bar{x} \in \ell_p^{\mathrm{weak}}(X) : \ \lim_n \|\bar{x}(>n)\|_{\ell_p^{\mathrm{weak}}(X)} = 0 \right\}.$$

对于每个 $\bar{x} = (x_n)_n \in \ell_p^{\mathrm{weak}}(X)$, 定义

$$T_{\bar{x}} : \ \ell_{p'} \to X,$$
$$e_n \mapsto x_n, \tag{3.16}$$

其中当 $p = 1$ 时 $\ell_{p'} = c_0$. 则以下结论成立.

命题 3.7 设 X 是 Banach 空间, $1 \leqslant p < \infty$, 则在 (3.16) 中定义的映射: $\bar{x} \longleftrightarrow T_{\bar{x}}$ 下, $\ell_p^{\mathrm{weak}}(X)$ 与 $\mathcal{L}(\ell_{p'}, X)$ 是等距同构的, 其中当 $p = 1$ 时 $\ell_{p'} = c_0$. 另外, $T_{\bar{x}}$ 是紧的当且仅当 $\bar{x} \in \ell_p^{\mathrm{weak},0}(X)$.

对于 Banach 空间 X 和 $1 < p, \ p' < \infty$, $\dfrac{1}{p} + \dfrac{1}{p'} = 1$, 令

$$\ell_p\langle X \rangle = \left\{ \bar{x} = (x_n)_n \in X^{\mathbb{N}} : \ \sum_{n=1}^{\infty} |x_n^*(x_n)| < \infty, \quad 任意 \ \bar{x}^* = (x_n^*)_n \in \ell_{p'}^{\mathrm{weak}}(X^*) \right\},$$

它的范数为

$$\|\bar{x}\|_{\ell_p\langle X \rangle} = \sup \left\{ \left| \sum_{n=1}^{\infty} x_n^*(x_n) \right| : \ \|\bar{x}^*\|_{\ell_{p'}^{\mathrm{weak}}(X^*)} \leqslant 1 \right\},$$

则 $\ell_p\langle X \rangle$ 是 Banach 空间. 为方便起见, 记 $\ell_1\langle X \rangle := \ell_1^{\mathrm{strong}}(X)$.

若 $\ell_p \hat{\otimes}_G X$ 和 $\ell_p \check{\otimes}_G X$ 分别表示 ℓ_p 和 Banach 空间 X 的 Grothendieck 投影张量积和 Grothendieck 射影张量积, 则以下命题成立[4].

命题 3.8 设 X 是 Banach 空间, $1 \leqslant p < \infty$, 则在等距意义下, 有

(1) $\ell_p \hat{\otimes}_G X = \ell_p \langle X \rangle$;

(2) $\ell_p \check{\otimes}_G X = \ell_p^{\mathrm{weak},0}(X)$.

设 X 是 Banach 格和 $1 \leqslant p < \infty$, 定义

$$\ell_p^\varepsilon(X) = \left\{ \bar{x} = (x_n)_n \in X^{\mathbb{N}} : \sum_{n=1}^{\infty} [|x^*|(|x_n|)]^p < \infty, \text{ 任意 } x^* \in X^* \right\}$$

和

$$\|\bar{x}\|_{\ell_p^\varepsilon(X)} = \sup \left\{ \left(\sum_{n=1}^{\infty} [|x^*|(|x_n|)]^p \right)^{\frac{1}{p}} : x^* \in B_{X^*} \right\},$$

则 $\|\cdot\|_{\ell_p^\varepsilon(X)}$ 是 Riesz 范数, 并且在此范数的 $\ell_p^\varepsilon(X)$ 是 Banach 格.

实际上, 若 $\bar{x} = (x_n)_n$, $\bar{y} = (y_n)_n \in \ell_p^\varepsilon(X)$, 则对于每个 $n \in \mathbb{N}$, 有 $x_n \leqslant x_n \vee y_n \leqslant |x_n| \vee |y_n| \leqslant |x_n| + |y_n|$, 因此, $0 \leqslant x_n \vee y_n - x_n \leqslant |x_n| + |y_n| - x_n$, $|x_n \vee y_n - x_n| \leqslant 2|x_n| + |y_n|$. 所以, 对于每个 $n \in \mathbb{N}$ 和每个 $x^* \in X^*$, 有

$$|x^*|(|x_n \vee y_n - x_n|) \leqslant |x^*|(2|x_n| + |y_n|) = 2|x^*|(|x_n|) + |x^*|(|y_n|).$$

故 $(x_n \vee y_n - x_n)_n \in \ell_p^\varepsilon(X)$, 因此, $\bar{x} \vee \bar{y} = (x_n \vee y_n)_n \in \ell_p^\varepsilon(X)$. 所以, $\ell_p^\varepsilon(X)$ 是 Riesz 空间.

很容易证明 $\|\cdot\|_{\ell_p^\varepsilon(X)}$ 是完备的 Riesz 范数, 因此, $\ell_p^\varepsilon(X)$ 是 Banach 格. 由定义不难知道以下命题成立.

命题 3.9 设 X 是 Banach 格, $1 \leqslant p < \infty$, 则

(1) $\ell_p^\varepsilon(X) \subseteq \ell_p^{\mathrm{weak}}(X)$, 并且 $\|\cdot\|_{\ell_p^{\mathrm{weak}}(X)} \leqslant \|\cdot\|_{\ell_p^\varepsilon(X)}$.

(2) 若 $\bar{x} \geqslant 0$, 则 $\bar{x} \in \ell_p^\varepsilon(X)$ 当且仅当 $\bar{x} \in \ell_p^{\mathrm{weak}}(X)$. 并且此时, 有 $\|\bar{x}\|_{\ell_p^\varepsilon(X)} = \|\bar{x}\|_{\ell_p^{\mathrm{weak}}(X)}$.

设 $\ell_p^{\varepsilon,0}(X)$ 是 $\ell_p^\varepsilon(X)$ 的闭子空间, 它由所有尾项收敛到 0 的元素组成, 即

$$\ell_p^{\varepsilon,0}(X) = \left\{ \bar{x} \in \ell_p^\varepsilon(X) : \lim_n \|\bar{x}(>n)\|_{\ell_p^\varepsilon(X)} = 0 \right\}.$$

则很容易可看出 $\ell_p^{\varepsilon,0}(X)$ 是 $\ell_p^\varepsilon(X)$ 的子格和理想.

设 X 是 Banach 格, $1 < p$, $p' < \infty$, 满足 $\dfrac{1}{p} + \dfrac{1}{p'} = 1$. 定义

$$\ell_p^\pi(X) = \left\{ \bar{x} = (x_n)_n \in X^{\mathbb{N}} : \sum_{n=1}^{\infty} |x_n^*|(|x_n|) < \infty, \text{ 任意 } \bar{x}^* = (x_n^*)_n \in \ell_{p'}^\varepsilon(X^*) \right\}$$

和

$$\|\bar{x}\|_{\ell_p^\pi(X)} = \sup \left\{ \sum_{n=1}^{\infty} |x_n^*|(|x_n|) : \|\bar{x}^*\|_{\ell_{p'}^\varepsilon(X^*)} \leqslant 1 \right\}.$$

则 $\|\cdot\|_{\ell_p^\pi(X)}$ 是范数, 在此范数下的 $\ell_p^\pi(X)$ 是 Banach 格.

命题 3.10　设 X 是 Banach 格, $1 < p < \infty$, 则

(1) $\ell_p\langle X\rangle \subseteq \ell_p^\pi(X)$;

(2) $\|\cdot\|_{\ell_p^\pi(X)} \leqslant \|\cdot\|_{\ell_p\langle X\rangle}$.

证明　对于每个 $x \in X$ 和每个 $x^* \in X^*$, 有

$$|x^*|(|x|) = \sup\left\{|y^*(x)| : |y^*| \leqslant |x^*|\right\}. \tag{3.17}$$

设 $\bar{x} = (x_n)_n \in \ell_p\langle X\rangle$, $\bar{x}^* = (x_n^*)_n \in \ell_{p'}^\varepsilon(X^*)$, $\varepsilon > 0$. 由 (3.17) 得, 对每个 $n \in \mathbb{N}$, 存在 $y_n^* \in X^*$, 使得 $|y_n^*| \leqslant |x_n^*|$, 并且

$$|x_n^*|(|x_n|) \leqslant |y_n^*(x_n)| + \frac{\varepsilon}{2^n}.$$

由于 $(y_n^*)_n \in \ell_{p'}^\varepsilon(X^*), \ell_{p'}^\varepsilon(X^*) \subseteq \ell_{p'}^{\text{weak}}(X^*)$, 因此, $\sum\limits_{n=1}^\infty |y_n^*(x_n)| < \infty$. 由此可见

$$\sum_{n=1}^\infty |x_n^*|(|x_n|) \leqslant \sum_{n=1}^\infty |y_n^*(x_n)| + \varepsilon < \infty.$$

因此, 由 ε 任意性可知 $\bar{x} = (x_n)_n \in \ell_p^\pi(X)$, 并且 $\|\bar{x}\|_{\ell_p^\pi(X)} \leqslant \|\bar{x}\|_{\ell_p\langle X\rangle}$. ■

命题 3.11　设 X 是 Banach 格, $1 < p < \infty$, 则对每个 $\bar{x} = (x_j)_j \in \ell_p^\pi(X)$, 有 $\lim\limits_n \|\bar{x}(> n)\|_{\ell_p^\pi(X)} = 0$.

证明　反证法. 假设存在 $\bar{x} = (x_j)_j \in \ell_p^\pi(X)$, 使得 $\lim\limits_n \|\bar{x}(> n)\|_{\ell_p^\pi(X)} \neq 0$, 即

$$\limsup_n \left\{\sum_{i=n+1}^\infty |x_i^*|(|x_i|) : (x_i^*)_i \in B_{\ell_{p'}^\varepsilon(X^*)}\right\} \neq 0.$$

故存在 $\sigma > 0$, $(x_i^{*(k)})_i \in B_{\ell_{p'}^\varepsilon(X^*)}$ $(k = 1, 2, \cdots)$ 和子序列 $n_1 < n_2 < \cdots$, 使得

$$\sum_{i=n_k+1}^\infty |x_i^{*(k)}|(|x_i|) \geqslant 2\sigma, \quad k = 1, 2, \cdots.$$

既然

$$\sum_{i=n_1+1}^\infty |x_i^{*(1)}|(|x_i|) < \infty,$$

因此, 存在 $m_1 > n_1$, 使得

$$\sum_{i=m_1+1}^\infty |x_i^{*(1)}|(|x_i|) < \sigma.$$

由于

$$\sum_{i=n_1+1}^{\infty} |x_i^{*(1)}|(|x_i|) \geqslant 2\sigma,$$

因此

$$\sum_{i=n_1+1}^{m_1} |x_i^{*(1)}|(|x_i|) \geqslant \sigma.$$

不失一般性, 不妨假定 $n_2 > m_1$. 类似地, 存在 $m_2 > n_2$, 使得

$$\sum_{i=n_2+1}^{m_2} |x_i^{*(2)}|(|x_i|) \geqslant \sigma.$$

继续下去, 可以找到子序列 $\{m_k\}_1^\infty$ 和 $\{n_k\}_1^\infty$, 满足 $n_1 < m_1 < n_2 < m_2 < \cdots$, 使得

$$\sum_{i=n_k+1}^{m_k} |x_i^{*(k)}|(|x_i|) \geqslant \sigma, \quad k = 1, 2, \cdots. \tag{3.18}$$

令

$$x_i^* = \begin{cases} \dfrac{1}{k} x_i^{*(k)}, & n_k < i \leqslant m_k, k = 1, 2, \cdots, \\ 0, & \text{其他.} \end{cases}$$

既然对于每个 $x^{**} \in X^{**}$, 有

$$\begin{aligned}
\sum_{i=1}^{\infty} [|x^{**}|(|x_i^*|)]^{p'} &= \sum_{k=1}^{\infty} \sum_{i=n_k+1}^{m_k} \left[|x^{**}| \left(\left| \frac{1}{k} x_i^{*(k)} \right| \right) \right]^{p'} \\
&= \sum_{k=1}^{\infty} \left(\frac{1}{k} \right)^{p'} \cdot \sum_{i=n_k+1}^{m_k} \left[|x^{**}|(|x_i^{*(k)}|) \right]^{p'} \\
&\leqslant \sum_{k=1}^{\infty} \left(\frac{1}{k} \right)^{p'} \cdot \sum_{i=1}^{\infty} \left[|x^{**}|(|x_i^{*(k)}|) \right]^{p'} \\
&\leqslant \sum_{i=1}^{\infty} \left(\frac{1}{k} \right)^{p'} \cdot \left[\|x^{**}\| \cdot \|(x_i^{*(k)})_i\|_{\ell_{p'}^\varepsilon(X^*)} \right]^{p'} \\
&\leqslant \|x^{**}\|^{p'} \cdot \sum_{k=1}^{\infty} \left(\frac{1}{k} \right)^{p'} < \infty,
\end{aligned}$$

因此, $(x_i^*)_i \in \ell_{p'}^\varepsilon(X^*)$.

由于 $(x_i)_i \in \ell_p^\pi(X)$, 因此, $\sum\limits_{i=1}^\infty |x_i^*|(|x_i|) < \infty$. 然而, 由 (3.18) 式可得

$$
\begin{aligned}
\sum_{i=1}^\infty |x_i^*|(|x_i|) &= \sum_{k=1}^\infty \sum_{i=n_k+1}^{m_k} \left| \frac{1}{k} x_i^{*(k)} \right| (|x_i|) \\
&= \sum_{k=1}^\infty \frac{1}{k} \cdot \sum_{i=n_k+1}^{m_k} |x_i^{*(k)}|(|x_i|) \\
&\geqslant \sigma \cdot \sum_{k=1}^\infty \frac{1}{k} \\
&= \infty.
\end{aligned}
$$

矛盾. 所以, 由反证法原理可知命题得证. ■

为了方便起见, 记 $\ell_1\langle X \rangle = \ell_1^\pi(X) := \ell_1^{\mathrm{strong}}(X)$. 不难证明下面的命题成立.

命题 3.12　设 X 是 Banach 格, $1 \leqslant p < \infty$, 则

$$
\ell_p\langle X \rangle \subseteq \ell_p^\pi(X) \subseteq \ell_p^{\mathrm{strong}}(X) \subseteq \ell_p^\varepsilon(X) \subseteq \ell_p^{\mathrm{weak}}(X), \tag{3.19}
$$

并且

$$
\| \cdot \|_{\ell_p^{\mathrm{weak}}(X)} \leqslant \| \cdot \|_{\ell_p^\varepsilon(X)} \leqslant \| \cdot \|_{\ell_p^{\mathrm{strong}}(X)} \leqslant \| \cdot \|_{\ell_p^\pi(X)} \leqslant \| \cdot \|_{\ell_p\langle X \rangle}. \tag{3.20}
$$

若 Banach 空间之间的连续线性算子是一对一的, 且可将闭单位球映入某个闭子集内, 则称其为半嵌入的[18].

定理 3.2　设 X 是 Banach 格, $1 < p < \infty$, 则包含映射 $\ell_p^\pi(X) \hookrightarrow \ell_p^{\mathrm{strong}}(X)$ 是半嵌入的.

证明　只需证明若 $\bar{x}^{(n)} = (x_i^{(n)})_i \in B_{\ell_p^\pi(X)}, \bar{x} = (x_i)_i \in \ell_p^{\mathrm{strong}}(X)$ 和 $\lim\limits_n \bar{x}^{(n)} = \bar{x}$ 在 $\ell_p^{\mathrm{strong}}(X)$ 中成立, 则 $\bar{x} \in B_{\ell_p^\pi(X)}$.

对于固定的 $\varepsilon > 0$, 若 $\bar{x}^* = (x_i^*)_i \in \ell_{p'}^\varepsilon(X^*)$ 和 $m \in \mathbb{N}$. 既然在 $\ell_p^{\mathrm{strong}}(X)$ 中有 $\lim\limits_n \bar{x}^{(n)} = \bar{x}$, 因此, 对每个 $i \in \mathbb{N}$, 在 X 上有 $\lim\limits_n x_i^{(n)} = x_i$, 故存在 $n_0 \in \mathbb{N}$, 使得

$$
\|x_i^{(n_0)} - x_i\| \leqslant \frac{\varepsilon}{m}, \quad i = 1, 2, \cdots, m.
$$

由于对每个 $i \in \mathbb{N}$, 有 $\|x_i^*\| \leqslant \|\bar{x}^*\|_{\ell_{p'}^\varepsilon(X^*)}$. 因此

$$
\begin{aligned}
\sum_{i=1}^m |x_i^*|(|x_i|) &\leqslant \sum_{i=1}^m |x_i^*|(|x_i^{(n_0)} - x_i|) + \sum_{i=1}^m |x_i^*|(|x_i^{(n_0)}|) \\
&\leqslant \sum_{i=1}^m \|x_i^*\| \cdot \|x_i^{(n_0)} - x_i\| + \sum_{i=1}^\infty |x_{i^*}|(|x_i^{(n_0)}|)
\end{aligned}
$$

$$\leqslant \|\bar{x}^*\|_{\ell_{p'}^\varepsilon(X^*)} \cdot \varepsilon + \|\bar{x}^*\|_{\ell_{p'}^\varepsilon(X^*)} \cdot \|\bar{x}^{(n_0)}\|_{\ell_p^\pi(X)}$$

$$\leqslant \|\bar{x}^*\|_{\ell_{p'}^\varepsilon(X^*)} (\varepsilon + 1).$$

令 $\varepsilon \to 0, m \to \infty$, 则

$$\sum_{i=1}^\infty |x_i^*|(|x_i|) \leqslant \|\bar{x}^*\|_{\ell_{p'}^\varepsilon(X^*)} < \infty.$$

所以, $\bar{x} = (x_i)_i \in \ell_p^\pi(X)$, 并且 $\|\bar{x}\|_{\ell_p^\pi(X)} \leqslant 1$. ∎

3.3 Wittstock 射影张量积

对于 Banach 格 X, 用 X^+ 表示它的正锥. 对于 Banach 格 X 和 Y, 用 $\mathcal{L}(X, Y)^+$ 表示 X 到 Y 的所有正算子. 若从 X 到 Y 的线性算子可以写成两个正算子之差, 则称其为正则算子. 用 $\mathcal{L}^r(X, Y)$ 表示从 X 到 Y 的所有连续线性正则算子构成的空间, $\mathcal{K}^r(X, Y)$ 表示从 X 到 Y 的所有紧正算子生成的空间. 对于每个 $T \in \mathcal{L}^r(X, Y)$, 定义 T 的 r-范数为

$$\|T\|_r = \inf \big\{ \|S\| : S \in \mathcal{L}(X, Y)^+, |T(x)| \leqslant S(x), \text{ 任意 } x \in X^+ \big\}. \quad (3.21)$$

则 $(\mathcal{L}^r(X, Y), \|\cdot\|_r)$ 是 Banach 空间.

定理 3.3 设 X 是 Banach 格, $1 \leqslant p < \infty$, $1 < p' < \infty$, 满足 $\dfrac{1}{p} + \dfrac{1}{p'} = 1$, 且 $p = 1$ 时, $\ell_{p'} = c_0$. 则 $\mathcal{L}^r(\ell_{p'}, X)$ 是 Banach 格, 它与 $\ell_p^\varepsilon(X)$ 在 (3.16) 中定义的映射 $\bar{x} \longleftrightarrow T_{\bar{x}}$ 下等距同构, 并且是 Riesz 同构.

证明 设 ψ 表示 (3.16) 中定义的映射, 若 $\bar{x} \in \ell_p^\varepsilon(X)$, 则 $\bar{x}^+$, $\bar{x}^- \in \ell_p^\varepsilon(X)$. 故 $T_{\bar{x}^+}, T_{\bar{x}^-} \in \mathcal{L}(\ell_{p'}, X)^+$. 因此, $T_{\bar{x}} = T_{\bar{x}^+} - T_{\bar{x}^-} \in \mathcal{L}^r(\ell_{p'}, X)$.

另一方面, 若 $T \in \mathcal{L}^r(\ell_{p'}, X) \subseteq \mathcal{L}(\ell_{p'}, X)$, 根据命题 3.7, 存在 $\bar{x} \in \ell_p^{\text{weak}}(X)$, 使得 $T = T_{\bar{x}}$.

既然 $T \in \mathcal{L}^r(\ell_{p'}, X)$, 存在正的 T_1, T_2, 使得 $T = T_1 - T_2$.

由命题 3.7, $T_1, T_2 \in \mathcal{L}(\ell_{p'}, X)$ 可推出存在 $\bar{y}, \bar{z} \in \ell_p^{\text{weak}}(X)$, 使得 $T_1 = T_{\bar{y}}, T_2 = T_{\bar{z}}$. 既然 T_1 和 T_2 都是正的, 因此, $\bar{y}$ 和 $\bar{z}$ 也都是正的. 由命题 3.9 可知, $\bar{y}, \bar{z} \in \ell_p^\varepsilon(X)$. 由于 $T_{\bar{x}} = T = T_1 - T_2 = T_{\bar{y}} - T_{\bar{z}} = T_{\bar{y}-\bar{z}}$, 因此, 很容易看出 ψ 是 $\ell_p^\varepsilon(X)$ 到 $\mathcal{L}^r(\ell_{p'}, X)$ 的一对一、满的和双正的线性映射. 所以, $\mathcal{L}^r(\ell_{p'}, X)$ 是 Riesz 空间, 与 $\ell_p^\varepsilon(X)$ 是 Riesz 同构的.

对每个 $\bar{x} \in \ell_p^\varepsilon(X)$, 有

$$
\begin{aligned}
\|T_{\bar{x}}\|_r &= \inf \left\{ \|T_{\bar{y}}\| : \; T_{\bar{y}} \in \mathcal{L}(\ell_{p'}, \, X)^+, \; |T_{\bar{x}}(t)| \leqslant T_{\bar{y}}(t), \quad \text{任意 } t \in \ell_{p'}^+ \right\} \\
&= \inf \left\{ \|\bar{y}\|_{\ell_p^{\mathrm{weak}}(X)} : \; \bar{y} \in \ell_p^\varepsilon(X)^+, \; |\bar{x}| \leqslant \bar{y} \right\} \\
&= \inf \left\{ \|\bar{y}\|_{\ell_p^\varepsilon(X)} : \; \bar{y} \in \ell_p^\varepsilon(X)^+, \; |\bar{x}| \leqslant \bar{y} \right\} \\
&= \| |\bar{x}| \|_{\ell_p^\varepsilon(X)} \\
&= \|\bar{x}\|_{\ell_p^\varepsilon(X)}.
\end{aligned}
$$

因此, ψ 是等距映射. 此外

$$
\||T_{\bar{x}}|\|_r = \|T_{|\bar{x}|}\|_r = \||\bar{x}|\|_{\ell_p^\varepsilon(X)} = \|\bar{x}\|_{\ell_p^\varepsilon(X)} = \|T_{\bar{x}}\|_r.
$$

所以, $\mathcal{L}^r(\ell_{p'}, \, X)$ 是 Banach 格. ∎

从 Meyer-Nieberg[19] 可知, 若 E 和 F 都是 Riesz 空间, F 是 Dedekind 完备的, 则 $\mathcal{L}^r(E, \, F)$ 是 Dedekind 完备的 Riesz 空间.

由上面定理可知, 若 X 是 Banach 格, 则无论 X 是否 Dedekind 完备, 都有 $\mathcal{L}^r(\ell_p, \, X)$ $(1 < p < \infty)$ 和 $\mathcal{L}^r(c_0, \, X)$ 是 Riesz 空间成立.

定理 3.4　在定理 3.3 的假设下, $\mathcal{K}^r(\ell_{p'}, \, X)$ 是 Banach 格, 在 (3.16) 中定义的映射: $\bar{x} \longleftrightarrow T_{\bar{x}}$ 之下, 它与 $\ell_p^{\varepsilon,0}(X)$ 等距同构, 并且是 Riesz 同构.

证明　设 $\bar{x} \in \ell_p^{\varepsilon,0}(X)$, 则 $\bar{x}^+, \bar{x}^- \in \ell_p^{\varepsilon,0}(X) \subseteq \ell_p^{\mathrm{weak},0}(X)$.

根据命题 3.7, $T_{\bar{x}^+}$ 和 $T_{\bar{x}^-}$ 都是紧的. 因此, $T_{\bar{x}} = T_{\bar{x}^+} - T_{\bar{x}^-} \in \mathcal{K}^r(\ell_{p'}, \, X)$.

另一方面, 假设 $T_{\bar{x}} \in \mathcal{K}^r(\ell_{p'}, \, X)$. 很容易看出 $T_{\bar{x}} = T_1 - T_2$, 其中 T_1 和 T_2 都是正的紧算子. 再根据命题 3.7, 存在正的 $\bar{y}, \bar{z} \in \ell_p^{\mathrm{weak},0}(X)$, 使得 $T_1 = T_{\bar{y}}$ 和 $T_2 = T_{\bar{z}}$. 因此, $\bar{x} = \bar{y} - \bar{z}$. 根据命题 3.9, $\bar{y}, \bar{z} \in \ell_p^{\varepsilon,0}(X)$, 所以, $\bar{x} \in \ell_p^{\varepsilon,0}(X)$. ∎

从 Chen-Wickstead[11] 的推论 5.13 可知, 若 E 是 Banach 格, E^* 是具有序连续范数的原子 Banach 格, 则对于每个 Dedekind 完备的 Banach 格 $F, \mathcal{K}^r(E, \, F)$ 是 Dedekind 完备的 Riesz 空间.

由上面定理可知, 若 X 是 Banach 格, 则无论 X 是否 Dedekind 完备, 都有 $\mathcal{K}^r(\ell_p, \, X)$ $(1 < p < \infty)$ 和 $\mathcal{K}^r(c_0, \, X)$ 是 Riesz 空间成立.

推论 3.4　在定理 3.3 的假设下, 对于每个 $T, S \in \mathcal{L}^r(\ell_{p'}, \, X)$ 和每个 $s \in \ell_{p'}^+$, 有

$$
(T \vee S)(s) = \sup \left\{ T(s - t) + S(t) : \; 0 \leqslant t \leqslant s \right\};
$$

$$
(T \wedge S)(s) = \inf \left\{ T(s - t) + S(t) : \; 0 \leqslant t \leqslant s \right\};
$$

$$
T^+(s) = \sup \left\{ T(t) : \; 0 \leqslant t \leqslant s \right\};
$$

$$
T^-(s) = -\inf \left\{ T(t) : \; 0 \leqslant t \leqslant s \right\};
$$

$$|T|(s) = \sup\{|T(t)|:\ |t| \leqslant s\}.$$

证明 设 $T_{\bar{x}} \in \mathcal{L}^r(\ell_{p'},\ X), s \in \ell_{p'}^+$，则对每个 $t:\ 0 \leqslant t \leqslant s$，有

$$T_{\bar{x}}(t) = \sum_{n=1}^{\infty} t_n x_n = \sum_{n=1}^{\infty} t_n x_n^+ - \sum_{n=1}^{\infty} t_n x_n^-$$

$$\leqslant \sum_{n=1}^{\infty} t_n x_n^+ \leqslant \sum_{n=1}^{\infty} s_n x_n^+$$

$$= T_{\bar{x}^+}(s) = T_{\bar{x}}^+(s).$$

故

$$\sup\{T_{\bar{x}}(t):\ 0 \leqslant t \leqslant s\} \leqslant T_{\bar{x}}^+(s).$$

另一方面，当 $x_n \geqslant 0$ 时，取 $t_n = s_n$; 当 $x_n < 0$ 时，取 $t_n = 0$，则

$$\sup\{T_{\bar{x}}(t):\ 0 \leqslant t \leqslant s\} \geqslant T_{\bar{x}}(t) = \sum_{n=1}^{\infty} s_n x_n^+$$

$$= T_{\bar{x}^+}(s) = T_{\bar{x}}^+(s).$$

因此

$$T_{\bar{x}}^+(s) = \sup\{T_{\bar{x}}(t): 0 \leqslant t \leqslant s\}.$$

类似可证其他的等式. ∎

对于 Banach 格 X 和 Y，用 $X \otimes Y$ 表示 X 和 Y 的代数张量积. $X \otimes Y$ 上的射影锥定义为

$$C_i = \{u \in X \otimes Y:\ T_u(x^*) \in Y^+,\ \text{对任意 } x^* \in X^{*+}\}. \tag{3.22}$$

设 $X \otimes_i Y = (X \otimes Y,\ C_i)$，并定义 $X \otimes_i Y$ 上的 Wittstock 射影张量范数为

$$\|u\|_i = \inf\{\sup\{\|T_v(x^*)\|:\ x^* \in B_{X^{*+}}\}:\ v \in C_i, v \pm u \in C_i\}. \tag{3.23}$$

用 $X\tilde{\otimes}_i Y$ 表示 $(X \otimes Y,\ C_i,\ \|\cdot\|_i)$ 的完备化空间，则 $X\tilde{\otimes}_i Y$ 就是 Banach 格. 此外，容易看到，对于每个 $u \in X^* \otimes_i Y$, T_u 属于 $\mathcal{L}^r(X,\ Y)$，并且

$$\|T_u\|_r = \|u\|_i. \tag{3.24}$$

定理 3.5 设 X 是 Banach 格，$1 \leqslant p < \infty$，则 $\ell_p\tilde{\otimes}_i X$ 是 Banach 格，它与 $\ell_p^{\varepsilon,0}(X)$ 等距同构，且 Riesz 同构.

证明 对每个 $u = \sum_{k=1}^{m} s^{(k)} \otimes x_k \in \ell_p \otimes_i X$, 定义

$$\phi(u) = \left(\sum_{k=1}^{m} s_n^{(k)} x_k\right)_n. \tag{3.25}$$

则对每个 $n \in \mathbb{N}$, 有

$$\|\phi(u)(\geqslant n)\|_{\ell_p^\varepsilon(X)} = \sup\left\{\left(\sum_{j=n}^{\infty}\left[|x^*|\left(\left|\sum_{k=1}^{m} s_j^{(k)} x_k\right|\right)\right]^p\right)^{\frac{1}{p}} : \ x^* \in B_{X^*}\right\}$$

$$\leqslant \sup\left\{\left(\sum_{j=n}^{\infty}\left[|x^*|\left(\sum_{k=1}^{m} |s_j^{(k)}| \cdot |x_k|\right)\right]^p\right)^{\frac{1}{p}} : \ x^* \in B_{X^*}\right\}$$

$$\leqslant \sup\left\{\left(\sum_{j=n}^{\infty}\left[\|x^*\| \cdot \sum_{k=1}^{m} |s_j^{(k)}| \cdot \|x_k\|\right]^p\right)^{\frac{1}{p}} : \ x^* \in B_{X^*}\right\}$$

$$\leqslant \sup\left\{\|x^*\| \cdot \sum_{k=1}^{m} \|x_k\| \cdot \left(\sum_{j=n}^{\infty} |s_j^{(k)}|^p\right)^{\frac{1}{p}} : \ x^* \in B_{X^*}\right\}$$

$$= \sum_{k=1}^{m} \|x_k\| \cdot \left(\sum_{j=n}^{\infty} |s_j^{(k)}|^p\right)^{\frac{1}{p}} \to 0 \quad (n \to \infty).$$

故 $\phi(u) \in \ell_p^{\varepsilon,0}(X)$. 由 (3.16) 和 (3.17) 得, 对每个 $t = (t_n)_n \in \ell_{p'}$, 有

$$T_u(t) = \sum_{k=1}^{m}\left(\sum_{n=1}^{\infty} t_n s_n^{(k)}\right) x_k = \sum_{n=1}^{\infty} t_n \left(\sum_{k=1}^{m} s_n^{(k)} x_k\right) = T_{\phi(u)}(t).$$

因此, T_u 和 $T_{\phi(u)}$ 定义了 $\ell_{p'}$ 到 X 的相同算子. 根据 (3.24) 和定理 3.3, 有

$$\|\phi(u)\|_{\ell_p^\varepsilon(X)} = \|T_{\phi(u)}\|_r = \|T_u\|_r = \|u\|_i.$$

因此, ϕ 是等距映射. 此外, 再根据定理 3.3, 有

$$T_{|\phi(u)|} = |T_{\phi(u)}| = |T_u| = T_{|u|} = T_{\phi(|u|)}.$$

因而, $|\phi(u)| = \phi(|u|)$. 所以, ϕ 是 Riesz 同构.

　　由于 $\phi: (\ell_p \otimes_i X, \|\cdot\|_i) \to (\ell_p^{\varepsilon,0}(X), \|\cdot\|_{\ell_p^\varepsilon(X)})$ 是等距映射. 已知 $\ell_p^{\varepsilon,0}(X)$ 是完备的, 因此, ϕ 可以延拓为 $\ell_p\tilde{\otimes}_i X$, 不妨仍然用 ϕ 表示, 即 $\phi: \ell_p\tilde{\otimes}_i X \to \ell_p^{\varepsilon,0}(X)$ 是等距映射.

　　接下来证明 ϕ 是满射. 令 $\bar{x} = (x_n)_n \in \ell_p^{\varepsilon,0}(X), \bar{x}^{(m)} = (x_1, \cdots, x_m, 0, 0, \cdots),$

$u_m = \sum_{k=1}^{m} e_k \otimes x_k$, 则 $\phi(u_m) = \bar{x}^{(m)}$, 且对 $m > n$, 有

$$\|u_m - u_n\|_i = \|\phi(u_m) - \phi(u_n)\|_{\ell_p^\varepsilon(X)} = \|\bar{x}^{(m)} - \bar{x}^{(n)}\|_{\ell_p^\varepsilon(X)}$$
$$= \|(0, \cdots, 0, x_{n+1}, \cdots, x_m, 0, 0, \cdots)\|_{\ell_p^\varepsilon(X)}$$
$$\to 0 \quad (m, n \to \infty).$$

故 $\{u_m\}_1^\infty$ 是 $\ell_p \tilde{\otimes}_i X$ 中的 Cauchy 序列. 因此, 存在 $u \in \ell_p \tilde{\otimes}_i X$, 使得 $u = \lim_m u_m$. 故

$$\phi(u) = \phi(\lim_m u_m) = \lim_m \phi(u_m) = \lim_m \bar{x}^{(m)} = \bar{x}.$$

所以, ϕ 是满射. ∎

3.4 $\ell_p \tilde{\otimes}_i X$ 的 Radon-Nikodym 性质

定理 3.6 设 X 是 Banach 格, $1 \leqslant p < \infty$, $p = 1$ 时, $\ell_{p'} = c_0$, 则下面命题是等价的:

(1) $\ell_p \tilde{\otimes}_i X$ 具有 Radon-Nikodym 性质.

(2) $\mathcal{L}^r(\ell_{p'}, X)$ 具有 Radon-Nikodym 性质.

(3) X 具有 Radon-Nikodym 性质, 从 $\ell_{p'}$ 到 X 的每个正算子都是紧的.

证明 由定理 3.3—定理 3.5 可知, 要证明这个定理, 只需要证明以下命题等价.

(a) $\ell_p^{\varepsilon,0}(X)$ 具有 Radon-Nikodym 性质.

(b) $\ell_p^\varepsilon(X)$ 具有 Radon-Nikodym 性质.

(c) X 具有 Radon-Nikodym 性质, 且 $\ell_p^\varepsilon(X) = \ell_p^{\varepsilon,0}(X)$.

(a) $\Rightarrow$ (c) 若 $\ell_p^{\varepsilon,0}(X)$ 具有 Radon-Nikodym 性质, 则明显地, X 具有 Radon-Nikodym 性质. 对于 $\bar{x} = (x_n)_n \in \ell_p^\varepsilon(X)$, 定义

$$\bar{x}^{(n)} = (0, \cdots, 0, x_n, 0, 0, \cdots), \quad n = 1, 2, \cdots,$$

则 $\bar{x}^{(n)} \in \ell_p^{\varepsilon,0}(X)$.

若 $F \in \ell_p^{\varepsilon,0}(X)^*$, $(t_n)_n \in c_0$, 则很容易知道 $(t_n x_n)_n \in \ell_p^{\varepsilon,0}(X)$. 因此

$$\sum_{n=1}^{\infty} t_n \langle F, \bar{x}^{(n)} \rangle = \lim_n \left\langle F, \sum_{k=1}^{n} t_k \bar{x}^{(k)} \right\rangle$$
$$= \langle F, \lim_n (t_1 x_1, \cdots, t_n x_n, 0, 0, \cdots) \rangle$$
$$= \langle F, (t_n x_n)_n \rangle.$$

既然 $(t_n)_n$ 在 c_0 中是任意的, 因此, $\displaystyle\sum_{n=1}^{\infty} |\langle F, \bar{x}^{(n)} \rangle| < \infty$, 即 $\displaystyle\sum_{n} \bar{x}^{(n)}$ 是 $\ell_p^{\varepsilon,0}(X)$ 中的弱无条件 Cauchy 级数.

由 (a) 可推出 $\ell_p^{\varepsilon,0}(X)$ 不包含 c_0 副本. 根据 Bessaga-Pelczynski 定理, $\displaystyle\sum_{n} \bar{x}^{(n)}$ 在 $\ell_p^{\varepsilon,0}(X)$ 中无条件收敛. 因此

$$\lim_{n} \|\bar{x}(\geqslant n)\|_{\ell_p^{\varepsilon}(X)} = \lim_{n} \left\| \sum_{j=n}^{\infty} \bar{x}^{(j)} \right\|_{\ell_p^{\varepsilon}(X)} = 0.$$

故 $\bar{x} \in \ell_p^{\varepsilon,0}(X)$. 所以, (c) 成立.

(c) $\Rightarrow$ (b)　设 (Ω, Σ, μ) 是有限测度空间, G 是有界变分上的 μ-连续的 $\ell_p^{\varepsilon}(X)$ 值测度. 对每个 $k \in \mathbb{N}$, 定义

$$G_k : \Sigma \to X,$$
$$B \mapsto P_k(G(B)),$$

这里 P_k 是从 $\ell_p^{\varepsilon}(X)$ 到 X 的连续坐标投影, 即对每个 $k \in \mathbb{N}$ 有 $P_k(\bar{x}) = x_k$.

很容易发现, 对每个 $k \in \mathbb{N}, G_k$ 是有界变分上的 μ-连续的 X 值测度. 既然 X 具有 Radon-Nikodym 性质, 因此, 存在 $f_k \in L^1(\Omega, X)$, 使得

$$G_k(B) = \int_B f_k d\mu, \quad B \in \Sigma, \ k = 1, 2, \cdots,$$

对每个 $n \in \mathbb{N}$, 定义

$$\tilde{f}_n : \Omega \to \ell_p^{\varepsilon}(X),$$
$$t \mapsto (f_1(t), \cdots, f_n(t), 0, 0, \cdots),$$

则 $\tilde{f}_n$ 是 μ-可测的 $\ell_p^{\varepsilon}(X)$ 值函数. 此外

$$\int_{\Omega} \|\tilde{f}_n(t)\|_{\ell_p^{\varepsilon}(X)} d\mu \leqslant \int_{\Omega} \sum_{k=1}^{n} \|f_k(t)\|_X d\mu$$
$$= \sum_{k=1}^{n} \|f_k\|_{L^1(\Omega, X)} < \infty,$$

故

$$\tilde{f}_n \in L^1(\Omega, \ell_p^{\varepsilon}(X)), \quad n = 1, 2, \cdots,$$

对每个 $n \in \mathbb{N}$, 定义

$$\tilde{G}_n : \Sigma \to \ell_p^\varepsilon(X),$$

$$B \mapsto (G_1(B), \cdots, G_n(B), 0, 0, \cdots),$$

则 $\tilde{G}_n$ 是 $\ell_p^\varepsilon(X)$ 值测度. 另外, 很容易理解, 对每个 $B \in \Sigma$, 有 $\|\tilde{G}_n(B)\|_{\ell_p^\varepsilon(X)} \leqslant \|G(B)\|_{\ell_p^\varepsilon(X)}$. 因此, 对每个 $B \in \Sigma$ 和所有 $n = 1, 2, \cdots$, 有

$$|\tilde{G}_n|(B) \leqslant |G|(B).$$

对每个 $B \in \Sigma$ 和每个满足 $k \leqslant n$ 的 $k, n \in \mathbb{N}$, 有

$$P_k(\tilde{G}_n(B)) = G_k(B) = \int_B f_k(t) d\mu(t)$$

$$= \int_B P_k(\tilde{f}_n(t)) d\mu(t) = P_k \left(\int_B \tilde{f}_n(t) d\mu(t) \right).$$

故

$$\tilde{G}_n(B) = \int_B \tilde{f}_n(t) d\mu(t), \quad B \in \Sigma, \ n = 1, 2, \cdots.$$

因此, 对每个 $B \in \Sigma$ 和每个 $n \in \mathbb{N}$, 有

$$\int_B \|\tilde{f}_n(t)\|_{\ell_p^\varepsilon(X)} d\mu(t) = |\tilde{G}_n|(B) \leqslant |G|(B) \leqslant |G|(\Omega).$$

由于

$$\|\tilde{f}_n(t)\|_{\ell_p^\varepsilon(X)} \leqslant \|\tilde{f}_{n+1}(t)\|_{\ell_p^\varepsilon(X)}, \quad t \in \Omega.$$

根据单调收敛定理, 对每个 $B \in \Sigma$, 有

$$\int_B \sup_n \|\tilde{f}_n(t)\|_{\ell_p^\varepsilon(X)} d\mu(t) = \int_B \lim_n \|\tilde{f}_n(t)\|_{\ell_p^\varepsilon(X)} d\mu(t)$$

$$= \lim_n \int_B \|\tilde{f}_n(t)\|_{\ell_p^\varepsilon(X)} d\mu(t)$$

$$\leqslant |G|(\Omega) < \infty.$$

故

$$\sup_n \|\tilde{f}_n(t)\|_{\ell_p^\varepsilon(X)} < \infty, \quad \mu\text{-a.e.}$$

因此, 对每个 $x^* \in X^*$, 有

$$\left(\sum_{k=1}^\infty [|x^*|(|f_k(t)|)]^p \right)^{\frac{1}{p}} = \sup_n \left(\sum_{k=1}^n [|x^*|(|f_k(t)|)]^p \right)^{\frac{1}{p}}$$

$$\leqslant \|x^*\| \cdot \sup_n \|\tilde{f}_n(t)\|_{\ell_p^\varepsilon(X)} < \infty, \quad \mu\text{-a.e.}$$

所以, $(f_k(t))_k \in \ell_p^\varepsilon(X)$, μ-a.e. 定义

$$\tilde{f} : \Omega \to \ell_p^\varepsilon(X),$$

$$t \mapsto (f_k(t))_k, \quad \mu\text{-a.e.}$$

则 $\tilde{f}$ 是有意义的.

由于 $\ell_p^\varepsilon(X) = \ell_p^{\varepsilon,0}(X)$, 因此, $\lim_n \tilde{f}_n(t) = \tilde{f}(t)$ 在 $\ell_p^\varepsilon(X)$ 中 μ-a.e. 成立. 因此 $\tilde{f}$ 是 μ-可测的. 此外

$$\int_\Omega \|\tilde{f}(t)\|_{\ell_p^\varepsilon(X)} d\mu(t) = \int_\Omega \sup_n \|\tilde{f}_n(t)\|_{\ell_p^\varepsilon(X)} d\mu(t)$$

$$\leqslant |G|(\Omega) < \infty.$$

因此

$$\tilde{f} \in L^1(\Omega, \ell_p^\varepsilon(X)).$$

对每个 $B \in \Sigma$ 和每个 $k \in \mathbb{N}$, 有

$$P_k \left(\int_B \tilde{f}(t) d\mu(t) \right) = \int_B P_k \left(\tilde{f}(t) \right) d\mu(t)$$

$$= \int_B f_k(t) d\mu(t)$$

$$= G_k(B) = P_k(G(B)).$$

故

$$G(B) = \int_B \tilde{f}(t) d\mu(t), \ B \in \Sigma.$$

由此可得, $\tilde{f}$ 是 G 的 Radon-Nikodym 导数, 因此, $\ell_p^\varepsilon(X)$ 具有 Radon-Nikodym 性质, 所以, (b) 成立.

(b) $\Rightarrow$ (a)　这是明显的.　　　　　　　　　　　　　　　　　　　■

根据文献 [11], 以下推论成立.

推论 3.5　设 $1 < p, q < \infty$, E_q 是具有 Radon-Nikodym 性质的无限维 L^q-空间, 则 $\ell_p \tilde{\otimes}_i E_q$ 具有 Radon-Nikodym 性质当且仅当 $p' > q$, 这里 $\frac{1}{p} + \frac{1}{p'} = 1$.

对 Banach 空间 X 和 Y, 用 $X \check{\otimes}_G Y$ 表示 X 和 Y 的 Grothendieck 射影张量积.

类似于文献 [7] 的定理 12, 不难证明下面命题成立.

命题 3.13　设 X 是 Banach 空间, $1 \leqslant p < \infty$. 当 $p = 1$ 时, $\ell_{p'} = c_0$, 则以下命题等价:

(1) $\ell_p \check{\otimes}_G X$ 具有 Radon-Nikodym 性质.

(2) $\mathcal{L}(\ell_{p'}, X)$ 具有 Radon-Nikodym 性质.

(3) X 有 Radon-Nikodym 性质, 且每个从 $\ell_{p'}$ 到 X 的连续线性算子都是紧的.

需要注意的是, 若 Banach 空间 $\ell_p \check{\otimes}_G X$ 具有 Radon-Nikodym 性质, 则 Banach 格 $\ell_p \tilde{\otimes}_i X$ 一定具有 Radon-Nikodym 性质. 但是, 对某些 Banach 格 X, 反过来则不一定成立.

实际上, 若 $1 \leqslant q < p' \leqslant 2$, 满足 $\dfrac{1}{p} + \dfrac{1}{p'} = 1$, 则根据上面推论, $\ell_p \tilde{\otimes}_i L_q[0, 1]$ 具有 Radon-Nikodym 性质. 但是, 从文献 [11] 的定理 4.7 可知, 存在从 $\ell_{p'}$ 到 $L_q[0, 1]$ 的连续线性算子, 它不是紧的. 因此, $\ell_p \check{\otimes}_G L_q[0, 1]$ 没有 Radon-Nikodym 性质.

3.5 Fremlin 投影张量积

对 Banach 格 X 和 Y, 张量积 $X \otimes Y$ 上的射影锥为

$$C_p = \left\{ \sum_{k=1}^{n} x_k \otimes y_k : n \in \mathbb{N}, x_k \in X^+, y_k \in Y^+ \right\}.$$

Fremlin 引入了有关 $X \otimes Y$ 的正投影张量范数.

$$\|u\|_{|\pi|} = \sup \left\{ \left| \sum_{k=1}^{n} \varphi(x_k, y_k) \right| : u = \sum_{k=1}^{n} x_k \otimes y_k, \varphi \in M \right\},$$

其中 M 是 $X \times Y$ 上的所有范数小于等于 1 的正双线性泛函.

用 $X \hat{\otimes}_F Y$ 表示 $X \otimes Y$ 在范数 $\|\cdot\|_{|\pi|}$ 下的完备化空间, 则以 C_p 为正锥的 $X \hat{\otimes}_F Y$ 是 Banach 格. 此外, Fremlin 的范数 $\|\cdot\|_{|\pi|}$ 还有另一种等价形式:

$$\|u\|_{|\pi|} = \inf \left\{ \sum_{k=1}^{\infty} \|x_k\| \cdot \|y_k\| : x_k \in X^+, y_k \in Y^+, |u| \leqslant \sum_{k=1}^{\infty} x_k \otimes y_k \right\}. \tag{3.26}$$

Fremlin 定理 设 X 和 Y 都是 Banach 格, 则

(1) 对每个 Banach 格 G 和每个双正性映射 $T: X \times Y \to G$, 存在唯一的正映射 $T^{\otimes}: X \hat{\otimes}_F Y \to G$, 使得 $\|T^{\otimes}\| = \|T\|$, 并且 $T^{\otimes}(x \otimes y) = T(x, y)$ 对所有 $x \in X$ 和 $y \in Y$ 成立.

(2) $T^{\otimes}$ 是 Riesz 同态当且仅当 T 是 Riesz 双同态.

引理 3.4 设 X 是 Banach 格, $1 < p < \infty$, 对所有 $s = (s_n)_n \in \ell_p, x \in X$, 用 $T(s, x) = (s_n x)_n$ 定义 $T: \ell_p \times X \to \ell_p^{\pi}(X)$. 则 T 是 Riesz 双同态, 并且满足 $\|T\| = 1$.

证明　对每个 $s = (s_n)_n \in \ell_p, x \in X$, 有

$$T(|s|, |x|) = (|s_n||x|)_n = (|s_n x|)_n = |(s_n x)_n| = |T(s, x)|.$$

故 T 是 Riesz 双同态. 并且

$$
\begin{aligned}
\|T(s, x)\|_{\ell_p^\pi(X)} &= \sup\left\{ \sum_{n=1}^{\infty} |x_n^*|(|s_n x|) : (x_n^*)_n \in B_{\ell_{p'}^\varepsilon(X^*)} \right\} \\
&= \sup\left\{ \sum_{n=1}^{\infty} |s_n| \cdot |x_n^*|(|x|) : (x_n^*)_n \in B_{\ell_{p'}^\varepsilon(X^*)} \right\} \\
&\leqslant \left(\sum_{n=1}^{\infty} |s_n|^p \right)^{\frac{1}{p}} \cdot \sup\left\{ \left(\sum_{n=1}^{\infty} [|x_n^*|(|x|)]^{p'} \right)^{\frac{1}{p'}} : (x_n^*)_n \in B_{\ell_{p'}^\varepsilon(X^*)} \right\} \\
&\leqslant \|s\|_{\ell_p} \cdot \|x\| \cdot \sup\left\{ \|(x_n^*)_n\|_{\ell_{p'}^\varepsilon(X^*)} : (x_n^*)_n \in B_{\ell_{p'}^\varepsilon(X^*)} \right\} \\
&= \|s\|_{\ell_p} \cdot \|x\|.
\end{aligned}
$$

因此, $\|T\| \leqslant 1$.

另一方面, 对于 $x \in X, \|x\| = 1$, 有

$$\|T\| \geqslant \|T(e_1, x)\|_{\ell_p^\pi(X)} = \|(x, 0, 0, \cdots)\|_{\ell_p^\pi(X)} = \|x\| = 1.$$

因此, $\|T\| = 1$.　∎

定理 3.7　设 X 是 Banach 格, $1 < p < \infty$, 则 $\ell_p \hat{\otimes}_F X$ 与 $\ell_p^\pi(X)$ 等距同构, 并且是 Riesz 同构.

证明　根据引理 3.4 和 Fremlin 定理可得, 存在唯一的 Riesz 同态

$$T^\otimes : \ell_p \hat{\otimes}_F X \to \ell_p^\pi(X)$$

使得对每个 $s \in \ell_p$ 和 $x \in X$, 都有 $\|T^\otimes\| = 1, T^\otimes(s \otimes x) = T(s, x)$.

下面证明 $T^\otimes$ 是等距的, 并且是满射. 设 $u = \sum_{k=1}^{n} s^{(k)} \otimes x_k \in \ell_p \otimes X$, 对于固定的 $\varepsilon > 0$, 根据 $\|\cdot\|_{|\pi|}$ 的定义, 存在正的 $\varphi \in (\ell_p \times X)^*$, 满足 $\|\varphi\| \leqslant 1$, 使得

$$\|u\|_{|\pi|} \leqslant \sum_{k=1}^{n} \varphi(s^{(k)}, x_k) + \varepsilon. \tag{3.27}$$

对每个 $i \in \mathbb{N}$ 和每个 $x \in X$, 用 $w_i^*(x) = \varphi(e_i, x)$ 定义 $w_i^* \in X^*$, 则对每个 $s = (s_i)_i \in \ell_p$ 和每个 $x \in X$, 有

$$\sum_{i=1}^{\infty} s_i w_i^*(x) = \sum_{i=1}^{\infty} s_i \varphi(e_i, x) = \varphi\left(\sum_{i=1}^{\infty} s_i e_i, x \right) = \varphi(s, x), \tag{3.28}$$

故对每个 $x \in X$ 有 $(w_i^*(x))_i \in \ell_{p'}$, 由 $\overline{w}^* = (w_i^*)_i \in \ell_{p'}^{\mathrm{weak}}(X^*)$. 此外, $\|\overline{w}^*\|_{\ell_{p'}^{\mathrm{weak}}(X^*)} = \|\varphi\| \leqslant 1$, 并且当 φ 是正的时, $\overline{w}^*$ 也是正的.

若 $u \geqslant 0$, 则

$$T^{\otimes}(u) = \sum_{k=1}^{n} T^{\otimes}(s^{(k)} \otimes x_k) = \sum_{k=1}^{n} T(s^{(k)}, x_k) = \left(\sum_{k=1}^{n} s_i^{(k)} x_k \right)_i. \qquad (3.29)$$

既然 T 是 Riesz 同态, 因此

$$\sum_{k=1}^{n} s_i^{(k)} x_k \geqslant 0, \quad i = 1, 2, \cdots. \qquad (3.30)$$

根据 (3.27)—(3.30) 式, 有

$$\|T^{\otimes}(u)\|_{\ell_p^{\pi}(X)} = \sup \left\{ \sum_{i=1}^{\infty} |x_i^*| \left(\left| \sum_{k=1}^{n} s_i^{(k)} x_k \right| \right) : (x_i^*)_i \in B_{\ell_{p'}^{\varepsilon}(X^*)} \right\}$$

$$\geqslant \sum_{i=1}^{\infty} w_i^* \left(\sum_{k=1}^{n} s_i^{(k)} x_k \right) = \sum_{k=1}^{n} \sum_{i=1}^{\infty} s_i^{(k)} w_i^*(x_k)$$

$$= \sum_{k=1}^{n} \varphi(s^{(k)}, x_k) \geqslant \|u\|_{|\pi|} - \varepsilon.$$

令 $\varepsilon \to 0$, 则

$$\|T^{\otimes}(u)\|_{\ell_p^{\pi}(X)} \geqslant \|u\|_{|\pi|}.$$

若 u 不是正的, 则由于 T 是 Riesz 同态, 因此

$$\|T^{\otimes}(u)\|_{\ell_p^{\pi}(X)} = \||T^{\otimes}(u)|\|_{\ell_p^{\pi}(X)} = \|T^{\otimes}(|u|)\|_{\ell_p^{\pi}(X)} \geqslant \||u|\|_{|\pi|} = \|u\|_{|\pi|}.$$

故对任意 $u = \sum_{k=1}^{n} s^{(k)} \otimes x_k \in \ell_p \otimes X$, 有

$$\|T^{\otimes}(u)\|_{\ell_p^{\pi}(X)} \geqslant \|u\|_{|\pi|}. \qquad (3.31)$$

令 $\bar{x} = (x_i)_i \in \ell_p^{\pi}(X)$, 对每个 $n \in \mathbb{N}$, 令 $u_n = \sum_{i=1}^{n} e_i \otimes x_i \in \ell_p \otimes X$, 则

$$T^{\otimes}(u_n) = \sum_{i=1}^{n} T^{\otimes}(e_i \otimes x_i) = \sum_{i=1}^{n} T(e_i, x_i) = (x_1, \cdots, x_n, 0, 0, \cdots).$$

根据 (3.31) 和命题 3.11 可得, 对满足 $m > n$ 的 $m, n \in \mathbb{N}$, 有

$$\|u_m - u_n\|_{|\pi|} \leqslant \|T^{\otimes}(u_m - u_n)\|_{\ell_p^{\pi}(X)} = \|T^{\otimes}(u_m) - T^{\otimes}(u_n)\|_{\ell_p^{\pi}(X)}$$

$$= \|(0, \cdots, 0, x_{n+1}, \cdots, x_m, 0, 0, \cdots)\|_{\ell_p^{\pi}(X)}$$

$$\to 0 \quad (m, n \to \infty).$$

故 $\{u_n\}_1^\infty$ 是 $\ell_p \hat{\otimes}_F X$ 中的 Cauchy 序列. 因此, 存在 $u \in \ell_p \hat{\otimes}_F X$, 使得在 $\ell_p \hat{\otimes}_F X$ 中有 $\lim\limits_n u_n = u$ 成立. 此外, 根据命题 3.11, 有

$$T^{\otimes}(u) = \lim_n T^{\otimes}(u_n) = \lim_n (x_1, \cdots, x_n, 0, 0, \cdots) = \bar{x}.$$

因此, $T^{\otimes}$ 是满射. 此外, 再用 (3.31) 式可得

$$\|T^{\otimes}(u)\|_{\ell_p^\pi(X)} = \lim_n \|T^{\otimes}(u_n)\|_{\ell_p^\pi(X)} \geqslant \lim_n \|u_n\|_{|\pi|} = \|u\|_{|\pi|}.$$

由于 $\|T^{\otimes}\| = 1$ 可推出

$$\|T^{\otimes}(u)\|_{\ell_p^\pi(X)} \leqslant \|T^{\otimes}\| \cdot \|u\|_{|\pi|} = \|u\|_{|\pi|},$$

因此, 对每个 $u \in \ell_p \hat{\otimes}_F X$, 有

$$\|T^{\otimes}(u)\|_{\ell_p^\pi(X)} = \|u\|_{|\pi|},$$

所以, $T^{\otimes}$ 是等距同构. ∎

推论 3.6　设 X 是 Banach 格, $1 < p < \infty$, 则 $\bar{x} = (x_i)_i \in \ell_p^\pi(X)$ 当且仅当存在 ℓ_p^+ 中的序列 $\{s^{(k)}\}_1^\infty$ 和 X^+ 中满足 $\sum\limits_{k=1}^\infty \|s^{(k)}\|_{\ell_p} \cdot \|y_k\| < \infty$ 的序列 $\{y_k\}_1^\infty$, 使得

$$|x_i| \leqslant \sum_{k=1}^\infty s_i^{(k)} y_k, \quad i = 1, 2, \cdots, \tag{3.32}$$

并且

$$\|\bar{x}\|_{\ell_p^\pi(X)} = \inf \left\{ \sum_{k=1}^\infty \|s^{(k)}\|_{\ell_p} \cdot \|y_k\| : \text{所有可能的表示形式 (3.32)} \right\}.$$

证明　若 $\bar{x} = (x_i)_i \in \ell_p^\pi(X)$, 根据定理 3.7, 存在 $u \in \ell_p \hat{\otimes}_F X$, 使得 $T^{\otimes}(u) = \bar{x}$. 对于每个固定的 $\varepsilon > 0$, 根据 (3.26) 式, 对每个 $k \in \mathbb{N}$, 存在 $s^{(k)} \in \ell_p^+$ 和 $y_k \in X^+$, 使得

$$|u| \leqslant \sum_{k=1}^\infty s^{(k)} \otimes y_k$$

和

$$\sum_{k=1}^\infty \|s^{(k)}\|_{\ell_p} \cdot \|y_k\| \leqslant \|u\|_{|\pi|} + \varepsilon.$$

由于

$$|\bar{x}| = T^{\otimes}(|u|) \leqslant T^{\otimes}\left(\sum_{k=1}^\infty s^{(k)} \otimes y_k\right) = \sum_{k=1}^\infty T^{\otimes}(s^{(k)} \otimes y_k)$$

$$= \sum_{k=1}^\infty T(s^{(k)}, y_k) = \sum_{k=1}^\infty (s_i^{(k)} y_k)_i = \left(\sum_{k=1}^\infty s_i^{(k)} y_k\right)_i,$$

因此

$$|x_i| \leqslant \sum_{k=1}^{\infty} s_i^{(k)} y_k, \quad i = 1, 2, \cdots.$$

此外

$$\|\bar{x}\|_{\ell_p^\pi(X)} = \|u\|_{|\pi|} \geqslant \sum_{k=1}^{\infty} \|s^{(k)}\|_{\ell_p} \cdot \|y_k\| - \varepsilon \geqslant \inf \sum_{k=1}^{\infty} \|s^{(k)}\|_{\ell_p} \cdot \|y_k\| - \varepsilon.$$

令 $\varepsilon \to 0$, 得

$$\|\bar{x}\|_{\ell_p^\pi(X)} \geqslant \inf \sum_{k=1}^{\infty} \|s^{(k)}\|_{\ell_p} \cdot \|y_k\|.$$

另一方面, 假设存在 ℓ_p^+ 中的序列 $\{s^{(k)}\}_1^\infty$ 和 X^+ 中的序列 $\{y_k\}_1^\infty$, 满足 $\sum_{k=1}^{\infty} \|s^{(k)}\|_{\ell_p} \cdot \|y_k\| < \infty$, 使得 (3.32) 式成立. 则对每个 $(x_i^*)_i \in \ell_{p'}^\varepsilon(X^*)$, 有

$$\sum_{i=1}^{\infty} |x_i^*|(|x_i|) \leqslant \sum_{i=1}^{\infty} |x_i^*| \left(\sum_{k=1}^{\infty} s_i^{(k)} y_k \right) = \sum_{i=1}^{\infty} \sum_{k=1}^{\infty} s_i^{(k)} |x_i^*|(y_k)$$

$$\leqslant \sum_{k=1}^{\infty} \left(\sum_{i=1}^{\infty} |s_i^{(k)}|^p \right)^{\frac{1}{p}} \cdot \left(\sum_{i=1}^{\infty} [|x_i^*|(y_k)]^{p'} \right)^{\frac{1}{p'}}$$

$$\leqslant \sum_{k=1}^{\infty} \|s^{(k)}\|_{\ell_p} \cdot \|y_k\| \cdot \|(x_i^*)_i\|_{\ell_{p'}^\varepsilon(X^*)} < \infty.$$

故 $\bar{x} = (x_i)_i \in \ell_p^\pi(X)$, 且 $\|\bar{x}\|_{\ell_p^\pi(X)} \leqslant \sum_{k=1}^{\infty} \|s^{(k)}\|_{\ell_p} \cdot \|y_k\|$. 所以

$$\|\bar{x}\|_{\ell_p^\pi(X)} \leqslant \inf \sum_{k=1}^{\infty} \|s^{(k)}\|_{\ell_p} \cdot \|y_k\|. \qquad \blacksquare$$

3.6 $\ell_p \hat{\otimes}_F X$ 的 Radon-Nikodym 性质

下面的结果是大家都知道的[3].

命题 3.14 若存在从可分 Banach 空间 X 到具有 Radon-Nikodym 性质的 Banach 空间的半嵌入映射, 则 X 具有 Radon-Nikodym 性质.

Leonard 在文献 [14] 中证明了以下结果.

命题 3.15 若 Banach 空间 X 具有 Radon-Nikodym 性质, 则对 $1 \leqslant p < \infty, \ell_p^{\text{strong}}(X)$ 也具有 Radon-Nikodym 性质.

已知 X 是可分时, $\ell_p^\pi(X)$ 也是可分的. 根据定理 3.2, 可得到以下引理.

引理 3.5　　如果 X 是具有 Radon-Nikodym 性质的可分的 Banach 格, 则对 $1 < p < \infty$ 有 $\ell_p^\pi(X)$ 也具有 Radon-Nikodym 性质.

众所周知, Banach 格具有 Radon-Nikodym 性质当且仅当它的每个可分的闭子格都具有 Radon-Nikodym 性质, 这里将证明以下定理.

定理 3.8　　设 X 是 Banach 格, $1 < p < \infty$, 则 Banach 格 $\ell_p^\pi(X)$ 具有 Radon-Nikodym 性质当且仅当 X 具有 Radon-Nikodym 性质.

证明　　由于 X 可以被看作 $\ell_p^\pi(X)$ 的子格, 因此, 明显地, 若 $\ell_p^\pi(X)$ 具有 Radon-Nikodym 性质, 则 X 具有 Radon-Nikodym 性质.

下面只需要证明若 X 具有 Radon-Nikodym 性质, 则 $\ell_p^\pi(X)$ 也具有 Radon-Nikodym 性质.

设 S 是 $\ell_p^\pi(X)$ 的可分的闭子格, $D = \{\bar{z}^{(n)}\}_1^\infty = \{(z_i^{(n)})_i\}_{n=1}^\infty$ 是 S 的可数稠密子集. 根据推论 3.6, 存在 $s^{(k,m,n)} \in \ell_p^+$, $y_k^{(m,n)} \in X^+$, 使得

$$|z_i^{(n)}| \leqslant \sum_{k=1}^\infty s_i^{(k,m,n)} y_k^{(m,n)}, \quad i, m, n = 1, 2, \cdots, \tag{3.33}$$

并且

$$\sum_{k=1}^\infty \|s^{(k,m,n)}\|_{\ell_p} \cdot \|y_k^{(m,n)}\| \leqslant \|\bar{z}^{(n)}\|_{\ell_p^\pi(X)} + 1/m, \quad m, n = 1, 2, \cdots, \tag{3.34}$$

令 Y 是由 $\left\{y_k^{(m,n)}, z_i^{(n)} : i, k, m, n = 1, 2, \cdots\right\}$ 所生成的闭子格. 则再根据推论 3.6, 对每个 $n \in \mathbb{N}$, 有 $\bar{z}^{(n)} \in \ell_p^\pi(Y)$, 且

$$\|\bar{z}^{(n)}\|_{\ell_p^\pi(Y)} \leqslant \sum_{k=1}^\infty \|s^{(k,m,n)}\|_{\ell_p} \cdot \|y_k^{(m,n)}\| \leqslant \|\bar{z}^{(n)}\|_{\ell_p^\pi(X)} + 1/m.$$

令 $m \to \infty$, 则

$$\|\bar{z}^{(n)}\|_{\ell_p^\pi(Y)} \leqslant \|\bar{z}^{(n)}\|_{\ell_p^\pi(X)}, \quad n = 1, 2, \cdots.$$

另一方面, 由于 Y 是 X 的子格, 因此

$$\|\bar{z}^{(n)}\|_{\ell_p^\pi(Y)} \geqslant \|\bar{z}^{(n)}\|_{\ell_p^\pi(X)}, \quad n = 1, 2, \cdots,$$

故

$$\|\bar{z}^{(n)}\|_{\ell_p^\pi(Y)} = \|\bar{z}^{(n)}\|_{\ell_p^\pi(X)}, \quad n = 1, 2, \cdots.$$

因此, $(S, \|\cdot\|_{\ell_p^\pi(X)}) = (D, \|\cdot\|_{\ell_p^\pi(X)})$ 的闭包 $= (D, \|\cdot\|_{\ell_p^\pi(Y)})$ 的闭包 $\subseteq \ell_p^\pi(Y)$, 即 $(S, \|\cdot\|_{\ell_p^\pi(X)})$ 是 $\ell_p^\pi(Y)$ 的闭子格.

若 X 有 Radon-Nikodym 性质, 则 Y 也有 Radon-Nikodym 性质. 根据引理 3.5, $\ell_p^\pi(Y)$ 具有 Radon-Nikodym 性质, 因此, S 也具有 Radon-Nikodym 性质. 因为 S 是 $\ell_p^\pi(X)$ 的任意可分闭子格, 所以, $\ell_p^\pi(X)$ 具有 Radon-Nikodym 性质. ■

最后, 根据定理 3.7, 可得到以下定理.

定理 3.9 设 X 是 Banach 格, $1 < p < \infty$, 则 Banach 格 $\ell_p \hat{\otimes}_F X$ 具有 Radon-Nikodym 性质当且仅当 X 具有 Radon-Nikodym 性质.

对于 $p = 1$ 的情况, 由文献 [13] 可知, $\ell_1 \hat{\otimes}_F X$, $\ell_1 \hat{\otimes}_G X$ 和 $\ell_1^{\text{strong}}(X)$ 是彼此等距同构的, 并且是 Riesz 同构的. 因此, 下面结论成立[14].

命题 3.16 Banach 格 $\ell_1 \hat{\otimes}_F X$ 具有 Radon-Nikodym 性质当且仅当 Banach 格 X 具有 Radon-Nikodym 性质.

类似于定理 3.8, Bu Qingying, Buskes Gerard 和 Lai Wei-Kai 在文献 [9] 证明了下面结果.

定理 3.10 设 X 是 Banach 格, φ 是 Orlicz 函数, 它的余函数是 φ^*, 则 $\ell_\varphi^\pi(X)$ 具有 Radon-Nikodym 性质当且仅当 ℓ_φ 和 X 都具有 Radon-Nikodym 性质.

定理 3.11 设 X 是 Banach 格, φ 是 Orlicz 函数, 它的余函数是 φ^*, 则 $\ell_\varphi \hat{\otimes}_F X$ 具有 Radon-Nikodym 性质当且仅当 ℓ_φ 和 X 都具有 Radon-Nikodym 性质.

布尔甘 (Jean Bourgain, 1954—2018), 对 Banach 空间的 Radon-Nikodym 性质等有深入的研究, 因在 Banach 空间、调和分析和遍历理论的成就获得 1994 年的菲尔兹奖. 他的去耦定理是对于毕达哥拉斯定理非常抽象的推广, 应用于描述诸如光或无线电波的振荡波. 虽然毕达哥拉斯定理仅仅揭示了直角三角形的两个较短边的长度与较长的斜边相关, 但是布尔甘和印第安纳大学的迪米特 (Demeter) 证明的去耦定理表明, 在波的叠加中也会出现类似的关系.

他曾在伊利诺伊大学厄巴纳-香槟分校和普林斯顿高等研究院任教. 他于 1977 年在荷语布鲁塞尔自由大学取得博士学位.

2000 年, 他将挂谷问题与算术组合学拉上关系. 2009 年他当选为瑞典皇家科学院的外籍院士. 2010 年他获得邵逸夫奖的数学科学奖.

参 考 文 献

[1] Andrews K T. The Radon-Nikodym property for spaces of operators. J. London Math. Soc., 1983, s2-28(1): 113-122.

[2] Bourgain J, Pisier G. A construction of $\mathcal{L}_\infty$-spaces and related Banach spaces. Bol. Soc. Brasil. Mat., 1983, 14(2): 109-123.

[3] Bourgain J, Rosenthal H P. Applications of the theory of semi-embeddings to Banach space theory. J. Funct. Anal., 1983, 52(2): 149-188.

[4] Bu Q Y, Diestel J. Observations about the projective tensor product of Banach spaces. I. $\ell_p \hat{\otimes} X, 1 < p < \infty$. Quaest. Math., 2001, 24(4): 519-533.

[5] Bu Q Y. Observations about the projective tensor product of Banach spaces. II. $L_p(0,1) \hat{\otimes} X, 1 < p < \infty$. Quaest. Math., 2002, 25(2): 209-227.

[6] Bu Q Y, Dowling P N. Observations about the projective tensor product of Banach spaces. III. $L_p(0,1) \hat{\otimes} X, 1 < p < \infty$. Quaest. Math., 2002, 25(3): 303-310.

[7] Bu Q Y. Some properties of the injective tensor product of $L_p[0,1]$ and a Banach space. J. Funct. Anal., 2003, 204(1): 101-121.

[8] Bu Q Y, Lin P K. Radon-Nikodym property for the projective tensor product of Köthe function spaces. J. Math. Anal. Appl., 2004, 293(1): 149-159.

[9] Bu Q Y, Buskes G, Lai W K. The Radon-Nikodym property for tensor products of Banach lattices. II. Positivity, 2008, 12(1): 45-54.

[10] Bukhvalov A V. The Radon-Nikodym property in Banach spaces of measurable vector-valued functions. Mat. Zametki, 1979, 26(6): 939-944.

[11] Chen Z, Wickstead A W. Some applications of Rademacher sequences in Banach lattices. Positivity, 1998, 2(2): 171-191.

[12] Diestel J, Uhl J J, Jr. Vector Measures. Math. Surveys Monogr. vol. 15. Providence: American Mathematical Society, 1977.

[13] Fremlin D H. Tensor products of Banach lattices. Math. Ann., 1974, 211: 87-106.

[14] Leonard I E. Banach sequence spaces. J. Math. Anal. Appl., 1976, 54 (1): 245-265.

[15] Lin P K. Köthe-Bochner Function Spaces. Boston, MA: Birkhäuser Boston, Inc., 2004.

[16] Lin P K, Sun H Y. Extremity in Köthe-Bochner function spaces. J. Math. Anal. Appl., 1998, 218(1): 136-154.

[17] Lindenstrauss J, Tzafriri L. Classical Banach Spaces II, Function Spaces. New York: Springer-Verlag, 1979.

[18] Lotz H P, Peck N T, Porta H. Semi-embeddings of Banach space. Proc. Edinburgh Math. Soc., 1979, 22(3): 233-240.

[19] Meyer-Nieberg P. Banach Lattices. Berlin: Springer-Verlag, 1991.

[20] Randrianantoanina N, Saab E. Stability of some types of Radon-Nikodym properties. Illinois J. Math., 1995, 39(3): 416-430.

[21] Turett B, Uhl J J, Jr. $L_p(\mu, X)(1 < p < \infty)$ has the Radon-Nikodym property if X does by martingales. Proc. Amer. Math. Soc., 1976, 61(2): 347-350.

第 4 章　张量积的 Grothendieck 性质

对发现工作而言, 特别的关注和激情四射的热情是一种本质的力量, 就如同阳光的温暖对于埋藏在富饶土壤里的种子的蛰伏成长和它们在阳光下柔顺而不可思议的绽放所起的作用一样.

Grothendieck (1928—2014, 法国数学家)

4.1　Grothendieck 空间

定义 4.1　若 Banach 空间 X 到可分 Banach 空间的有界线性算子都是弱紧的, 或者等价地, 若 X^* 上的每个弱 $*$ 收敛序列是弱收敛的, 则称 Banach 空间 X 为 Grothendieck 空间, 或者 Banach 空间 X 具有 Grothendieck 性质.

明显地, 所有自反 Banach 空间都是 Grothendieck 空间, 也有一些非自反 Grothendieck 空间的例子. 例如, 若 K 的每个开集的闭包都是开集, 则称紧 Hausdorff 空间 K 是 Stonean 空间. 若 K 是 Stonean 空间, 则 $C(K)$ 是非自反 Grothendieck 空间. ℓ_∞ 是 Grothendieck 空间.

命题 4.1　设 X 是 Banach 空间, 则 X 是 Grothendieck 空间当且仅当下列条件之一成立:

(1) X^* 中的每个弱 $*$ 收敛序列都是弱收敛序列.

(2) 每个从 X 到 c_0 的有界线性算子是弱紧的.

(3) 对于所有使得 Y^* 具有弱 $*$ 序列紧单位球的 Banach 空间 X, 每个 X 到 Y 的有界线性算子都是弱紧的.

(4) 对于所有弱紧生成的 Banach 空间 X, 每个 X 到 Y 的有界线性算子都是弱紧的.

(5) 对于任意 Banach 空间 Y, 从 X 到 Y 的弱紧收敛的弱紧算子的极限都是弱紧算子.

(6) 对于任意 Banach 空间 Y, 从 X 到 Y 的强紧收敛的弱紧算子的极限都是弱紧算子.

González 和 Gutiérrez 在 1995 年证明了下面结果[12].

命题 4.2　若 X 是非自反的 Grothendieck 空间, 则 X 包含 ℓ_1 副本.

Diaz 在 1995 年给出了 Banach 格是 Grothendieck 空间的刻画[8].

命题 4.3 设 X 是 Banach 格, 则 X 是 Grothendieck 空间的充要条件为 X 没有商空间与 c_0 同构.

对于 Banach 格, 还有下面的结论成立[1].

命题 4.4 设 X 是 Banach 格, 若 X 是 s-Dedekind 完备的 AM-空间, 并且有单位, 则 X 是 Grothendieck 空间.

命题 4.5 若 X 是 Grothendieck 空间, Y 是自反 Banach 空间, 并且任意 X 到 Y^* 的连续线性算子都是紧的, 则 X 和 Y 的投影向量积空间 $X \widehat{\otimes}_\pi Y$ 是 Grothendieck 空间.

Bu Qingying 和 Emmanuele 在 2005 年证明了下面结论[2].

命题 4.6 设 X 是 Banach 空间, $1 < p,\ p' < \infty$, 满足 $\dfrac{1}{p} + \dfrac{1}{p'} = 1$, $L_p[0,1] \check{\otimes}_\varepsilon X$ 是 Grothendieck 空间当且仅当 X 是 Grothendieck 空间, 并且任意 $L_{p'}[0,1]$ 到 X^{**} 的连续线性算子都是紧的.

Banach 空间的逼近性质是 Grothendieck 在 1955 年引入的[15]. 设 X 是 Banach 空间, 若对 X 的每个紧子集 C 和每个 $\varepsilon > 0$, 都存在有限秩线性算子 $T : X \to X$, 即

$$Tx = \sum_{i=1}^{n} f_i(x)x_i,$$

对某些 $x_i \in X, f_i \in X^*$ 和任意 $x \in X$, 对每个 $x \in C$, 都有 $\|Tx - x\| < \varepsilon$, 则称 Banach 空间 X 具有逼近性质. Ji 等在 2010 年利用逼近性质给出了 $X \check{\otimes}_\varepsilon Y$ 是 Grothendieck 空间的一些条件[16].

命题 4.7 设 X 和 Y 都是 Grothendieck 空间, X^* 或 Y^* 具有 Radon-Nikodym 性质, X^{**} 或 Y^{**} 具有逼近性质, 并且 $L(X^*, Y^{**}) = K(X^*, Y^{**})$, 则 $X \check{\otimes}_\varepsilon Y$ 是 Grothendieck 空间.

证明 若 $N(X,Y)$ 记所有 X 到 Y 的核算子在它的核算子范数下构成的 Banach 空间, 则 $(X \check{\otimes}_\varepsilon Y)^* = N(X,Y^*)$. 对于 $N(X,Y^*)$ 的弱 ∗ 收敛到 0 的序列 $\{T_n\}$, 它一定是 $N(X,Y^*)$ 中的有界序列. 并且对于每个 $x \in X$, 序列 $T_n x$ 在 Y^* 中弱 ∗ 收敛到 0. 由于 Y 是 Grothendieck 空间, 因此, 序列 $T_n x$ 在 Y^* 中弱收敛到 0. 故对于任意 $y^{**} \in Y^{**}$, 有 $\langle T_n x, y^{**} \rangle$ 收敛到 0, 因而, 序列 $T_n^*(y^{**})$ 在 X^* 中弱 ∗ 收敛到 0. 既然 X 是 Grothendieck 空间, 因此, 序列 $T_n^*(y^{**})$ 在 X^* 中弱收敛到 0. 也就是说, 对于任意 $x^{**} \in X^{**}$, 有 $\lim_n \langle x^{**}, T_n^*(y^{**}) \rangle = 0$, 故序列 $T_n^{**}(x^{**})$ 在 Y^* 中弱收敛到 0. 因此, 序列 $\{T_n\}$ 在 $N(X,Y^*)$ 中弱收敛到 0, 所以, $X \check{\otimes}_\varepsilon Y$ 是 Grothendieck 空间. ∎

由于 Grothendieck 空间 Y 在 Y^* 具有 Radon-Nikodym 性质时, Y 一定是自反的, 因此, 下面定理成立.

定理 4.1 设 X 是 Grothendieck 空间, Y 是自反 Banach 空间, 若 X^{**}

或 Y 具有逼近性质, 并且每个 X^* 到 Y 的连续线性算子是紧算子, 则 $X \check{\otimes}_\varepsilon Y$ 是 Grothendieck 空间.

González 和 Gutiérrez 在 1995 年证明了下面结果[12].

命题 4.8　若 $X \hat{\otimes}_\pi Y$ 是 Grothendieck 空间, 则 X 或者 Y 一定是自反 Banach 空间.

但是下面问题还没有解决.

问题 4.1　若 $X \check{\otimes}_\varepsilon Y$ 是 Grothendieck 空间, 则 X 或者 Y 一定是自反 Banach 空间吗?

Ji 等在 2010 年在某些条件下考虑了上述问题[16].

先回顾一下几个相关的概念, Banach 空间 X 的 Schauder 分解 $\{P_n\}_1^\infty$ 是指 X 上的连续投影序列 $\{P_n\}_1^\infty$, 满足当 $i \neq j$ 时, 有 $P_i \circ P_j = 0$, 并且对任意 $x \in X$, 都有 $x = \sum_{k=1}^{\infty} P_n x$. 若 Banach 空间 X 具有 Schauder 分解 $\{P_n\}_1^\infty$, 使得对每个 $n \in \mathbb{N}, P_n[X]$ 都是有限维的, 则称 Banach 空间 X 具有有限维分解. 另外, 若 $\{P_n\}_1^\infty$ 还是无条件的, 则称 Banach 空间 X 具有无条件有限维分解.

定理 4.2　设 X 是 Banach 空间, 若 Y 是自反 Banach 空间, 并且具有无条件的有限维分解, 则 $X \check{\otimes}_\varepsilon Y$ 是 Grothendieck 空间当且仅当 X 是 Grothendieck 空间, 并且每个 X^* 到 Y 的连续线性算子是紧算子.

证明　若 $X \check{\otimes}_\varepsilon Y$ 是 Grothendieck 空间, 既然 X 在 $X \check{\otimes}_\varepsilon Y$ 是可补子空间, 因此, X 是 Grothendieck 空间. 对于 $N(Y, X^*)$ 中的弱收敛到 0 的有界序列 $\{T_n\}$, 有 T_n 在 $N(Y, X^*)$ 中的弱 $*$ 收敛到 0. 既然 $(X \check{\otimes}_\varepsilon Y)^* = N(Y, X^*)$, 并且 $X \check{\otimes}_\varepsilon Y$ 是 Grothendieck 空间, 因此, $\{T_n\}$ 中有 T_n 在 $N(Y, X^*)$ 中的弱收敛到 0, 故每个从 Y^* 到 X^{**} 的连续有界线性算子是紧的. 由于 Y 是自反的, 因此, 每个从 X^* 到 Y 的连续有界线性算子是紧的. ■

若 Y 是自反 Banach 空间, 并且具有逼近性质, 则 $K(X, Y) = X^* \check{\otimes}_\varepsilon Y$. 另外, 每个从 X^{**} 到 Y 的有界线性算子是紧的当且仅当每个从 X 到 Y 的有界线性算子是紧的. 因此, 下面推论成立.

推论 4.1　设 X 是 Banach 空间, 若 Y 是自反 Banach 空间, 并且具有无条件的有限维分解, 则 $K(X, Y)$ 是 Grothendieck 空间当且仅当 X^* 是 Grothendieck 空间, 并且每个 X 到 Y 的连续线性算子是紧算子.

4.2　正射影张量积 Grothendieck 空间

Li Yongjin 和 Bu Qingying 给出了正投影张量积 $\lambda \hat{\otimes}_{|\pi|} X$ 是 Grothendieck 空间的刻画, 这里 λ 是 Banach 序列格, X 是 Banach 格[18]. 下面将给出正内射张量积 $\lambda \check{\otimes}_{|\varepsilon|} X$ 是 Grothendieck 空间的刻画, 其主要内容都来自文献 [21].

对于 Banach 空间 Z, Z^* 将表示其拓扑对偶, B_Z 表示其闭单位球. 对于向量格 X, X 值的序列空间 $X^{\mathbb{N}}$ 是具有以下序的向量格:

$$\bar{x} \geqslant 0 \Leftrightarrow x_i \geqslant 0 \text{ 任意 } i \in \mathbb{N}, \ \bar{x} = (x_i)_i \in X^{\mathbb{N}},$$

以及以下格运算

$$\bar{x} \wedge \bar{y} = (x_i \wedge y_i)_i, \quad \bar{x} \vee \bar{y} = (x_i \vee y_i)_i, \quad \bar{x} = (x_i)_i, \quad \bar{y} = (y_i)_i \in X^{\mathbb{N}}.$$

X^+ 将表示 X 的正锥. 对于每个 $n \in \mathbb{N}$ 和每个 $\bar{x} = (x_i)_i \in X^{\mathbb{N}}$, 记

$$\bar{x}(\leqslant n) = (x_1, \cdots, x_n, 0, 0, \cdots), \quad \bar{x}(\geqslant n) = (0, \cdots, 0, x_n, x_{n+1}, \cdots).$$

对于 Banach 格 X 和 Y, $\mathcal{L}^r(X, Y)$ 将表示从 X 到 Y 正则线性算子构成的空间, 其正则算子范数为 $\|\cdot\|_r$, 以及 $\mathcal{K}^r(X, Y)$ 将表示从 X 到 Y 的紧正算子的线性扩张.

从文献 [19] 的 1.3 节中可以得出下面定理成立.

定理 4.3　若 Y 是 Dedekind 完备的, 则 $(\mathcal{L}^r(X, Y), \|\cdot\|_r)$ 是 Banach 格.

回顾一下, 若 X 中的 $0 \leqslant x_n \downarrow 0$, 有 $x_n \to 0$, 则 Banach 格 X 被称为 σ-序连续的. 若 $0 \leqslant x_n \uparrow$ 且 $\sup_n \|x_n\| < \infty$, 有 $\sup_n x_n$ 在 X 中存在, 则称 X 为 σ-Levi 空间.

4.3　Banach 格值序列空间

假设 λ 为实心的序列空间, 即是 $\mathbb{R}^{\mathbb{N}}$ 的子空间, 使得若对所有 $i \in \mathbb{N}$, 有 $|a_i| \leqslant |b_i|$ 且 $(b_i)_i \in \lambda$, 则 $(a_i)_i \in \lambda$. λ 的 Köthe 对偶被定义为

$$\lambda' = \left\{ (b_i)_i \in \mathbb{R}^{\mathbb{N}} : \sum_{i=1}^{\infty} |a_i b_i| < +\infty, \text{ 任意 } (a_i)_i \in \lambda \right\}.$$

此外, 若 λ 是 Banach 格, 则 $\lambda' \subseteq \lambda^*$. 因此, 具有由 λ^* 引导的范数的 λ' 也是 Banach 格, 并且对于每个 $a = (a_i)_i \in \lambda$ 和每个 $b = (b_i)_i \in \lambda'$, 有

$$\|a\|_\lambda = \sup \left\{ \left| \sum_{i=1}^{\infty} a_i b_i \right| : (b_i)_i \in B_{\lambda'} \right\}$$

和

$$\|b\|_{\lambda'} = \|b\|_{\lambda^*} = \sup \left\{ \left| \sum_{i=1}^{\infty} a_i b_i \right| : (a_i)_i \in B_\lambda \right\}.$$

从现在开始, 总是假设 λ 是 σ-Levi Banach 序列格, 满足对所有的 $i \in \mathbb{N}$ 有 $\|e_i\|_\lambda = 1$, 这里 e_i 是序列空间 λ 中的标准单位向量. 在这种情况下, $\lambda'' = \lambda$, 因此, λ 是实心的.

对于 Banach 格 X, 记

$$\lambda_\varepsilon(X) = \{\bar{x} = (x_i)_i \in X^{\mathbb{N}} : \ (x^*(|x_i|))_i \in \lambda, \ 任意\ x^* \in X^{*+}\}$$

和

$$\|\bar{x}\|_{\lambda_\varepsilon(X)} = \sup\{\|(x^*(|x_i|))_i\|_\lambda : \ x^* \in B_{X^{*+}}\}, \quad 任意\ \bar{x} = (x_i)_i \in \lambda_\varepsilon(X).$$

则 $\lambda_\varepsilon(X)$ 是 Banach 格.

用 $\lambda_{\varepsilon,0}(X)$ 表示 $\lambda_\varepsilon(X)$ 的闭子格, 由 $\lambda_\varepsilon(X)$ 上的所有尾部收敛到 0 的元素组成, 即

$$\lambda_{\varepsilon,0}(X) = \{\bar{x} \in \lambda_\varepsilon(X) : \ \lim_n \|\bar{x}(\geqslant n)\|_{\lambda_\varepsilon(X)} = 0\}.$$

则 $\lambda_{\varepsilon,0}(X)$ 是 $\lambda_\varepsilon(X)$ 的理想.

设

$$\lambda_\pi(X) = \left\{\bar{x} = (x_i)_i \in X^{\mathbb{N}} : \ \sum_{i=1}^\infty x_i^*(|x_i|) < +\infty, \ 任意\ (x_i^*)_i \in \lambda_\varepsilon'(X^*)^+\right\}$$

和

$$\|\bar{x}\|_{\lambda_\pi(X)} = \sup\left\{\sum_{i=1}^\infty x_i^*(|x_i|) : \ (x_i^*)_i \in B_{\lambda_\varepsilon'(X^*)^+}\right\}, \quad 任意\ \bar{x} = (x_i)_i \in \lambda_\pi(X).$$

则 $\lambda_\pi(X)$ 是 Banach 格.

设 $\lambda_{\pi,0}(X)$ 表示 $\lambda_\pi(X)$ 的闭子格, 由 $\lambda_\pi(X)$ 上的所有尾部收敛到 0 的元素组成, 即

$$\lambda_{\pi,0}(X) = \{\bar{x} \in \lambda_\pi(X) : \ \lim_n \|\bar{x}(\geqslant n)\|_{\lambda_\pi(X)} = 0\}.$$

则 $\lambda_{\pi,0}(X)$ 是 $\lambda_\pi(X)$ 的理想.

另外, 有 $\lambda_{\varepsilon,0}(X)^* = \lambda_\pi'(X^*), \lambda_{\pi,0}(X)^* = \lambda_\varepsilon'(X^*)$. 以下命题来自文献 [6].

命题 4.9　(1) $\lambda_{\varepsilon,0}(X)^*$ 与 $\lambda_\pi'(X^*)$ 等距同构, 并且是格同态.

(2) $\lambda_{\pi,0}(X)^*$ 与 $\lambda_\varepsilon'(X^*)$ 等距同构, 并且是格同态.

(3) 若 λ 是 σ-序连续的, 则 $\lambda_{\pi,0}(X) = \lambda_\pi(X)$.

(4) 若 λ 是 σ-序连续的, 且 X 是 Dedekind 完备的, 则 $\lambda_{\varepsilon,0}(X) = \lambda_\varepsilon(X)$ 当且仅当从 $(\lambda')_0$ 到 X 的每个正线性算子都是紧的.

4.4 正 张 量 积

对于 Banach 格 X 和 Y, 令 $X \otimes Y$ 表示 X 和 Y 的代数张量积. 对于每个 $u = \sum\limits_{k=1}^{m} x_k \otimes y_k \in X \otimes Y$, 每个 $x^* \in X^*$, 用 $T_u(x^*) = \sum\limits_{k=1}^{m} x^*(x_k) y_k$ 定义 $T_u : X^* \to Y$.

$X \otimes Y$ 上的内射锥定义为

$$C_i = \{u \in X \otimes Y : T_u \geqslant 0\},$$

并定义 $X \otimes Y$ 上的正内射张量范数为

$$\|u\|_{|\varepsilon|} = \|T_u\|_r.$$

令 $X \check{\otimes}_{|\varepsilon|} Y$ 表示对应于 $\|\cdot\|_{|\varepsilon|}$ 的 $X \otimes Y$ 的完备化空间, 则以 C_i 为正锥的 $X \check{\otimes}_{|\varepsilon|} Y$ 是 Banach 格, 称为 X 和 Y 的正内射张量积[19].

$X \otimes Y$ 上的投影锥定义为

$$C_p = \left\{ \sum_{k=1}^{n} x_k \otimes y_k : n \in \mathbb{N}, \ x_k \in X^+, \ y_k \in Y^+ \right\},$$

并定义 $X \otimes Y$ 上的正投影张量范数为

$$\|u\|_{|\pi|} = \sup \left\{ \left| \sum_{k=1}^{n} \phi(x_k, \ y_k) \right| : u = \sum_{k=1}^{n} x_k \otimes y_k \in X \otimes Y, \ \phi \in M \right\},$$

这里 M 是 $X \times Y$ 上所有正双线性函数 ϕ 的集合, 满足 $\|\phi\| \leqslant 1$. 令 $X \hat{\otimes}_{|\pi|} Y$ 表示对应于 $\|\cdot\|_{|\pi|}$ 的 $X \otimes Y$ 的完备化空间, 则 $X \hat{\otimes}_{|\pi|} Y$ 以 C_p 作为其正锥是 Banach 格, 称为 X 和 Y 的正投影张量积[10]. 正投影张量范数 $\|\cdot\|_{|\pi|}$ 具有另一种等价形式:

$$\|u\|_{|\pi|} = \inf \left\{ \sum_{k=1}^{n} \|x_k\| \cdot \|y_k\| : x_k \in X^+, \ y_k \in Y^+, \ |u| \leqslant \sum_{k=1}^{n} x_k \otimes y_k \right\}.$$

回顾一下文献 [4] 中的以下命题.

命题 4.10   若 λ 是 σ-序连续的, 则

(1) $\lambda \hat{\otimes}_{|\pi|} X$ 与 $\lambda_{\pi,0}(X)$ 是等距同构的且格同态的.

(2) $\lambda \check{\otimes}_{|\varepsilon|} X$ 与 $\lambda_{\varepsilon,0}(X)$ 是等距同构的且格同态的.

4.5　$\lambda\check{\otimes}_{|\varepsilon|}X$ 的 Grothendieck 性质

首先将对 $\lambda_{\varepsilon,0}(X)$ 中的弱收敛序列和其对偶空间 $\lambda_{\varepsilon,0}(X)^*$ 中的弱 $*$ 收敛序列进行刻画. 设 U 和 V 是向量空间, 使得 (U, V) 对应于每个 $x \in U$ 和 $y \in V$ 定义的双线性泛函 $\langle x,y \rangle$ 形成一组对偶.

若对每个 $y \in V$, 有 $\sup\{|\langle x,y \rangle| : x \in B\} < \infty$, 则称 U 的子集 B 为 $\sigma(U, V)$-有界的.

若对每个 $y \in V$, 有 $\lim_{n}\langle x_n,y \rangle = \langle x,y \rangle$, 则称 U 上的 $\{x_n\}_1^\infty$ 为在 U 上 $\sigma(U, V)$-收敛到 x.

$U^{\mathbb{N}}$ 的子空间 $S(U)$ 称为 U-值序列空间. 若对每个 $(t_i)_i \in \ell_\infty$ 和每个 $(x_i)_i \in S(U)$, 有 $(t_i x_i)_i \in S(U)$, 则称其为正规的.

设 $S(U)$ 是 U 值的正规序列空间, 且 $T(V)$ 是 V-值的正规序列空间, 使得对每个 $\bar{x} = (x_i)_i \in S(U)$ 和每个 $\bar{y} = (y_i)_i \in T(V)$, 有 $\sum\limits_{i=1}^\infty |\langle x_i, y_i \rangle| < \infty$, 则 $(S(U), T(V))$ 对应于以下定义的双线性泛函形成一组对偶:

$$\langle \bar{x},\bar{y} \rangle = \sum_{i=1}^\infty \langle x_i,\ y_i \rangle, \quad 任意 \ \bar{x} = (x_i)_i \in S(U), \ 任意 \ \bar{y} = (y_i)_i \in T(V)\ .$$

引理 4.1　设 $\bar{x}^{(n)} = (x_i^{(n)})_i, \bar{x}^{(0)} = (x_i^{(0)})_i \in S(U)$, 考虑以下条件.

(1) 在 $S(U)$ 中有 $\sigma(S(U), T(V)) - \lim_{n} \bar{x}^{(n)} = \bar{x}$.

(2) $\{\bar{x}^{(n)}\}_1^\infty$ 是 $S(U)$ 中的 $\sigma(S(U), T(V))$-有界序列, 且对每个 $i \in \mathbb{N}$, 有 $\sigma(U, V) - \lim_{n} x_i^{(n)} = x_i^{(0)}$ 在 U 上成立.

(3) 对每个 $\bar{y} = (y_i)_i \in T(V)$ 和 $S(U)$ 中的每个 $\sigma(S(U), T(V))$-有界子集 B, 有

$$\limsup_{m}\left\{\left|\sum_{i=m}^\infty \langle x_i,\ y_i \rangle\right| :\ (x_i)_i \in B\right\} = 0.$$

则条件 (1) 等价于条件 (2) 当且仅当条件 (3) 成立.

证明　明显地, (1) 推出 (2).

假设 (2) 和 (3) 成立, 欲证明 (1) 成立. 根据 (3), 对于每个固定的 $\bar{y} = (y_i)_i \in T(V)$, 有

$$\limsup_{m}\left\{\left|\sum_{i=m}^\infty \langle x_i^{(n)},\ y_i \rangle\right| :\ n = 1, 2, \cdots\right\} = 0.$$

故对于每个 $\varepsilon > 0$, 存在 $m_0 \in \mathbb{N}$, 使得

$$\left|\sum_{i=m_0+1}^\infty \langle x_i^{(n)},\ y_i \rangle\right| \leqslant \frac{\varepsilon}{2}, \quad n = 1, 2, \cdots,$$

根据 (2), 存在 $N \in \mathbb{N}$, 使得对于每个 $n \geqslant N$, 有

$$|\langle x_i^{(n)} - x_i^{(0)}, \ y_i \rangle| \leqslant \frac{\varepsilon}{2m_0}, \quad i = 1, 2, \cdots, \ m_0.$$

因此, 对于每个 $n \geqslant N$, 有

$$|\langle \bar{x}^{(n)} - \bar{x}^{(0)}, \ \bar{y} \rangle| \leqslant \sum_{i=1}^{m_0} |\langle x_i^{(n)} - x_i^{(0)}, \ y_i \rangle| + \left| \sum_{i=m_0+1}^{\infty} \langle x_i^{(n)} - x_i^{(0)}, \ y_i \rangle \right| \leqslant \frac{\varepsilon}{2} + \frac{\varepsilon}{2} = \varepsilon.$$

因此, (1) 成立.

现在假设 (3) 不成立, 则存在 $\bar{y} = (y_i)_i \in T(V)$ 和 $S(U)$ 的 $\sigma(S(U), T(V))$-有界的子集 B, 使得

$$\limsup_m \left\{ \left| \sum_{i=m}^{\infty} \langle x_i, \ y_i \rangle \right| : \ (x_i)_i \in B \right\} \neq 0.$$

故存在 $\varepsilon_0 > 0$, 对 $k \in \mathbb{N}$, 有 $\bar{x}^{(k)} = (x_i^{(k)})_i \in B$ 和子序列 $n_1 < n_2 < \cdots$, 使得

$$\left| \sum_{i=n_k}^{\infty} \langle x_i^{(k)}, \ y_i \rangle \right| \geqslant \varepsilon_0, \quad k = 1, 2, \cdots. \tag{4.1}$$

对于每个 $k \in \mathbb{N}$, 记

$$\bar{z}^{(k)} = (0, \ \cdots, \ 0, \ x_{n_k}^{(k)}, \ x_{n_{k+1}}^{(k)}, \ \cdots).$$

则对于每个 $i \in \mathbb{N}$, 有 $\sigma(U, \ V) - \lim_k z_i^{(k)} = 0$. 由于 $S(U)$ 是正规的, 因此, 对于每个 $k \in \mathbb{N}$, 有 $\bar{z}^{(k)} \in S(U)$. 此外, 因为 $T(V)$ 是正规的, 所以, $\{\bar{z}^{(k)}\}_1^{\infty}$ 是 $\sigma(S(U), \ T(V))$-有界的. 因此, 序列 $\{\bar{z}^{(k)}\}_1^{\infty}$ 满足条件 (2). 然而, 根据 (4.1), 对每个 $k \in \mathbb{N}$, 有 $\langle \bar{z}^{(k)}, \bar{y} \rangle \geqslant \varepsilon_0$, 因此, $\sigma(S(X), \ T(Y)) - \lim_k z^{(k)} \neq 0$. 故序列 $\{\bar{z}^{(k)}\}_1^{\infty}$ 不满足条件 (1). 所以, 若 (1) 等价于 (2), 则 (3) 一定成立. ∎

由于 $\lambda_{\varepsilon,0}(X)^* = \lambda_{\pi}'(X^*)$, 因此, $(\lambda_{\varepsilon,0}(X), \ \lambda_{\pi}'(X^*))$ 形成一组对偶. 根据上面引理, 容易知道以下两个命题成立.

命题 4.11　设对每个 $n \in \mathbb{N}$, 有 $\bar{x}^{(n)} = (x_i^{(n)})_i, \bar{x}^{(0)} = (x_i^{(0)})_i \in \lambda_{\varepsilon,0}(X)$, 考虑以下条件:

(1) 在 $\lambda_{\varepsilon,0}(X)$ 上有 $\bar{x}^{(n)}$ 弱收敛到 $\bar{x}^{(0)}$.

(2) 对所有 $i \in \mathbb{N}$, 在 X 上有 $x_i^{(n)}$ 弱收敛到 $x_i^{(0)}$, 且 $\sup_n \|\bar{x}^{(n)}\|_{\lambda_{\varepsilon}(X)} < \infty$.

(3) $\lambda_{\pi}'(X^*) = \lambda_{\pi,0}'(X^*)$.

则条件 (1) 等价于条件 (2) 当且仅当条件 (3) 成立.

命题 4.12　设对每个 $n \in \mathbb{N}$, 有 $\bar{x}^{*(n)} = (x_i^{*(n)})_i, \bar{x}^{*(0)} = (x_i^{*(0)})_i \in \lambda_{\varepsilon,0}(X)^* (=$ $\lambda_\pi'(X^*))$ 成立, 则在 $\lambda_{\varepsilon,0}(X)^*$ 中 $\bar{x}^{*(n)}$ 弱 $*$ 收敛到 $\bar{x}^{*(0)}$ 当且仅当对所有 $i \in \mathbb{N}$, 在 X^* 中 $x_i^{*(n)}$ 弱 $*$ 收敛到 $x_i^{*(0)}$, 并且 $\sup_n \|\bar{x}^{*(n)}\|_{\lambda_\pi'(X^*)} < \infty$.

下面将讨论 $\lambda_{\varepsilon,0}(X)$ 和 $\lambda \check\otimes_{|\varepsilon|} X$ 成为 Grothendieck 空间的特征.

定理 4.4　设 λ' 是 σ-序连续的, 则 $\lambda_{\varepsilon,0}(X)$ 是 Grothendieck 空间当且仅当 X 是 Grothendieck 空间, 并且 $\lambda_\varepsilon(X^{**}) = \lambda_{\varepsilon,0}(X^{**})$.

证明　根据命题 4.9, 有 $\lambda_\pi'(X^*) = \lambda_{\pi,0}'(X^*)$, 因此

$$\lambda_{\varepsilon,0}(X)^* = \lambda_\pi'(X^*), \quad \lambda_\pi'(X^*)^* = \lambda_{\pi,0}'(X^*)^* = \lambda_\varepsilon(X^{**}).$$

从上面两个命题可以知道, 若 X 是 Grothendieck 空间, 并且 $\lambda_\varepsilon(X^{**}) = \lambda_{\varepsilon,0}(X^{**})$, 则 $\lambda_{\varepsilon,0}(X)$ 是 Grothendieck 空间.

另一方面, 若 $\lambda_{\varepsilon,0}(X)$ 是 Grothendieck 空间, 则显然 X 也是 Grothendieck 空间. 因此, 只需证明 $\lambda_\varepsilon(X^{**}) = \lambda_{\varepsilon,0}(X^{**})$.

设 $\bar{x}^{*(0)}$ 在 $\lambda_{\varepsilon,0}(X)^* = \lambda_\pi'(X^*)$ 中, 且 $\{\bar{x}^{*(n)}\}_1^\infty$ 是 $\lambda_{\varepsilon,0}(X)^* = \lambda_\pi'(X^*)$ 上的有界序列, 使得对于每个 $i \in \mathbb{N}$, 在 X^* 中 $x_i^{*(n)}$ 弱收敛到 $x_i^{*(0)}$, 根据上面命题, $\bar{x}^{*(n)}$ 在 $\lambda_{\varepsilon,0}(X)^*$ 中弱 $*$ 收敛到 $\bar{x}^{*(0)}$, 因此, 在 $\lambda_{\varepsilon,0}(X)^* = \lambda_\pi'(X^*)$ 上是弱收敛的. 所以, 由命题 4.11 可知 $\lambda_\varepsilon(X^{**}) = \lambda_{\varepsilon,0}(X^{**})$.　　■

若 λ 是 σ-序连续的, 则 $\lambda' = \lambda^*$, 并且若 λ 和 λ' 都是 σ-序连续的, 则 λ 是自反的. 因此, 通过结合命题 4.9、命题 4.10 和上面定理, 可以得到下面重要结果.

定理 4.5　设 λ 是自反 Banach 序列格, X 是 Banach 格, 则 $\lambda \check\otimes_{|\varepsilon|} X$ 是 Grothendieck 空间当且仅当 X 是 Grothendieck 空间, 且从 λ^* 到 X^{**} 的每个正线性算子都是紧的.

4.6　对称向量积的 Grothendieck 性质

González 和 Gutiérrez 在 1995 年给出了下面结论[12].

命题 4.13　设 E 是 Banach 空间, 若 $n \geqslant 2$, 则 E 的对称投影向量积 $\widehat\otimes_{n,s,\pi} E$ 具有 Grothendieck 性质的充要条件为 $\widehat\otimes_{n,s,\pi} E$ 是自反的.

定义 4.2　设 E 和 F 都是 Banach 空间, 算子 $P : E \to F$, 若存在 n-线性对称算子 $T : E \times \cdots \times E \to F$, 使得 $P(x) = T(x, \cdots, x)$, 则称 P 是 n-齐次多项式.

实际上, P 的对称 n-线性算子 $T_p : E \times \cdots \times E \to F$ 可以用极化公式表出:

$$T_p(x_1, \cdots, x_n) = \frac{1}{2^n n!} \sum_{\varepsilon_i = \pm 1} \varepsilon_1 \cdots \varepsilon_n P\left(\sum_{i=1}^n \varepsilon_i x_i\right), \text{ 任意 } x_1, \cdots, x_n \in E.$$

用 $\mathcal{P}(^n E; F)$ 代替 $\mathcal{P}(E \times \cdots \times E; F)$ 记所有 E 到 F 的连续 n-齐次多项式在范数 $\|P\| = \sup\{\|P(x)\| : x \in E, \|x\| \leqslant 1\}$ 下构成的赋范空间, 用 $\mathcal{P}_w(^n E; F)$ 记所有 $\mathcal{P}(^n E; F)$ 中在有界集上弱连续的算子 P. 特别地, 若 F 为数域 $\mathbb{R}$ 或者 $\mathbb{C}$, 则将 $\mathcal{P}(^n E; F)$ 和 $\mathcal{P}_w(^n E; F)$ 简记为 $\mathcal{P}(^n E)$ 和 $\mathcal{P}_w(^n E)$.

用 $\otimes_n E$ 记 E 的 n-折代数向量积 (n-fold algebraic tensor product), 对于 $x_1 \otimes \cdots \otimes x_n \in \otimes_n E$, 用 $x_1 \otimes_s \cdots \otimes_s x_n$ 记它的对称化, 即

$$x_1 \otimes_s \cdots \otimes_s x_n = \frac{1}{n!} \sum_{\sigma \in \pi(n)} x_{\sigma(1)} \otimes \cdots \otimes x_{\sigma(n)},$$

这里 $\pi(n)$ 为 $\{1, \cdots, n\}$ 的排列构成的群.

用 $\otimes_{n,s} E$ 记 E 的 n-折对称代数向量积, 即 $\{x_1 \otimes_s \cdots \otimes_s x_n : x_1, \cdots, x_n \in E\}$ 在 $\otimes_n E$ 生成的线性子空间. 容易知道, 对于 $u \in \otimes_{n,s} E$, 有

$$u = \sum_{k=1}^m \lambda_k x_k \otimes \cdots \otimes x_k,$$

这里 $\lambda_1, \cdots, \lambda_m$ 属于数域, $x_1, \cdots, x_m \in E$.

用 $\hat{\otimes}_{n,s,\pi} E$ 记 E 的 n-折对称投影向量积, 即 $\otimes_{n,s} E$ 在下面对称投影向量范数下的完备化空间.

$$\|u\| = \inf\left\{\sum_{k=1}^m |\lambda_k| \cdot \|x_k\|^n : x_k \in E, u = \sum_{k=1}^m \lambda_k x_k \otimes \cdots \otimes x_k\right\}, \quad u \in \otimes_{n,s} E.$$

对于每个 n-齐次多项式 $P: E \to F$, 令 $A_P : \otimes_{n,s} E \to F$ 为它的线性化, 即

$$A_P(x \otimes \cdots \otimes x) = P(x), \quad \text{任意 } x \in E.$$

则在等距映射 $: P \to A_P$ 下, 有

$$\mathcal{P}(^n E; F) = \mathcal{L}(\hat{\otimes}_{n,s,\pi} E; F),$$

这里 $\mathcal{L}(\hat{\otimes}_{n,s,\pi} E; F)$ 为所有 $\hat{\otimes}_{n,s,\pi} E$ 到 F 的连续线性算子构成的空间. 特别地, 有

$$\mathcal{P}(^n E) = (\hat{\otimes}_{n,s,\pi} E)^*,$$

这里 $(\hat{\otimes}_{n,s,\pi} E)^*$ 为 $\hat{\otimes}_{n,s,\pi} E$ 的拓扑共轭空间.

对于任意 $P \in \mathcal{P}(^n E)$, 用 $\tilde{P} \in \mathcal{P}(^n E^{**})$ 记 P 的 Aron-Berner 延拓. 为了证明 $\hat{\otimes}_{n,s,\pi} E$ 是 Grothendieck 空间, 需要下面的引理[12].

引理 4.2 若对于任意 $k \in \mathbb{N}, P_k, P \in \mathcal{P}_w(^n E)$, 则 P_k 在 $\mathcal{P}_w(^n E)$ 中弱收敛到 P 的充要条件为对于每个 $z \in E^{**}$, 有 $\lim_k \tilde{P}_k(z) = \tilde{P}(z)$.

下面给出 $\hat{\otimes}_{n,s,\pi}E$ 是 Grothendieck 空间的一个充分条件.

定理 4.6   若 Banach 空间 E 是 Grothendieck 空间, 并且 $\mathcal{P}(^nE) = \mathcal{P}_w(^nE)$, 则 $\hat{\otimes}_{n,s,\pi}E$ 是 Grothendieck 空间.

证明   对于每个 $k \in \mathbb{N}$, 选取 $P_k, P \in \mathcal{P}(^nE) = (\hat{\otimes}_{n,s,\pi}E)^*$, 使得 P_k 在 $\mathcal{P}(^nE)$ 中弱 $*$ 收敛到 P, 则对于任意 $x \in E$, 有 $\lim_k P_k(x) = P(x)$. 用 T_{P_k} 记 P_k 的对称 n-线性算子, 由极化公式, 对于任意 $x_1, \cdots, x_n \in E$, 有

$$\lim_k T_{P_k}(x_1, \cdots, x_n) = T_P(x_1, \cdots, x_n).$$

对于固定的 $x_2, \cdots, x_n \in E$, 定义 $\phi_k(x) = T_{\tilde{P}_k}(x, x_2, \cdots, x_n)$, 对于任意 $x \in E, \phi(x) = T_{\tilde{P}}(x, x_2, \cdots, x_n)$, 则 $\phi_k, \phi \in E^*$, $\langle \phi_k, z_1 \rangle = T_{\tilde{P}_k}(z_1, x_2, \cdots, x_n)$, 并且对于每个 $z_1 \in E^{**}$, 有 $\langle \phi, z_1 \rangle = T_{\tilde{P}}(z_1, x_2, \cdots, x_n)$. 故 ϕ_k 在 E^* 中弱 $*$ 收敛到 ϕ. 因此, ϕ_k 在 E^* 中弱收敛到 ϕ. 所以, 对于任意 $z_1 \in E^{**}$ 和任意 $x_2, \cdots, x_n \in E$, 有

$$\lim_k T_{\tilde{P}_k}(z_1, x_2, \cdots, x_n) = T_{\tilde{P}}(z_1, x_2, \cdots, x_n).$$

利用归纳法, 可以证明对于任意 $z_1, z_2, \cdots, z_n \in E^{**}$, 有

$$\lim_k T_{\tilde{P}_k}(z_1, z_2, \cdots, z_n) = T_{\tilde{P}}(z_1, z_2, \cdots, z_n).$$

特别地, 对于任意 $z \in E^{**}$, 有 $\lim_k \tilde{P}_k(z) = \tilde{P}(z)$. 由上面引理可知, P_k 在 $\mathcal{P}_w(^nE) = \mathcal{P}(^nE)$ 中弱收敛到 P, 因此, $\hat{\otimes}_{n,s,\pi}E$ 是 Grothendieck 空间.   ∎

为了使得上面定理的充分条件也成为 $\hat{\otimes}_{n,s,\pi}E$ 是 Grothendieck 空间的必要条件, 需要考虑有界紧逼近性质.

设 X 是 Banach 空间, 若存在 $\lambda \geqslant 1$, 使得对 X 的每个紧子集 C 和每个 $\varepsilon > 0$, 都存在紧算子 $T : X \to X$, 使得 $\|T\| \leqslant \lambda$, 并且对每个 $x \in C$, 都有 $\|Tx - x\| \leqslant \varepsilon$, 则称 Banach 空间 X 具有有界紧逼近性质.

Banach 空间 X 具有有界逼近性质一定具有有界紧逼近性质, 反过来不一定成立.

定理 4.7   若 Banach 空间 E^* 具有有界紧逼近性质, 则 $\hat{\otimes}_{n,s,\pi}E$ 是 Grothendieck 空间的充要条件为 E 是 Grothendieck 空间, 并且 $\mathcal{P}(^nE) = \mathcal{P}_w(^nE)$.

证明   若 $\hat{\otimes}_{n,s,\pi}E$ 是 Grothendieck 空间, 则 E 是 $\hat{\otimes}_{n,s,\pi}E$ 的可补子空间. 由于任意 Banach 空间的共轭空间都是弱 $*$ 序列完备的, 因此, $\mathcal{P}(^nE) = (\hat{\otimes}_{n,s,\pi}E)^*$ 是弱序列完备的, 故 $\mathcal{P}_w(^nE)$ 也是弱序列完备的, 所以, 由文献 [7] 可知 $\mathcal{P}(^nE) = \mathcal{P}_w(^nE)$.   ∎

由命题 4.13 和命题 4.5 容易知道下面推论成立.

推论 4.2   若 E 是 Grothendieck 空间, 并且对某个 $n \geqslant 2, \mathcal{P}(^nE) = \mathcal{P}_w(^nE)$, 则 $\hat{\otimes}_{n,s,\pi}E$ 和 E 都是自反的.

4.7 正向量积的 Grothendieck 性质

对于 Banach 格 X 和 Y, $X \otimes Y$ 记 X 和 Y 的代数向量积. 对任意 $u = \sum_{k=1}^{m} x_k \otimes y_k \in X \otimes Y$, 定义

$$T_u : X^* \to Y, \; T_u(x^*) = \sum_{k=1}^{m} x^*(x_k) y_k, \; 任意 \; x^* \in X^*.$$

$X \otimes Y$ 的射影锥定义为

$$C_i = \{ u \in X \otimes Y : \; T_u(x^*) \in Y^+, \; 任意 \; x^* \in X^{*+} \}.$$

Wittstock 引入了 $X \otimes Y$ 的正射影向量积:

$$\|u\|_i = \inf\{\sup\{\|T_v(x^*)\| : \; x^* \in B_{X^{*+}}\} : \; v \in C_i, v \pm u \in C_i\}.$$

用 $X \tilde{\otimes}_i Y$ 记 $X \otimes Y$ 关于范数 $\|\cdot\|_i$ 的完备化空间, 则 $X \tilde{\otimes}_i Y$ 是以 C_i 为正锥的 Banach 格, 称为 X 和 Y 的 Wittstock 射影向量积.

X 和 Y 的投影锥定义为

$$C_p = \left\{ \sum_{k=1}^{n} x_k \otimes y_k : \; n \in \mathbb{N}, x_k \in X^+, y_k \in Y^+ \right\}.$$

Fremlin 引入了 $X \otimes Y$ 上的正投影向量范数:

$$\|u\|_{|\pi|} = \sup \left\{ \left| \sum_{k=1}^{n} \phi(x_k, y_k) \right| : \; u = \sum_{k=1}^{n} x_k \otimes y_k \in X \otimes Y, \phi \in M \right\},$$

这里 M 是 $X \times Y$ 上所有满足 $\|\phi\| \leqslant 1$ 的正双线性泛函. 用 $X \hat{\otimes}_F Y$ 记 $X \otimes Y$ 关于范数 $\|\cdot\|_{|\pi|}$ 的完备化, 则 $X \hat{\otimes}_F Y$ 是以 C_p 为正锥的 Banach 格, 称为 Fremlin 投影向量积.

对于 Banach 格 X 和 $1 \leqslant p < \infty$, 令

$$\ell_p^{\varepsilon}(X) = \left\{ \bar{x} = (x_i)_i \in X^{\mathbb{N}} : \; \sum_{i=1}^{\infty} [x^*(|x_i|)]^p < \infty, \; 任意 \; x^* \in X^{*+} \right\}$$

和

$$\|\bar{x}\|_{\ell_p^{\varepsilon}(X)} = \sup \left\{ \left(\sum_{i=1}^{\infty} [x^*(|x_i|)]^p \right)^{\frac{1}{p}} : \; x^* \in B_{X^{*+}} \right\}.$$

则 $\ell_p^\varepsilon(X)$ 在上面范数下是 Banach 格.

用 $\ell_p^{\varepsilon,0}(X)$ 记 $\ell_p^\varepsilon(X)$ 中那些尾项趋于 0 的序列构成的闭子格, 即

$$\ell_p^{\varepsilon,0}(X) = \left\{ \bar{x} \in \ell_p^\varepsilon(X): \ \lim_n \|\bar{x}(> n)\|_{\ell_p^\varepsilon(X)} = 0 \right\}.$$

对于 Banach 格 X 和 $1 < p < \infty$, $\dfrac{1}{p} + \dfrac{1}{p'} = 1$, 令

$$\ell_p^\pi(X) = \left\{ x = (x_i)_i \in X^{\mathbb{N}}: \ \sum_{i=1}^\infty |x_i^*(|x_i|)| < \infty, \ \text{任意 } (x_i^*)_i \in \ell_{p'}^\varepsilon(X^*)^+ \right\}$$

和

$$\|\bar{x}\|_{\ell_p^\pi(X)} = \sup \left\{ \sum_{i=1}^\infty x_i^*(|x_i|): \ (x_i^*)_i \in B_{\ell_{p'}^\varepsilon(X^*)^+} \right\}.$$

则 $\ell_p^\pi(X)$ 在上面范数下是 Banach 格.

Bu Qingying 和 Buskes 在 2006 年已经证明了下面的结论[3].

命题 4.14　设 X 是 Banach 格, $1 < p, p' < \infty, \dfrac{1}{p} + \dfrac{1}{p'} = 1$, 则

(1) $\ell_p^\varepsilon(X)$ 与 $\mathcal{L}^r(\ell_{p'}, X)$ 是等距格同构的.

(2) $\ell_p^{\varepsilon,0}(X)$ 与 $\ell_p \tilde{\otimes}_i X$ 是等距格同构的.

(3) $\ell_p^\pi(X)$ 与 $\ell_p \hat{\otimes}_F X$ 是等距格同构的.

Ji Donghai, Craddock 和 Bu Qingying 在 2010 年证明了下面结果[17].

命题 4.15　设 X 是 Banach 格, $1 < p, p' < \infty, \dfrac{1}{p} + \dfrac{1}{p'} = 1$, 则

(1) $\ell_p^{\varepsilon,0}(X)^*$ 与 $\ell_{p'}^\pi(X^*)$ 是等距格同构的.

(2) $(\ell_p \tilde{\otimes}_i X)^*$ 与 $\ell_{p'} \hat{\otimes}_F X^*$ 是等距格同构的.

(3) $\ell_p^\pi(X)^*$ 与 $\ell_p^\varepsilon(X^*)$ 是等距格同构的.

定理 4.8　(1) $\ell_p^{\varepsilon,0}(X)$ 是 Grothendieck 空间的充要条件为 X 是 Grothendieck 空间, 并且 $\ell_p^\varepsilon(X^{**}) = \ell_p^{\varepsilon,0}(X^{**})$.

(2) $\ell_p^\pi(X)$ 是 Grothendieck 空间的充要条件为 X 是 Grothendieck 空间, 并且 $\ell_{p'}^\varepsilon(X^*) = \ell_{p'}^{\varepsilon,0}(X^*)$.

证明　(1) 由 [17] 可知

$$\ell_p^{\varepsilon,0}(X)^* = \ell_{p'}^\pi(X^*), \quad \ell_p^{\varepsilon,0}(X)^{**} = \ell_{p'}^\pi(X^*)^* = \ell_p^\varepsilon(X^{**}).$$

若 X 是 Grothendieck 空间, 并且 $\ell_p^\varepsilon(X^{**}) = \ell_p^{\varepsilon,0}(X^{**})$, 则 $\ell_p^{\varepsilon,0}(X)$ 是 Grothendieck 空间.

另外, 若 $\ell_p^{\varepsilon,0}(X)$ 是 Grothendieck 空间, 则明显地, X 也是 Grothendieck 空间. 下面证明 $\ell_p^{\varepsilon,0}(X^{**}) = \ell_p^{\varepsilon}(X^{**})$. 设 $\bar{x}^{*(0)}$ 属于 $\ell_p^{\varepsilon,0}(X)^* = \ell_{p'}^{\pi}(X^*)$, $\{\bar{x}^{*(n)}\}$ 为 $\ell_p^{\varepsilon,0}(X)^* = \ell_{p'}^{\pi}(X^*)$ 中的有界序列, 对于任意 $i \in \mathbb{N}$, 有 $x_i^{*(n)}$ 在 X^* 中弱收敛到 $x_i^{*(0)}$, 则 $x_i^{*(n)}$ 在 $\ell_p^{\varepsilon,0}(X)^*$ 中弱 $*$ 收敛到 $x_i^{*(0)}$, 因此, $x_i^{*(n)}$ 在 $\ell_p^{\varepsilon,0}(X)^* = \ell_{p'}^{\pi}(X^*)$ 中弱收敛到 $x_i^{*(0)}$, 所以, $\ell_p^{\varepsilon}(X^{**}) = \ell_p^{\varepsilon,0}(X^{**})$.

(2) 若 X 是 Grothendieck 空间, 并且 $\ell_{p'}^{\varepsilon}(X^*) = \ell_{p'}^{\varepsilon,0}(X^*)$, 则由文献 [17] 可知

$$\ell_p^{\pi}(X)^* = \ell_{p'}^{\varepsilon}(X^*) = \ell_{p'}^{\varepsilon,0}(X^*), \quad \ell_p^{\pi}(X)^{**} = \ell_{p'}^{\varepsilon,0}(X^*)^* = \ell_p^{\pi}(X^{**}).$$

则 $\ell_p^{\pi}(X)$ 是 Grothendieck 空间.

另一方面, 若 $\ell_p^{\pi}(X)$ 是 Grothendieck 空间, 则 X 也是 Grothendieck 空间. 下面证明 $\ell_{p'}^{\varepsilon}(X^*) = \ell_{p'}^{\varepsilon,0}(X^*)$. 任取 $\bar{x}^* = (x_i^*)_i \in \ell_{p'}^{\varepsilon}(X^*)$, 对于每个 $k \in \mathbb{N}$, 令

$$\bar{x}^{*(k)} = (0, \cdots, x_k^*, 0, 0, \cdots).$$

则对于每个 $k \in \mathbb{N}$, 有 $\bar{x}^{*(k)} \in \ell_{p'}^{\varepsilon}(X^*)$. 下面来证明级数 $\sum_k \bar{x}^{*(k)}$ 的任意子级数在 $\ell_{p'}^{\varepsilon}(X^*)$ 中都收敛.

对于每个固定的子序列 $n_1 < n_2 < \cdots <$, 令

$$\bar{z}^* = (\cdots, x_{n_1}^*, \cdots, x_{n_2}^*, \cdots, x_{n_k}^*, \cdots).$$

则 $\bar{z}^* \in \ell_{p'}^{\varepsilon}(X^*)$, 并且 $\|\bar{z}^*\|_{\ell_{p'}^{\varepsilon}(X^*)} \leqslant \|\bar{x}^*\|_{\ell_{p'}^{\varepsilon}(X^*)}$.

对于每个 $m \in \mathbb{N}$, 令

$$\bar{z}^{*(m)} = \sum_{k=1}^{m} \bar{x}^{*(n_k)} = (\cdots, x_{n_1}^*, \cdots, x_{n_2}^*, \cdots, x_{n_m}^*, 0, 0, \cdots).$$

则 $\bar{z}^{*(m)} \in \ell_{p'}^{\varepsilon}(X^*)$, 并且 $\|\bar{z}^{*(m)}\|_{\ell_{p'}^{\varepsilon}(X^*)} \leqslant \|\bar{x}_{\ell_{p'}^{\varepsilon}(X^*)}^*\|$ 对任意 $m \in \mathbb{N}$ 成立. 故 $\bar{z}^{*(m)}$ 在 $\ell_p^{\pi}(X)^* = \ell_{p'}^{\varepsilon}(X^*)$ 中弱 $*$ 收敛到 $\bar{z}$, 因此, 它在 $\ell_{p'}^{\varepsilon}(X^*)$ 是弱收敛的. 因而, 级数 $\sum_k \bar{x}^{*(k)}$ 的每个子级数在 $\ell_{p'}^{\varepsilon}(X^*)$ 是弱收敛的. 由 Orlicz-Pettis 定理可知它是子级数收敛的, 因此, 级数 $\sum_k \bar{x}^{*(k)}$ 在 $\ell_{p'}^{\varepsilon}(X^*)$ 是收敛的. 故

$$\lim_n \|\bar{x}^*(>n)\|_{\ell_{p'}^{\varepsilon}(X^*)} = \lim_n \left\| \sum_{k=n+1}^{\infty} \bar{x}^{*(k)} \right\|_{\ell_{p'}^{\varepsilon}(X^*)} = 0.$$

所以, $\bar{x}^* \in \ell_{p'}^{\varepsilon,0}(X^*)$. ∎

定理 4.9 (1) $\ell_p \tilde{\otimes}_i(X)$ 是 Grothendieck 空间的充要条件为 X 是 Grothendieck 空间, 并且每个从 $\ell_{p'}$ 到 X^{**} 的正线性算子都是紧的.

(2) $\ell_p \hat{\otimes}_F(X)$ 是 Grothendieck 空间的充要条件为: X 是 Grothendieck 空间, 并且每个从 ℓ_p 到 X^* 的正线性算子都是紧的.

4.8　Orlicz 序列空间张量积的 Grothendieck 性质

先回顾一些关于 Orlicz 函数空间的概念[5].

定义 4.3　若函数 $\varphi : \mathbb{R} \to \mathbb{R}$ 满足下列条件, 则称 φ 为 Orlicz 函数.

(1) φ 是偶的连续凸函数, 并且 $\varphi(0) = 0$.

(2) 对所有 $u \neq 0$, 都有 $\varphi(u) > 0$.

(3) $\lim\limits_{u \to 0} \dfrac{\varphi(u)}{u} = 0$, 并且 $\lim\limits_{u \to \infty} \dfrac{\varphi(u)}{u} = \infty$.

命题 4.16　$\varphi(x)$ 为 Orlicz 函数的充要条件为存在定义在 $[0, \infty)$ 上的实值函数 $p(x)$ 满足下列条件:

(1) $p(x)$ 为右连续的非减函数.

(2) 当 $x > 0$ 时, 有 $p(x) > 0$.

(3) $p(0) = 0, p(\infty) = \infty$, 并且

$$\varphi(x) = \int_0^{|x|} p(t)dt.$$

容易验证, φ 的右导数 p 是右连续和非降的, 并且满足

(1) $p(0) = 0$.

(2) 当 $t > 0$ 时, 有 $p(t) > 0$.

(3) $\lim\limits_{t \to \infty} p(t) = \infty$.

定义 4.4　称 $q(s) = \sup\{t : p(t) \leqslant s\}$ $(s \geqslant 0)$ 为 p 的右反函数.

不难验证, p 的右反函数 q 是右连续和非降的, 并且满足

(1) $q(0) = 0$.

(2) 当 $s > 0$ 时, 有 $q(s) > 0$.

(3) $\lim\limits_{s \to \infty} q(s) = \infty$.

定义 4.5　称 $\varphi^*(v) - \int_0^{|v|} q(s)ds$ 为 φ 余函数.

容易知道, φ^* 是 Orlicz 函数, 并且 q 是它的右导数, 并且 φ 是 φ^* 的余函数, 即 $\varphi^{**} = \varphi$.

定义 4.6　设 φ 是 Orlicz 函数, 若存在常数 $K > 2$ 和 $u_0 > 0$, 使得 $|u| \leqslant u_0$ 时, 有 $\varphi(2u) \leqslant K\varphi(u)$, 则称 φ 满足 Δ_2-条件.

关于 Orlicz 函数 φ 的 Orlicz 序列空间 ℓ_φ 定义为

$$\ell_\varphi = \left\{ a = (a_i)_i \in R^{\mathbb{N}} : \sum_{i=1}^{\infty} \varphi(|\lambda a_i|) < \infty \text{ 对某个 } \lambda > 0 \right\}.$$

令 h_φ 记 ℓ_φ 的序连续部分, 即

$$h_\varphi = \left\{ a = (a_i)_i \in R^{\mathbb{N}} : \sum_{i=1}^{\infty} \varphi(|\lambda a_i|) < \infty \text{ 对所有 } \lambda > 0 \right\}.$$

则 $\ell_\varphi = h_\varphi$ 的充要条件为 φ 满足 Δ_2-条件.

ℓ_φ 上的 Luxemburg 范数和 Orlicz 范数分别定义为

$$\|a\|_\varphi = \inf \left\{ \lambda > 0 : \sum_{i=1}^{\infty} \varphi \left(\left| \frac{a_i}{\lambda} \right| \right) \leqslant 1 \right\}, \quad a = (a_i)_i \in \ell_\varphi$$

和

$$\|a\|_{o\varphi} = \inf \left\{ \frac{1}{\lambda} \left(1 + \sum_{i=1}^{\infty} \varphi(|\lambda a_i|) \right) : \lambda > 0 \right\}, \quad a = (a_i)_i \in \ell_\varphi$$

则 ℓ_φ 在 Luxemburg 范数和 Orlicz 范数下都是 Banach 空间, 分别记为 ℓ_φ 和 $\ell_{o\varphi}$.

命题 4.17 (1) 对于任意 $a = (a_i)_i \in \ell_\varphi$, 有

$$\|a\|_\varphi \leqslant \|a\|_{o\varphi} \leqslant 2\|a\|_\varphi,$$

(2) 对于任意 $a = (a_i)_i \in \ell_\varphi, b = (b_i)_i \in l_{\varphi^*}$, 有

$$\langle a, b \rangle = \sum_{i=1}^{\infty} a_i b_i \leqslant \|a\|_\varphi \cdot \|b\|_{o\varphi^*}.$$

命题 4.18 (1) 在 Luxemburg 范数或 Orlicz 范数下, h_φ 是 ℓ_φ 的闭子空间, 并且单位向量 $\{e_n\}$ 构成 h_φ 的无条件基.

(2) $(h_\varphi, \|\cdot\|_\varphi)^* = \ell_{o\varphi^*}$, $(h_\varphi, \|\cdot\|_{o\varphi})^* = l_{\varphi^*}$.

对于 Banach 格 X, 记

$$\ell_\varphi^\varepsilon(X) = \{\bar{x} = (x_i)_i \in X^{\mathbb{N}} : (x^*(|x_i|))_i \in \ell_\varphi, \text{ 任意 } x^* \in X^{*+}\}.$$

$\ell_\varphi^\varepsilon(X)$ 上的 Luxemburg 范数和 Orlicz 范数分别定义为

$$\|x\|_{\ell_\varphi^\varepsilon(X)} = \sup \left\{ \|(x^*(|x_i|))_i\|_\varphi : x^* \in B_{X^{*+}} \right\}, \quad x = (x_i)_i \in \ell_\varphi^\varepsilon(X)$$

和

$$\|x\|_{\ell_{o\varphi}^\varepsilon(X)} = \sup \left\{ \|(x^*(|x_i|))_i\|_{o\varphi} : x^* \in B_{X^{*+}} \right\}, \quad x = (x_i)_i \in \ell_\varphi^\varepsilon(X),$$

则 ℓ_φ 在 Luxemburg 范数和 Orlicz 范数下都是 Banach 格, 分别记为 ℓ_φ^ε 和 $\ell_{o\varphi}^\varepsilon$.

命题 4.19 对于任意 $\bar{x} \in \ell_\varphi^\varepsilon(X)$, 有

$$\|\bar{x}\|_{\ell_\varphi^\varepsilon(X)} \leqslant \|\bar{x}\|_{\ell_{o\varphi}^\varepsilon(X)} \leqslant 2\|\bar{x}\|_{\ell_\varphi^\varepsilon(X)}.$$

令

$$\ell_\varphi^{\varepsilon,0}(X) = \left\{ \bar{x} \in \ell_\varphi^\varepsilon(X):\ \lim_n \|\bar{x}(> n)\|_{\ell_\varphi^\varepsilon(X)} = 0 \right\}.$$

则 $\ell_\varphi^{\varepsilon,0}(X)$ 在 Luxemburg 范数和 Orlicz 范数下都是 Banach 格 $\ell_\varphi^\varepsilon(X)$ 的闭子格,分别记为 $\ell_\varphi^{\varepsilon,0}(X)$ 和 $\ell_{o\varphi}^{\varepsilon,0}(X)$.

记

$$\ell_\varphi^\pi(X) = \left\{ \bar{x} = (x_i)_i \in X^{\mathbb{N}}:\ \sum_{i=1}^\infty |x_i^*(|x_i|)| < \infty,\ 任意\ (x_i^*)_i \in l_{\varphi^*}^\varepsilon(X^*)^+ \right\}.$$

$\ell_\varphi^\pi(X)$ 上的 Luxemburg 范数和 Orlicz 范数分别定义为

$$\|\bar{x}\|_{\ell_\varphi^\pi(X)} = \sup\left\{ \sum_{i=1}^\infty x_i^*(|x_i|):\ (x_i^*)_i \in B_{\ell_{o\varphi^*}^\varepsilon(X^*)^+} \right\},\quad \bar{x} = (x_i)_i \in \ell_\varphi^\pi(X)$$

和

$$\|\bar{x}\|_{\ell_{o\varphi}^\pi(X)} = \sup\left\{ \sum_{i=1}^\infty x_i^*(|x_i|):\ (x_i^*)_i \in B_{l_{\varphi^*}^\varepsilon(X^*)^+} \right\},\quad \bar{x} = (x_i)_i \in \ell_\varphi^\pi(X),$$

则 ℓ_φ^π 在 Luxemburg 范数和 Orlicz 范数下都是 Banach 格,分别记为 ℓ_φ^π 和 $\ell_{o\varphi}^\pi$.

命题 4.20　(1) 对于任意 $\bar{x} \in \ell_\varphi^\pi(X)$,有

$$\|\bar{x}\|_{\ell_\varphi^\pi(X)} \leqslant \|\bar{x}\|_{\ell_{o\varphi}^\pi(X)} \leqslant 2\|\bar{x}\|_{\ell_\varphi^\pi(X)}.$$

(2) 对于任意 $\bar{x} = (x_i)_i \in \ell_\varphi^\varepsilon(X), \bar{x}^* = (x_i^*)_i \in \ell_{\varphi^*}^\pi(X^*)$,有

$$\langle \bar{x}, \bar{x}^* \rangle = \sum_{i=1}^\infty x_i^*(x_i) \leqslant \|\bar{x}\|_{\ell_\varphi^\varepsilon(X)} \cdot \|\bar{x}^*\|_{\ell_{o\varphi^*}^\pi}(X^*).$$

命题 4.21　若 ψ 满足 Δ_2-条件,则

(1) $\ell_\varphi^\varepsilon(X)$ 与 $\mathcal{L}^r((h_{\varphi^*}, \|\cdot\|_{o\varphi^*}), X)$ 是格等距同构的.

(2) $\ell_\varphi^{\varepsilon,0}(X)$ 与 $\ell_\varphi \tilde{\otimes}_i X$ 是格等距同构的.

(3) $\ell_\varphi^\pi(X)$ 与 $\ell_\varphi \hat{\otimes}_F X$ 是格等距同构的.

Bu Qingying, Michelle 和 Ji Donghai 在 2009 年证明了下面定理[5].

定理 4.10　若 φ 和 φ^* 都满足 Δ_2-条件,则

(1) $\ell_\varphi^{\varepsilon,0}(X)$ 是 Grothendieck 空间的充要条件为 X 是 Grothendieck 空间,并且 $\ell_\varphi^\varepsilon(X^{**}) = \ell_\varphi^{\varepsilon,0}(X^{**})$.

(2) $\ell_\varphi^\pi(X)$ 是 Grothendieck 空间的充要条件为 X 是 Grothendieck 空间,并且 $\ell_{o\varphi^*}^\varepsilon(X^*) = \ell_{o\varphi^*}^{\varepsilon,0}(X^*)$.

(3) $\ell_{\varphi}\tilde{\otimes}_i(X)$ 是 Grothendieck 空间的充要条件为 X 是 Grothendieck 空间, 并且 ℓ_{φ^*} 到 X^{**} 的每个正线性算子是紧的.

(4) $\ell_{\varphi}\hat{\otimes}_F(X)$ 是 Grothendieck 空间的充要条件为 X 是 Grothendieck 空间, 并且 ℓ_{φ} 到 X^* 的每个正线性算子是紧的.

格罗滕迪克 (Grothendieck, 1928—2014), 他的父亲在第二次世界大战结束后, 格罗滕迪克去法国学习数学, 先后师从布尔巴基学派的分析大师迪厄多内和著名的泛函分析大师施瓦茨, 二十几岁时就已经成为拓扑向量空间理论的权威了. 格罗滕迪克 1957 年的研究主要转向了代数几何和同调代数, 1959 年他成为刚成立的巴黎高等科学研究所的主席. 他的工作把勒雷、塞尔等的代数几何的同调方法和层论发展到了一个崭新的高度. 五六十年代他的许多开创性工作, 对代数几何进行了彻底的革命, 建立了一套完整的概型理论.

在概型理论的基础上, 格罗滕迪克第一次给出了著名的黎曼-洛赫-格罗滕迪克定理的代数证明. 它还导致了 1973 年德利涅证明了韦伊猜想 (获 1978 菲尔兹奖), 1983 年法尔廷斯证明了莫德尔猜想 (获 1986 菲尔兹奖), 1995 年, 怀尔斯证明了谷山志村猜想, 进而解决了有三百五十多年历史的费马大定理 (获 1996 菲尔兹特别奖). 格罗滕迪克获得了 1966 年国际数学最高奖菲尔兹奖. 他出版的书有著名的《基础代数几何学》(*Fondements de la géométrie algébrique*) 和 *Topological Vector Spaces* 等. 1953 年发表过研究 Banach 空间拓扑张量积的度量理论的论文 *Résuméde la théorie métrique des produits tensoriels topologiques.*

参 考 文 献

[1] Aliprantis C D, Burkinshaw O. The Order Structure of Positive Operators. Dordrecht: Springer, 2006.

[2] Bu Q Y, Emmanuele G. The projective and injective tensor products of $L_p[0,1]$ and X being Grothendieck spaces. Rocky Mountain J. Math., 2005, 35(3): 713-726.

[3] Bu Q Y, Buskes G. The Radon-Nikodym property for tensor products of Banach lattices. Positivity, 2006, 10 (2): 365-390.

[4]   Bu Q Y, Buskes G. Schauder decompositions and the Fremlin projective tensor product of Banach lattices. J. Math. Anal. Appl., 2009, 355(1): 335-351.

[5]   Bu Q Y, Craddock M, Ji D H. Reflexivity and the Grothendieck property for positive tensor products of Banach lattices. II. Quaest. Math., 2009, 32(3): 339-350.

[6]   Bu Q Y, Wong N C. Some geometric properties inherited by the positive tensor products of atomic Banach lattices. Indag. Math. (N.S.), 2012, 23(3): 199-213.

[7]   Bu Q Y, Ji D H, Wong N C. Weak sequential completeness of spaces of homogeneous polynomials. J. Math. Anal. Appl., 2015, 427 (2): 1119-1130.

[8]   Díaz S. Grothendieck's property in $L_p(\mu, X)$. Glasgow Math. J., 1995, 37 (3): 379-382.

[9]   Diestel J. Grothendieck spaces and vector measures. Vector and Operator Valued Measures and Applications (Proc. Sympos., Snowbird Resort, Alta, Utah, 1972). Amsterdam: Elsevier, 1973: 97-108.

[10]   Fremlin D H. Tensor products of Archimedean vector lattices. Amer. J. Math., 1972, 94: 777.

[11]   Fremlin D H. Tensor products of Banach lattices. Math. Ann., 1974, 211: 87-106.

[12]   González M, Gutiérrez J M. Polynomial Grothendieck properties. Glasgow Math. J., 1995, 37(2): 211-219.

[13]   González M, Gutiérrez J M. Weak compactness in spaces of differentiable mappings. Rocky Mountain J. Math., 1995, 25(2): 619-634.

[14]   Grothendieck A. Sur les applications linéaires faiblement compactes D'Espaces du type $C(K)$. Canad. J. Math., 1953, 5: 129-173.

[15]   Grothendieck A. Produits tensoriels topologiques et espaces nucléaires. Mem. Amer. Math. Soc., 1955, 16.

[16]   Ji D H, Xue X P, Bu Q Y. The Grothendieck property for injective tensor products of Banach spaces. Czechoslovak Math. J., 2010, 60(4): 1153-1159.

[17]   Ji D H, Craddock M, Bu Q Y. Reflexivity and the Grothendieck property for positive tensor products of Banach lattices. I. Positivity, 2010, 14(1): 59-68.

[18]   Li Y, Bu Q. New examples of non-reflexive Grothendieck spaces. Houston J. Math., 2017, 43 (2): 569-575.

[19]   Meyer-Nieberg P. Banach Lattices. Berlin: Springer-Verlag, 1991.

[20]   Polyrakis I A, Xanthos F. Cone characterization of Grothendieck spaces and Banach spaces containing c_0. Positivity, 2011, 15(4): 677-693.

[21]   Zhang S Y, Gu Z H, Li Y J. On positive injective tensor products being Grothendieck spaces. Indian Journal of Pure and Applied Mathematics, 2020, 51(3): 1239-1246.

第 5 章　原子 Banach 格的正张量积

数学沿着他自己的道路而无拘无束地前进着, 这并不是因为他有什么不受法律约束之类的种种许可证, 而是因为数学本来就具有一种由其本性所决定的并且与其存在相符合的自由.

Hermann (1839—1873, 德国数学家)

5.1　原子 Banach 格上的正则算子空间

对于 Banach 空间 E 和 $X, \mathcal{L}(E, X)$ 将表示 E 到 X 的有界线性算子空间. 若 E 和 X 是 Banach 格, 则 $\mathcal{L}^r(E, X)$ 将表示 E 到 X 正则线性算子空间, 其正则范数为 $\|\cdot\|_r$. $\mathcal{K}^r(E, X)$ 表示 E 到 X 所有正紧算子的线性扩张. 在本节中, 设 E 是可分的原子 Banach 格, 将先建立 $\mathcal{L}^r(E, X)$ 和 $\lambda_\varepsilon(X)$ 的联系, 其中 $\lambda_\varepsilon(X)$ 是在文献 [2] 中引入的 X 值的序列空间. 然后通过这种联系, 讨论自反性、Radon-Nikodym 性质 (简称 RNP) 以及 $\mathcal{L}^r(E, X)$ 的 KB-空间性质. 与 $\mathcal{L}(E, X)$ 的自反性进行比较, 可以得到一个有趣的结果: 若 $\mathcal{L}(E, X)$ 是自反的, 则 $\mathcal{L}^r(E, X)$ 是自反的. 但反过来结论不成立. 例如, $\mathcal{L}^r(\ell_p, L_q[0, 1])$ 是自反的, 但 $\mathcal{L}(\ell_p, L_q[0, 1])$ 在 $1 < q < p \leqslant 2$ 时不是自反的. 本节的内容主要来自文献 [6].

对于 Banach 空间 Z, Z^* 将表示其拓扑对偶, 而 B_Z 将表示其闭单位球. 对于向量格 X, X 值的序列空间 $X^{\mathbb{N}}$ 是具有以下序的向量格

$$\bar{x} \geqslant 0 \text{ 当且仅当 } x_i \geqslant 0 \text{ 对任意 } i \in \mathbb{N}, \quad \bar{x} = (x_i)_i \in X^{\mathbb{N}},$$

以及以下格运算

$$\bar{x} \wedge \bar{y} = (x_i \wedge y_i)_i, \quad \bar{x} \vee \bar{y} = (x_i \vee y_i)_i, \quad \bar{x} = (x_i)_i, \quad \bar{y} = (y_i)_i \in X^{\mathbb{N}}.$$

对于每个 $n \in \mathbb{N}$, 以及每个 $\bar{x} = (x_i)_i \in X^{\mathbb{N}}$, 令

$$\bar{x}(\geqslant n) = (0, \cdots, 0, x_n, x_{n+1}, \cdots), \quad \bar{x}(n) = (0, \cdots, 0, x_n, 0, 0, \cdots).$$

X^+ 将表示 X 的正锥, 对于 $x \in X$, x^+ 和 x^- 将分别表示 x 的正部和负部.

5.1.1   Banach 格值的序列空间

定义 5.1   设 λ 为序列空间, 即 $\mathbb{R}^{\mathbb{N}}$ 的子空间, 则 λ 的 Köthe 对偶为

$$\lambda' = \left\{ (b_i)_i \in \mathbb{R}^{\mathbb{N}} \; : \; \sum_{i=1}^{\infty} |a_i b_i| < +\infty, \; \text{任意} \; (a_i)_i \in \lambda \right\}.$$

若 $\lambda'' = \lambda$, 则称 λ 是完美 Köthe (Köthe perfect).

另外, 若 λ 是序连续的 Banach 格, 则 $\lambda' = \lambda^*$. 因此 λ' 也是 Banach 格, 且对于每个 $a = (a_i)_i \in \lambda$ 及每个 $b = (b_i)_i \in \lambda'$, 有

$$\|a\|_{\lambda} = \sup \left\{ \left| \sum_{i=1}^{\infty} a_i b_i \right| : (b_i)_i \in B_{\lambda'} \right\},$$

且

$$\|b\|_{\lambda'} = \|b\|_{\lambda^*} = \sup \left\{ \left| \sum_{i=1}^{\infty} a_i b_i \right| : (a_i)_i \in B_{\lambda} \right\}.$$

令 λ_0' 表示 λ' 的闭子空间, 该子空间由 λ' 的所有此类序列组成, 其尾项收敛至 0, 即

$$\lambda_0' = \{ a = (a_i)_i \in \lambda' : \quad \lim_n \|a(\geqslant n)\|_{\lambda'} = 0 \}.$$

则 $(\lambda_0')^* = (\lambda_0')' = \lambda''$.

根据文献 [2] 的引理 3.4, 可以得到以下结果, 它是 Dunford 和 Schwartz 的书[15] 第 259 页上引理 4 的特例.

引理 5.1   若 λ 是序连续的 Banach 格, 则 λ 的有界子集 B 是相对紧的当且仅当 $\lim_n \sup\{\|a(\geqslant n)\|_{\lambda} : a = (a_i)_i \in B\} = 0$.

从现在开始, 本节中始终假设 λ 是完美 Köthe, 并且 λ 是包含 $\{e_i\}$ 的序连续 Banach 格, 这里每个 e_i 是基本单位向量, 满足 $\|e_i\|_{\lambda} = 1 \; (i \in \mathbb{N})$.

对于 Banach 空间 X, 令

$$\lambda_w(X) = \lambda_{\text{weak}}(X) = \{ \bar{x} = (x_i)_i \in X^{\mathbb{N}} : (x^*(x_i))_i \in \lambda, \; \text{任意} \; x^* \in X^* \}$$

和

$$\|\bar{x}\|_{\lambda_w(X)} = \sup\{ \|(x^*(x_i))_i\|_{\lambda} : x^* \in B_{X^*} \}, \quad \text{任意} \; \bar{x} = (x_i)_i \in \lambda_w(X).$$

则 $(\lambda_w(X), \| \cdot \|_{\lambda_w(X)})$ 是 Banach 空间.

令 $\lambda_{w,0}(X)$ 表示 $\lambda_w(X)$ 的闭子空间, 该子空间由 $\lambda_w(X)$ 的所有尾项收敛到 0 的元素组成, 即

$$\lambda_{w,0}(X) = \{ \bar{x} \in \lambda_w(X) \; : \; \lim_n \|\bar{x}(\geqslant n)\|_{\lambda_w(X)} = 0 \}.$$

对于每个 $\bar{x} = (x_i)_i \in \lambda_w(X)$, 每个 $a = (a_i)_i \in \lambda_0'$, 以及每个 $n \in \mathbb{N}$, 有

$$\left\| \sum_{i=n}^{\infty} a_i x_i \right\|_X = \sup \left\{ \left| \sum_{i=n}^{\infty} a_i x^*(x_i) \right| : x^* \in B_{X^*} \right\}$$

$$\leqslant \sup\{ \|a(\geqslant n)\|_{\lambda'} \cdot \|(x^*(x_i))_{i=n}^{\infty}\|_{\lambda} : x^* \in B_{X^*} \}$$

$$\leqslant \|a(\geqslant n)\|_{\lambda'} \cdot \|\bar{x}\|_{\lambda_w(X)}.$$

因此, 下面引理成立.

引理 5.2 $\bar{x} = (x_i)_i \in \lambda_w(X)$ 当且仅当对每个 $(a_i)_i \in \lambda_0'$, 级数 $\sum_i a_i x_i$ 在 X 中收敛. 并且

$$\|\bar{x}\|_{\lambda_w(X)} = \sup \left\{ \left\| \sum_{i=1}^{\infty} a_i x_i \right\|_X : (a_i)_i \in B_{\lambda_0'} \right\}.$$

对于每个 $\bar{x} = (x_i)_i \in \lambda_w(X)$, 定义从 λ_0' 到 X 的线性算子 $T_{\bar{x}}$ 如下:

$$T_{\bar{x}}(a) = \sum_{i=1}^{\infty} a_i x_i, \quad \text{任意 } a = (a_i)_i \in \lambda_0'.$$

命题 5.1 设 X 是 Banach 空间, 则在映射 $\bar{x} \to T_{\bar{x}}$ 下, 有

(1) $\lambda_w(X)$ 等距同构于 $\mathcal{L}(\lambda_0', X)$.

(2) $T_{\bar{x}}$ 是紧的当且仅当 $\bar{x} \in \lambda_{w,0}(X)$.

证明 对于每个 $\bar{x} \in \lambda_w(X)$, 根据引理 5.2, 得 $\|T_{\bar{x}}\| = \|\bar{x}\|_{\lambda_w(X)}$. 因此, 映射 $\bar{x} \to T_{\bar{x}}$ 是等距映射. 对于 $T \in \mathcal{L}(\lambda_0', X)$ $(i \in \mathbb{N})$, 令 $x_i = T(e_i)$. 则 $\bar{x} = (x_i)_i \in \lambda_w(X)$, 并且 $T_{\bar{x}} = T$. 因此, 映射 $\bar{x} \to T_{\bar{x}}$ 是满射. 根据引理 5.1, $\{(x^*(x_i))_i : x^* \in B_{X^*}\}$ 是 λ 的相对紧子集, 当且仅当

$$\lim_n \sup\{\|(0, \cdots, 0, x^*(x_n), x^*(x_{n+1}), \cdots)\|_{\lambda} : x^* \in B_{X^*}\} = 0.$$

已知 $T_{\bar{x}}$ 是紧的当且仅当其伴随算子 $T_{\bar{x}}^*$ 是紧的. 因此, $T_{\bar{x}}$ 是紧的当且仅当 $\bar{x} \in \lambda_{w,0}(X)$. ∎

对于 Banach 格 X, 令

$$\lambda_{\varepsilon}(X) = \{\bar{x} = (x_i)_i \in X^{\mathbb{N}} : (x^*(|x_i|))_i \in \lambda, \text{ 任意 } x^* \in X^{*+}\}$$

和

$$\|\bar{x}\|_{\lambda_{\varepsilon}(X)} = \sup\{\|(x^*(|x_i|))_i\|_{\lambda} : x^* \in B_{X^{*+}}\}, \quad \text{任意 } \bar{x} = (x_i)_i \in \lambda_{\varepsilon}(X).$$

则 $\lambda_{\varepsilon}(X)$ 是 Banach 格[2].

令 $\lambda_{\varepsilon,0}(X)$ 表示 $\lambda_{\varepsilon}(X)$ 的闭子格, 该子格由 $\lambda_{\varepsilon}(X)$ 的所有其尾项收敛到 0 的元素组成, 即

$$\lambda_{\varepsilon,0}(X) = \{\bar{x} \in \lambda_{\varepsilon}(X) : \lim_n \|\bar{x}(\geqslant n)\|_{\lambda_{\varepsilon}(X)} = 0\}.$$

则 $\lambda_{\varepsilon,0}(X)$ 是 $\lambda_{\varepsilon}(X)$ 的理想.

容易知道下面引理成立.

引理 5.3   设 X 是 Banach 格, 则

(1) $\lambda_{\varepsilon}(X) \subseteq \lambda_w(X)$.

(2) 对每个 $\bar{x} \in \lambda_{\varepsilon}(X)$, 有 $\|\bar{x}\|_{\lambda_{\varepsilon}(X)} \geqslant \|\bar{x}\|_{\lambda_w(X)}$.

(3) 若 $\bar{x} \geqslant 0$, 则 $\bar{x} \in \lambda_{\varepsilon}(X)$ 当且仅当 $\bar{x} \in \lambda_w(X)$. 此时, 有 $\|\bar{x}\|_{\lambda_{\varepsilon}(X)} = \|\bar{x}\|_{\lambda_w(X)}$.

命题 5.2   设 X 是 Dedekind 完备的 Banach 格, 则

(1) 在映射 $\bar{x} \to T_{\bar{x}}$ 下, $\lambda_{\varepsilon}(X)$ 与 $\mathcal{L}^r(\lambda_0', X)$ 是等距同构, 并且是格同态.

(2) $T_{\bar{x}} \in \mathcal{K}^r(\lambda_0', X)$ 当且仅当 $\bar{x} \in \lambda_{\varepsilon,0}(X)$.

证明   若 $\bar{x} \in \lambda_{\varepsilon}(X)$, 则 $\bar{x}^+, \bar{x}^- \in \lambda_{\varepsilon}(X)$. 由于 $T_{\bar{x}^+}$ 和 $T_{\bar{x}^-}$ 是正线性算子, 因此, $T_{\bar{x}} = T_{\bar{x}^+} - T_{\bar{x}^-} \in \mathcal{L}^r(\lambda_0', X)$. 另一方面, 若对于某个 $\bar{x} \in \lambda_w(X)$, 有 $T_{\bar{x}} \in \mathcal{L}^r(\lambda_0', X)$, 则存在两个正元 $\bar{y}, \bar{z} \in \lambda_w(X)$ (因此 $\bar{y}, \bar{z} \in \lambda_{\varepsilon}(X)$), 使得 $T_{\bar{x}} = T_{\bar{y}} - T_{\bar{z}}$. 因此, $\bar{x} = \bar{y} - \bar{z} \in \lambda_{\varepsilon}(X)$.

假设 $\bar{x} \in \lambda_{\varepsilon}(X)$, 则对于每个 $a = (a_i)_i \in (\lambda_0')^+$, 有

$$\begin{aligned}
|T_{\bar{x}}|(a) &= \sup\{|T_{\bar{x}}(t)| : t = (t_i)_i \in \lambda_0', \ |t| \leqslant a\} \\
&= \sup\left\{ \left| \sum_{i=1}^{\infty} t_i x_i \right| : t = (t_i)_i \in \lambda_0', \ |t| \leqslant a \right\} \\
&\leqslant \sup\left\{ \sum_{i=1}^{\infty} |t_i||x_i| : t = (t_i)_i \in \lambda_0', \ |t| \leqslant a \right\} \\
&\leqslant \sum_{i=1}^{\infty} a_i|x_i| = T_{|\bar{x}|}(a).
\end{aligned}$$

取一个特殊的 $t = (t_i)_i$, 使得若 $x_i \geqslant 0$, 则 $t_i = a_i$. 并且若 $x_i < 0$, 则 $t_i = -a_i$. 那么

$$|T_{\bar{x}}|(a) \geqslant |T_{\bar{x}}(t)| = \sum_{i=1}^{\infty} a_i|x_i| = T_{|\bar{x}|}(a) .$$

因此, $|T_{\bar{x}}| = T_{|\bar{x}|}$, 所以, 映射 $\bar{x} \to T_{\bar{x}}$ 是格同态. 此外

$$\|T_{\bar{x}}\|_r = \||T_{\bar{x}}|\| = \|T_{|\bar{x}|}\| = \||\bar{x}|\|_{\lambda_w(X)} = \||\bar{x}|\|_{\lambda_{\varepsilon}(X)} = \|\bar{x}\|_{\lambda_{\varepsilon}(X)}.$$

因此, 映射 $\bar{x} \to T_{\bar{x}}$ 也是等距映射.

若 $\bar{x} \in \lambda_{\varepsilon,0}(X)$, 则 $\bar{x}^{+}$, $\bar{x}^{-} \in \lambda_{\varepsilon,0}(X) \subseteq \lambda_{w,0}(X)$. 因此, $T_{\bar{x}^{+}}$ 和 $T_{\bar{x}^{-}}$ 是紧的, 故 $T_{\bar{x}} = T_{\bar{x}^{+}} - T_{\bar{x}^{-}} \in \mathcal{K}^{r}(\lambda_0', X)$.

另一方面, 若 $T_{\bar{x}} \in \mathcal{K}^{r}(\lambda_0', X)$, 则 $\bar{x} \in \lambda_{w,0}(X)$, 并且 $\bar{x} \in \lambda_{\varepsilon}(X)$. 因此, $\bar{x}^{+}, \bar{x}^{-} \in \lambda_{\varepsilon}(X) \subseteq \lambda_w(X)$. 由于

$$\|\bar{x}^{+}(\geqslant n)\|_{\lambda_{\varepsilon}(X)} = \|\bar{x}^{+}(\geqslant n)\|_{\lambda_w(X)} \leqslant \|\bar{x}(\geqslant n)\|_{\lambda_w(X)} \to 0, \quad n \to \infty,$$

因此, $\bar{x}^{+} \in \lambda_{\varepsilon,0}(X)$. 同样地, 有 $\bar{x}^{-} \in \lambda_{\varepsilon,0}(X)$, 所以, $\bar{x} = \bar{x}^{+} - \bar{x}^{-} \in \lambda_{\varepsilon,0}(X)$. ∎

根据上面命题, $\mathcal{K}^{r}(\lambda_0', X)$ 是正规范数下的 Banach 格. 一般来说, 若 E 和 X 是 Banach 格, 则 $\mathcal{K}^{r}(E, X)$ 有可能不是 Banach 格, 即使在常规范数下也不完备[10]. 但是, 下面结论成立 ([11], 推论 5.13).

命题 5.3 若 E^{*} 是序连续的, 则对于任意 Dedekind 完备的 Banach 格 $X, \mathcal{K}^{r}(E, X)$ 是 Dedekind 完备的 Banach 格当且仅当 E^{*} 是原子的.

5.1.2 $\mathcal{L}^{r}(E, X)$ 的自反性和 Radon-Nikodym 性质

Banach 格 X 是 KB-空间是指 X^{+} 的每个增加和范数有界的序列都是范数收敛序列. 自反 Banach 格都是 KB-空间.

明显地, 每个 KB-空间具有序连续的范数, 但是具有序连续范数的 Banach 格不一定是 KB-空间. 例如 Banach 格 c_0 具有序连续的范数, 但它不是 KB-空间.

定义 5.2 设 X 是 Banach 格, 若当 $0 \leqslant x_n \uparrow$ 和 $\|x_n\| \leqslant 1$ 时, $\sup\limits_{n} x_n$ 在 X 中一定存在, 则称 X 为 σ-Levi 空间.

引理 5.4 若 X 是 KB-空间, 则 $\lambda_{\varepsilon}(X)$ 是 σ-Levi 空间.

证明 取 $\lambda_{\varepsilon}(X)$ 中的序列 $\{\bar{x}^{(n)}\}_1^{\infty}$, 使得 $0 \leqslant \bar{x}^{(n)} \uparrow$, 且 $\|\bar{x}^{(n)}\|_{\lambda_{\varepsilon}(X)} \leqslant 1$, 则对于每个 $i \in \mathbb{N}$, 有 $0 \leqslant x_i^{(n)} \uparrow$, 并且 $\|x_i^{(n)}\| \leqslant \|\bar{x}^{(n)}\|_{\lambda_{\varepsilon}(X)} \leqslant 1$. 因此, 在 X 中 $x_i := \sup\limits_{n} x_i^{(n)}$ 存在. 记 $\bar{x} = (x_i)_i$, 则 $\bar{x} = \sup\limits_{n} \bar{x}^{(n)}$. 下面将证明 $\bar{x} \in \lambda_{\varepsilon}(X)$.

由于 X 是 KB-空间, 因此对于每个 $i \in \mathbb{N}, \lim\limits_{n} x_i^{(n)} = x_i$. 任取 $x^{*} \in X^{*}, (a_i)_i \in \lambda'$ 和 $m \in \mathbb{N}$, 存在 $n_0 \in \mathbb{N}$, 使得

$$|a_i x^{*}(x_i^{(n_0)}) - a_i x^{*}(x_i)| < \frac{1}{m}, \quad i = 1, 2, \cdots, m.$$

故

$$\sum_{i=1}^{m} |a_i x^{*}(x_i)| \leqslant \sum_{i=1}^{m} |a_i x^{*}(x_i) - a_i x^{*}(x_i^{(n_0)})| + \sum_{i=1}^{m} |a_i x^{*}(x_i^{(n_0)})|$$

$$\leqslant 1 + \|(a_i)_i\|_{\lambda'} \cdot \|x^{*}\| \cdot \|\bar{x}^{(n_0)}\|_{\lambda_w(X)}$$

$$= 1 + \|(a_i)_i\|_{\lambda'} \cdot \|x^*\| \cdot \|\bar{x}^{(n_0)}\|_{\lambda_\varepsilon(X)}$$

$$\leqslant 1 + \|(a_i)_i\|_{\lambda'} \cdot \|x^*\|.$$

因此, $\sum\limits_{i=1}^{\infty} |a_i x^*(x_i)| < \infty$, 所以, $\bar{x} = (x_i)_i \in \lambda_w(X)$. 由于 $\bar{x}$ 为正元, 因此, $\bar{x} \in \lambda_\varepsilon(X)$. ■

定义 5.3　设 X 是 Banach 格 X, 若 $\{P_i\}_1^\infty$ 是 X 上的连续投影序列, 使得对于 $i \neq j$ 有 $P_i \circ P_j = 0$, 且对于每个 $x \in X$, 有 $x = \sum\limits_{i=1}^{\infty} P_i(x)$, 则称 $\{P_i\}_1^\infty$ 是 Banach 格 X 的 Schauder 分解[22].

若每个 P_i 是格同态, 则称 $\{P_i\}_1^\infty$ 为 X 的格分解[2].

对于每个 $n \in \mathbb{N}$ 以及每个 $\bar{x} = (x_i)_i \in \lambda_{\varepsilon,0}(X)$, 用 $P_n(\bar{x}) = \bar{x}(n)$ 定义 $P_n : \lambda_{\varepsilon,0}(X) \to \lambda_{\varepsilon,0}(X)$. 则 P_n 是连续投影和格同态. 因此, $\{P_n\}_1^\infty$ 是 $\lambda_{\varepsilon,0}(X)$ 的格分解.

定理 5.1　设 X 是 Banach 格, 则下列命题是等价的.

(1) $\mathcal{L}^r(\lambda_0', X)$ 具有 Radon-Nikodym 性质 (或是 KB-空间).

(2) $\mathcal{K}^r(\lambda_0', X)$ 具有 Radon-Nikodym 性质 (或是 KB-空间).

(3) X 具有 Radon-Nikodym 性质 (或是 KB-空间), 且每个 λ_0' 到 X 的正线性算子是紧的.

证明　若定理中的 (1)—(3) 中有一个成立, 则 X 是 KB-空间, 因此, X 是 Dedekind 完备的. 根据命题 5.2, 只需要证明以下断言是等价的.

(a) $\lambda_\varepsilon(X)$ 具有 Radon-Nikodym 性质 (或是 KB-空间).

(b) $\lambda_{\varepsilon,0}(X)$ 具有 Radon-Nikodym 性质 (或是 KB-空间).

(c) X 具有 Radon-Nikodym 性质 (或是 KB-空间), 并且 $\lambda_\varepsilon(X) = \lambda_{\varepsilon,0}(X)$.

若 (c) 成立, 由于 $\lambda_{\varepsilon,0}(X)$ 具有格分解, 因此, 由引理 5.4 和 [2] 的定理 3.1 和定理 3.2 可知 (1) 成立.

若 (b) 成立, 由于 X 是 $\lambda_{\varepsilon,0}(X)$ 的子格, 因此, X 具有 Radon-Nikodym 性质 (或是 KB-空间).

任取 $\bar{x} = (x_i)_i \in \lambda_\varepsilon(X)$, 则对于每个 $(t_i)_i \in c_0$, 有 $(t_i x_i)_i \in \lambda_{\varepsilon,0}(X)$. 因此, 级数 $\sum\limits_i t_i \bar{x}(i)$ 在 $\lambda_{\varepsilon,0}(X)$ 收敛, 因而, $\sum\limits_i \bar{x}(i)$ 是 $\lambda_{\varepsilon,0}(X)$ 中的弱无条件 Cauchy 级数.

由于 $\lambda_{\varepsilon,0}(X)$ 具有 Radon-Nikodym 性质或是 KB-空间, 因此, $\lambda_{\varepsilon,0}(X)$ 不包含 c_0 的元素. 故 $\sum\limits_i \bar{x}(i)$ 在 $\lambda_{\varepsilon,0}(X)$ 中无条件收敛, 所以, $\bar{x} \in \lambda_{\varepsilon,0}(X)$. 因此, (c) 成立.

(a) 显然可推出 (b) 成立. ■

定理 5.2 设 X 是 Banach 格, 若 E 是可分的原子 Banach 格, 使得 E 和 E^* 是序连续, 则以下命题是等价的.

(1) $\mathcal{L}^r(E, X)$ 具有 Radon-Nikodym 性质 (或是 KB-空间).

(2) $\mathcal{K}^r(E, X)$ 具有 Radon-Nikodym 性质 (或是 KB-空间).

(3) X 具有 Radon-Nikodym 性质 (或是 KB-空间), 且每个 E 到 X 的正线性算子是紧的.

证明 由于 E 是序连续的, 因此, E 是 Dedekind 完备的. 根据文献 [2] 的引理 3.5, 存在从 E 到 $\mathbb{R}^{\mathbb{N}}$ 的子格 $\psi[E]$ 的序连续且单射的格同态 ψ. 在 $\psi[E]$ 上对所有 $e \in E$, 用 $\|\psi(e)\| = \|e\|$ 定义范数, 则 ψ 是等距映射, 因此, $\psi[E]$ 是序连续的 Banach 序列格. 令 $\lambda = \psi[E]^* = \psi[E]'$, 则 λ 是完美 Köthe, 并且 $\lambda_0' = \psi[E]$. 所以, 定理 5.1 可推出定理 5.2. ■

推论 5.1 设 X 是 Banach 格, 则 $\mathcal{L}^r(c_0, X)$ 具有 Radon-Nikodym 性质 (或是 KB-空间) 当且仅当 X 具有 Radon-Nikodym 性质 (或是 KB-空间).

证明 若 Banach 格 X 是 KB-空间, 则它不包含 c_0 副本, 因此, 每个从 c_0 到 X 的有界线性算子都是紧的. 所以, 结论成立. ■

对于 Banach 格 X 和 Y, 令 $X \hat{\otimes}_{|\pi|} Y$ 表示 X 和 Y 的正投影张量积[16,17](称为 X 和 Y 的 Fremlin 投影张量积, 在文献 [2] 中用 $X \hat{\otimes}_F Y$ 表示). 根据文献 [34] 第 204 页的定理 3.2, 有 $(X \hat{\otimes}_{|\pi|} Y)^* = \mathcal{L}^r(X, Y^*)$. 众所周知, Banach 格 X 是自反的当且仅当 X 和 X^* 都具有 Radon-Nikodym 性质或都是 KB-空间 ([27] , 定理 2.4.15, 命题 5.4.13). 因此, 将文献 [2] 的定理 7.5 与上面的定理 5.2 结合在一起, 可以得到以下结果.

定理 5.3 设 E 和 X 是自反 Banach 格, 使得 E 是可分原子的, 则以下命题是等价的.

(1) $\mathcal{L}^r(E, X)$ 是自反的.

(2) $\mathcal{L}^r(E, X)$ 具有 Radon-Nikodym 性质.

(3) $\mathcal{L}^r(E, X)$ 是 KB-空间.

(4) $\mathcal{K}^r(E, X)$ 是自反的.

(5) $\mathcal{K}^r(E, X)$ 具有 Radon-Nikodym 性质.

(6) $\mathcal{K}^r(E, X)$ 是 KB-空间.

(7) $E \hat{\otimes}_{|\pi|} X^*$ 是自反的.

(8) 每个 E 到 X 正线性算子是紧的.

根据文献 [11] 的定理 4.9, 有以下结果成立.

推论 5.2 设 $1 < p, q < \infty$, 若 E_q 是无穷维自反的 L_q-空间, 则以下命题是等价的.

(1) $\mathcal{L}^r(\ell_p, E_q)$ 是自反的.

(2) $\mathcal{L}^r(\ell_p, E_q)$ 具有 Radon-Nikodym 性质.

(3) $\mathcal{L}^r(\ell_p, E_q)$ 是 KB-空间.

(4) $p > q$.

在 Y 和 Z 是 Banach 空间的情况下, Godefroy 和 Saphar 在文献 [18] 已经证明, 若 Y 和 Z 都是自反 Banach 空间, 使得其中一个具有紧的逼近性质 (比逼近性质要弱), 则 $\mathcal{L}(Y, Z)$ 是自反的当且仅当从 Y 到 Z 的每个有界线性算子是紧的. 因此, 下面结论成立.

命题 5.4　设 E 和 X 都是自反 Banach 格, 使得 E 是可分的原子, 若 $\mathcal{L}(E, X)$ 是自反的, 则 $\mathcal{L}^r(E, X)$ 也是自反的.

然而在某些特殊情况下, 反过来此命题是不成立的. 例如, 根据推论 5.2, 若 $1 < q < p \leqslant 2$, 则 $\mathcal{L}^r(\ell_p, L_q[0,1])$ 是自反的. 但是根据 [11] 的定理 4.7 可知, 存在 ℓ_p 到 $L_q[0,1]$ 的有界线性算子不是紧的, 因此 $\mathcal{L}(\ell_p, L_q[0,1])$ 不是自反的.

5.2　原子 Banach 格的正张量积

Fremlin [16] 和 Wittstock[36] 分别引入并研究了 Banach 格 X 和 Y 正投影张量积 $X \hat{\otimes}_{|\pi|} Y$ 和正射影张量积 $X \check{\otimes}_{|\varepsilon|} Y$.

关于 $X \hat{\otimes}_{|\pi|} Y$ 和 $X \check{\otimes}_{|\varepsilon|} Y$ 的几何性质, 下面问题是有趣的.

问题 5.1　Banach 格 X 和 Y 的哪些几何性质可以由 $X \hat{\otimes}_{|\pi|} Y$ 和 $X \check{\otimes}_{|\varepsilon|} Y$ 继承?

Fremlin 在 1974 年证明 $L_2[0,1] \hat{\otimes}_{|\pi|} L_2[0,1]$ 不是 Dedekind 完备的[17], Schep 在 1984 年证明 $L_p[0,1] \hat{\otimes}_{|\pi|} L_q[0,1] \left(1 < p, q < \infty, \frac{1}{p} + \frac{1}{q} = 1\right)$ 不是 Dedekind 完备的[35]. 因此, Radon-Nikodym 性质不会由 $L_p[0,1] \hat{\otimes}_{|\pi|} L_q[0,1] \left(1 < p, \ q < \infty, \frac{1}{p} + \frac{1}{q} = 1\right)$ 继承.

尽管如此, Bu Qingying 和 Buskes 在 2009 年证明, 只要 X 和 Y 中的一个是原子 Banach 格, 则 Radon-Nikodym 性质就会由 $X \hat{\otimes}_{|\pi|} Y$ 继承[2]. 似乎在这种情况下, Banach 格的某些几何性质可以通过其正张量积继承. 例如, 自反性, 包含 c_0, ℓ_1, ℓ_∞ 等副本的性质可由 $\ell_\varphi \hat{\otimes}_{|\pi|} X$ 和 $\ell_\varphi \check{\otimes}_{|\varepsilon|} X$ 继承, 这里 ℓ_φ 是 Orlicz 序列空间[3,5,24].

设 E 是原子 Banach 格, X 是任意 Banach 格, Bu Qingying 等给出了正投影张量积 $E \hat{\otimes}_{|\pi|} X$ 的序列表示 $\lambda_{\pi,0}(X)$[2].

本节将介绍 Bu Qingying 和 Wong Ngai-Ching 给出的正内射张量积 $E\check{\otimes}_{|\varepsilon|}X$ 的序列表示 $\lambda_{\varepsilon,0}(X)$, 还会讨论 $\lambda_{\pi,0}(X)$ 和 $\lambda_{\varepsilon,0}(X)$ 的自反性和包含 c_0,ℓ_1,ℓ_∞ 副本的问题, 本节的结果主要都是来自文献 [7].

5.2.1 Banach 格值序列空间

定义 5.4 设 λ 是 $\mathbb{R}^{\mathbb{N}}$ 的子空间, 若 $(b_i)_i \in \lambda$, 当 $|a_i| \leqslant |b_i|$ $(i \in \mathbb{N})$ 时, 有 $(a_i)_i \in \lambda$, 则称 λ 是实体序列空间 (solid sequence space).

λ 的 Köthe 对偶的定义如下:

$$\lambda' = \left\{ (b_i)_i \in \mathbb{R}^{\mathbb{N}} : \sum_{i=1}^{\infty} |a_i b_i| < +\infty, \ \text{任意} \ (a_i)_i \in \lambda \right\}.$$

容易知道下面结论成立.

命题 5.5 设 λ 是 Banach 格, 则

(1) $\lambda' \subseteq \lambda^*$.

(2) 在 λ^* 的范数下, λ' 也是 Banach 格.

从现在开始, 总是假设 λ 是 Banach 序列格, 满足 $\lambda'' = \lambda$, 并且 $\|e_i\|_\lambda = 1$ $(i \in \mathbb{N})$, 这里 e_i 是序列空间 λ 中的标准单位向量.

另外, 下面结论是已知的.

命题 5.6 若 λ 是自反的, 则 λ 和 λ' 都是 σ-序连续的.

定义

$$\lambda_\varepsilon(X) = \{\bar{x} = (x_i)_i \in X^{\mathbb{N}} : (x^*(|x_i|))_i \in \lambda, \ \text{任意} \ x^* \in X^{*+}\}$$

和

$$\|\bar{x}\|_{\lambda_\varepsilon(X)} = \sup\{\|(x^*(|x_i|))_i\|_\lambda : x^* \in B_{X^{*+}}\}, \quad \text{任意} \ \bar{x} = (x_i)_i \in \lambda_\varepsilon(X).$$

则 $\lambda_\varepsilon(X)$ 是 Banach 格[6].

令 $\lambda_{\varepsilon,0}(X)$ 表示 $\lambda_\varepsilon(X)$ 的闭子格, 包含 $\lambda_\varepsilon(X)$ 中的所有其尾项收敛到 0 的元素, 即

$$\lambda_{\varepsilon,0}(X) = \{\bar{x} \in \lambda_\varepsilon(X) : \lim_n \|\bar{x}(\geqslant n)\|_{\lambda_\varepsilon(X)} = 0\}.$$

则 $\lambda_{\varepsilon,0}(X)$ 是 $\lambda_\varepsilon(X)$ 的理想. 用 λ_0 表示 $\lambda_{\varepsilon,0}(\mathbb{R})$.

对于每个 $\bar{x} = (x_i)_i \in \lambda_\varepsilon(X)$, 定义 $(\lambda')_0$ 到 X 的线性算子 $T_{\bar{x}}$:

$$T_{\bar{x}}(a) = \sum_{i=1}^{\infty} a_i x_i, \quad \text{任意} \ a = (a_i)_i \in (\lambda')_0.$$

则由文献 [6] 可知, 下面命题成立.

命题 5.7 若 X 是 Dedekind 完备的, 则

(1) 在映射 $\bar{x} \mapsto T_{\bar{x}}$ 下, $\lambda_\varepsilon(X)$ 与 $\mathcal{L}^r((\lambda')_0, X)$ 是等距同构且格同态的.

(2) 若 λ 是 σ-序连续的, 则 $T_{\bar{x}} \in \mathcal{K}^r((\lambda')_0, X)$ 当且仅当 $\bar{x} \in \lambda_{\varepsilon,0}(X)$.

定义

$$\lambda_\pi(X) = \left\{ \bar{x} = (x_i)_i \in X^{\mathbb{N}} : \sum_{i=1}^{\infty} x_i^*(|x_i|) < +\infty, \ 任意 \ (x_i^*)_i \in \lambda_\varepsilon'(X^*)^+ \right\}$$

和

$$\|\bar{x}\|_{\lambda_\pi(X)} = \sup \left\{ \sum_{i=1}^{\infty} x_i^*(|x_i|) : (x_i^*)_i \in B_{\lambda_\varepsilon'(X^*)^+} \right\}, \ 任意 \ \bar{x} = (x_i)_i \in \lambda_\pi(X).$$

则 $\lambda_\pi(X)$ 是 Banach 格[2].

令 $\lambda_{\pi,0}(X)$ 表示 $\lambda_\pi(X)$ 的闭子格, 该子格由 $\lambda_\pi(X)$ 的所有尾项收敛到 0 的元素组成, 即

$$\lambda_{\pi,0}(X) = \{ \bar{x} \in \lambda_\pi(X) : \lim_n \|\bar{x}(\geqslant n)\|_{\lambda_\pi(X)} = 0 \}.$$

则 $\lambda_{\pi,0}(X)$ 是 $\lambda_\pi(X)$ 的理想.

Bu Qingying 和 Buskes 提出下面问题[2].

问题 5.2　$\lambda_{\pi,0}(X) = \lambda_\pi(X)$ 是否成立?

Bu Qingying 和 Wong Ngai-Ching 对该问题做出肯定的回答[7].

先回顾在文献 [2] 中引入的向量值序列空间 $\lambda_w(X)$ 和 $\lambda_s(X)$. 定义

$$\lambda_w(X) = \lambda_{\text{weak}}(X) = \{ \bar{x} = (x_i)_i \in X^{\mathbb{N}} : (x^*(x_i))_i \in \lambda, \ 任意 \ x^* \in X^* \}$$

和

$$\|\bar{x}\|_{\lambda_w(X)} = \sup \left\{ \|(x^*(x_i))_i\|_\lambda : x^* \in B_{X^*} \right\}, \quad 任意 \ \bar{x} = (x_i)_i \in \lambda_w(X).$$

则 $\lambda_w(X)$ 是 Banach 空间 (它可能不是 Banach 格).

定义

$$\lambda_s(X) = \lambda_{\text{strong}}(X)$$
$$= \left\{ \bar{x} = (x_i)_i \in X^{\mathbb{N}} : \sum_{i=1}^{\infty} |x_i^*(x_i)| < +\infty, \ 任意 \ (x_i^*)_i \in \lambda_w'(X^*) \right\}$$

和

$$\|\bar{x}\|_{\lambda_s(X)} = \sup \left\{ \left| \sum_{i=1}^{\infty} x_i^*(x_i) \right| : (x_i^*)_i \in B_{\lambda_w'(X^*)} \right\}, \quad 任意 \ \bar{x} = (x_i)_i \in \lambda_s(X).$$

则 $\lambda_s(X)$ 是 Banach 空间 (它可能不是 Banach 格).

命题 5.8 若 λ 是 σ-序连续的, 则 $\lambda_{\pi,0}(X) = \lambda_\pi(X)$.

证明 任取 $\bar{x} = (x_i)_i \in \lambda_\pi(X)$. 在不失一般性的前提下, 假设 $\bar{x}$ 是正的. 对于每个 $n \in \mathbb{N}$, 有 $\bar{x}(\leqslant n) = (x_1, \cdots, x_n, 0, 0, \cdots) \in \lambda_s(X)$. 由于 $\bar{x}(\leqslant n)$ 是正的, 因此

$$\|\bar{x}(\leqslant n)\|_{\lambda_s(X)} = \|\bar{x}(\leqslant n)\|_{\lambda_\pi(X)} \leqslant \|\bar{x}\|_{\lambda_\pi(X)}, \quad n = 1, 2, \cdots.$$

对于任意 $\bar{x}^* = (x_i^*)_i \in \lambda_w'(X^*), n \in \mathbb{N}$, 有

$$\sum_{i=1}^n |x_i^*(x_i)| \leqslant \|\bar{x}^*(\leqslant n)\|_{\lambda_w'(X^*)} \cdot \|\bar{x}(\leqslant n)\|_{\lambda_s(X)} \leqslant \|\bar{x}^*\|_{\lambda_w'(X^*)} \cdot \|\bar{x}\|_{\lambda_\pi(X)}.$$

故 $\sum_{i=1}^\infty |x_i^*(x_i)| < \infty$, 因此 $\bar{x} \in \lambda_s(X)$. 根据文献 [2] 的命题 5.2, 有 $\bar{x} \in \lambda_{\pi,0}(X)$, 故 $\lambda_\pi(X) \subseteq \lambda_{\pi,0}(X)$. 因为 $\lambda_{\pi,0}(X)$ 是 $\lambda_\pi(X)$ 的闭子格, 所以, $\lambda_{\pi,0}(X) = \lambda_\pi(X)$. ∎

5.2.2 对偶性和自反性

为了刻画 $\lambda_{\varepsilon,0}(X)$ 和 $\lambda_{\pi,0}(X)$ 的对偶, 需要 Bernau 证明的 Banach 格局部自反原理[1].

局部反射原理 设 X 是 Banach 格, J 是 X 到 X^{**} 的自然嵌入映射, $\varepsilon > 0, V$ 是 X^{**} 的 0 弱 $*$ 邻域. 若 G 是 X^{**} 有限维子格, 则存在格同构 $T: G \to T[G] \hookrightarrow X$, 使得 $\|T\| < 1+\varepsilon, \|T^{-1}\| < 1+\varepsilon$, 且对所有 $x^{**} \in G$, 有 $x^{**} - J(Tx^{**}) \in \|x^{**}\|V$.

定理 5.4 $\lambda_{\varepsilon,0}(X)^*$ 与 $\lambda_\pi'(X^*)$ 等距同构, 并且该同构映射是格同态.

证明 定义 $\psi : \lambda_\pi'(X^*) \to \lambda_{\varepsilon,0}(X)^*$, 对每个 $\bar{x} = (x_i)_i \in \lambda_{\varepsilon,0}(X)$ 和每个 $\bar{x}^* = (x_i^*)_i \in \lambda_\pi'(X^*)$, 有

$$\langle \bar{x}, \psi(\bar{x}^*) \rangle = \sum_{i=1}^\infty x_i^*(x_i), \tag{5.1}$$

则 ψ 是线性的, 而且 $\|\psi(\bar{x}^*)\| \leqslant \|\bar{x}^*\|_{\lambda_\pi'(X^*)}$.

另一方面, 任取 $\xi \in \lambda_{\varepsilon,0}(X)^*$. 对于每个 $i \in \mathbb{N}$, 对于每个 $x \in X$, 在 X 上定义线性泛函 x_i^* 如下:

$$x_i^*(x) = \langle (0, \cdots, 0, \overset{\text{第 } i \text{ 位}}{x}, 0, 0, \cdots), \xi \rangle,$$

则 $x_i^* \in X^*$. 此外, 对于每个 $x \in X^+$, 有

$$|x_i^*|(x) = \sup\{|x_i^*(y)| : 0 \leqslant y \leqslant x\}$$
$$= \sup\{|\langle (0, \cdots, 0, \overset{\text{第 } i \text{ 位}}{y}, 0, 0, \cdots), \xi \rangle| : 0 \leqslant y \leqslant x\}$$

$$= \sup\{|\langle \bar{y}, \xi \rangle| : 0 \leqslant \bar{y} \leqslant (0, \cdots, 0, \overset{\text{第 } i \text{ 位}}{x}, 0,0, \cdots)\}$$

$$= \langle (0, \cdots, 0, \overset{\text{第 } i \text{ 位}}{x}, 0,0, \cdots), |\xi| \rangle.$$

因此, 对于每个 $\bar{x} = (x_i)_i \in \lambda_{\varepsilon,0}(X)^+$, 有

$$\sum_{i=1}^{n} x_i^*(x_i) = \langle (x_i)_1^n, \xi \rangle \quad \text{和} \quad \sum_{i=1}^{n} |x_i^*|(x_i) = \langle (x_i)_1^n, |\xi| \rangle. \tag{5.2}$$

现在, 任取 $(x_i^{**})_i \in \lambda_{\varepsilon}(X^{**})^+$. 对于每个 $\varepsilon > 0$ 和每个 $n \in \mathbb{N}$, 令 G 为 X^{**} 的子格, G 由 $\{x_i^{**} : i = 1,2,\cdots, n\}$ 生成, 并且

$$V = \left\{ x^{**} \in X^{**} : |x^{**}(|x_i^*|)| < \frac{\varepsilon}{a}, \ i = 1,2,\cdots, n \right\},$$

这里 $a = \sum_{i=1}^{n} \|x_i^{**}\|$. 根据局部自反原理, 存在格同构 $T : G \to X$, 使得 $\|T\| < 1 + \varepsilon$, 并且

$$|x_i^{**}(|x_i^*|) - |x_i^*|(Tx_i^{**})| < \frac{\varepsilon}{a}\|x_i^{**}\|, \quad i = 1,2,\cdots, n.$$

故

$$\|(Tx_i^{**})_1^n\|_{\lambda_{\varepsilon,0}(X)} = \sup\{\|(x^*(Tx_i^{**}))_1^n\|_\lambda : x^* \in B_{X^{*+}}\}$$
$$\leqslant \sup\{\|T\| \cdot \|(x_i^{**}(x^*))_1^n\|_\lambda : x^* \in B_{X^{*+}}\}$$
$$\leqslant (1+\varepsilon) \cdot \|(x_i^{**})_i\|_{\lambda_{\varepsilon}(X^{**})}.$$

由 (5.2), 有

$$\sum_{i=1}^{n} |x_i^{**}(|x_i^*|)| \leqslant \sum_{i=1}^{n} |x_i^{**}(|x_i^*|) - |x_i^*|(Tx_i^{**})| + \sum_{i=1}^{n} |x_i^*|(Tx_i^{**})$$
$$\leqslant \varepsilon + \langle (Tx_i^{**})_1^n, |\xi| \rangle$$
$$\leqslant \varepsilon + \|\xi\| \cdot \|(Tx_i^{**})_1^n\|_{\lambda_{\varepsilon,0}(X)}$$
$$\leqslant \varepsilon + (1+\varepsilon)\|\xi\| \cdot \|(x_i^{**})_i\|_{\lambda_{\varepsilon}(X^{**})}.$$

因此

$$\sum_{i=1}^{\infty} |x_i^{**}(|x_i^*|)| \leqslant \varepsilon + (1+\varepsilon)\|\xi\| \cdot \|(x_i^{**})_i\|_{\lambda_{\varepsilon}(X^{**})}.$$

由此可知, $\bar{x}^* := (x_i^*)_i \in \lambda_\pi'(X^*)$, 并且 $\|\bar{x}^*\|_{\lambda_\pi'(X^*)} \leqslant \|\xi\|$. 对于每个 $\bar{x} = (x_i)_i \in \lambda_{\varepsilon,0}(X)^+$ 由 (5.1) 和 (5.2), 有

$$\langle \bar{x}, \psi(\bar{x}^*) \rangle = \lim_n \sum_{i=1}^{n} x_i^*(x_i) = \lim_n \langle (x_i)_1^n, \xi \rangle = \langle \bar{x}, \xi \rangle.$$

因此, $\psi(\bar{x}^*) = \xi$, 故 ψ 是满射的. 另外

$$\|\psi(\bar{x}^*)\| \leqslant \|\bar{x}^*\|_{\lambda'_\pi(X^*)} \leqslant \|\xi\| = \|\psi(\bar{x}^*)\|,$$

而且 ψ 是等距映射. 再一次利用 (5.1) 和 (5.2), 可得

$$\langle \bar{x}, \, |\psi(\bar{x}^*)|\rangle = \langle \bar{x}, \, |\xi|\rangle = \lim_n \langle (x_i)_1^n, \, |\xi|\rangle = \lim_n \sum_{i=1}^n |x_i^*|(x_i) = \langle \bar{x}, \, \psi(|\bar{x}^*|)\rangle.$$

所以, $|\psi(\bar{x}^*)| = \psi(|\bar{x}^*|)$, 并且 ψ 是格同态. ∎

与上面定理的证明类似, 可以证明下面定理成立.

定理 5.5 $\lambda_{\pi,0}(X)^*$ 与 $\lambda'_\varepsilon(X^*)$ 是等距同构的, 并且是格同态的.

定理 5.6 设 λ 和 X 是自反的, 则

(1) $\lambda_{\pi,0}(X)$ 是自反的当且仅当 $\lambda'_\varepsilon(X^*) = \lambda'_{\varepsilon,0}(X^*)$.

(2) $\lambda_{\varepsilon,0}(X)$ 是自反的当且仅当 $\lambda_\varepsilon(X) = \lambda_{\varepsilon,0}(X)$.

证明 由于 λ 和 X 是自反的, 因此, λ 和 X 是 σ-序连续的, 故 $\lambda_{\pi,0}(X) = \lambda_\pi(X)$, 并且 $\lambda'_{\pi,0}(X^*) = \lambda'_\pi(X^*)$.

(1) 若 $\lambda'_\varepsilon(X^*) = \lambda'_{\varepsilon,0}(X^*)$, 则根据前面的定理, 有

$$\lambda_{\pi,0}(X)^{**} = [\lambda'_\varepsilon(X^*)]^* = [\lambda'_{\varepsilon,0}(X^*)]^* = \lambda''_\pi(X^{**}) = \lambda_\pi(X) = \lambda_{\pi,0}(X).$$

因此, $\lambda_{\pi,0}(X)$ 是自反的. 另一方面, 若 $\lambda_{\pi,0}(X)$ 是自反的, 由前面的定理可得

$$\lambda'_{\varepsilon,0}(X^*)^* = \lambda''_\pi(X^{**}) = \lambda_\pi(X) = \lambda_{\pi,0}(X) = \lambda_{\pi,0}(X)^{**} = \lambda'_\varepsilon(X^*)^*,$$

因此, $\lambda'_\varepsilon(X^*) = \lambda'_{\varepsilon,0}(X^*)$.

(2) 由以下式子可推出 (2) 成立.

$$\lambda_{\varepsilon,0}(X)^{**} = \lambda'_\pi(X^*)^* = \lambda'_{\pi,0}(X^*)^* = \lambda''_\varepsilon(X^{**}) = \lambda_\varepsilon(X) .$$ ∎

5.2.3 包含 c_0, ℓ_∞ 和 ℓ_1 的副本的问题

从文献 [27] 的第 92 页定理 2.4.12 可知下面定理成立.

定理 5.7 Banach 格不包含与 c_0 同构的子格当且仅当它是 KB-空间. 在这种情况下, 它也是 σ-序连续的.

以下命题来自文献 [2] 的定理 5.5 和文献 [6] 的定理 7.

命题 5.9 (1) $\lambda_{\pi,0}(X)$ 不包含与 c_0 同构的子格当且仅当 λ 和 X 不包含与 c_0 同构的子格.

(2) $\lambda_{\varepsilon,0}(X)$ 不包含与 c_0 同构的子格当且仅当 $\lambda_\varepsilon(X)$ 不包含与 c_0 同构的子格, 也当且仅当 λ 和 X 不包含与 c_0 同构的子格, 且 $\lambda_\varepsilon(X) = \lambda_{\varepsilon,0}(X)$.

若 $((\lambda')_0)^* = ((\lambda')_0)' = \lambda'' = \lambda$. 则 λ 不包含与 ℓ_∞ 同构的子格等价于 λ 不包含与 c_0 同构的子格. 在这种情况下, λ 是 σ-序连续的, 因此, $\lambda_{\pi,0}(X^*) = \lambda_\pi(X^*)$. 从而, $\lambda_\pi(X^*) = \lambda'_{\varepsilon,0}(X)^*$, 并且 $\lambda_\varepsilon(X^*) = \lambda'_{\pi,0}(X)^*$. 所以, 根据上面命题, 容易知道下面结论成立.

定理 5.8   (1) $\lambda_{\pi,0}(X^*)$ 不包含与 ℓ_∞ 同构的子格当且仅当 λ 和 X^* 不包含与 ℓ_∞ 同构的子格.

(2) $\lambda_\varepsilon(X^*)$ 不包含与 ℓ_∞ 同构的子格当且仅当 λ 和 X^* 不包含与 ℓ_∞ 同构的子格, 且 $\lambda_\varepsilon(X^*) = \lambda_{\varepsilon,0}(X^*)$.

由文献 [27] 可知下面命题成立.

命题 5.10   Banach 格包含与 ℓ_1 同构的子格当且仅当其对偶包含与 ℓ_∞ 同构的子格.

由 $(\lambda_0)^* = \lambda'$, 且根据前面定理可知, $\lambda_{\pi,0}(X)^* = \lambda'_\varepsilon(X^*), \lambda_{\varepsilon,0}(X)^* = \lambda'_\pi(X^*)$. 因此, 根据定理 5.8 可知下面定理成立.

定理 5.9   (1) $\lambda_{\pi,0}(X)$ 不包含与 ℓ_1 同构的子格当且仅当 λ_0 和 X 都不包含与 ℓ_1 同构的子格, 且 $\lambda'_\varepsilon(X^*) = \lambda'_{\varepsilon,0}(X^*)$.

(2) $\lambda_{\varepsilon,0}(X)$ 不包含与 ℓ_1 同构的子格当且仅当 λ_0 和 X 都不包含与 ℓ_1 同构的子格.

对于 $\mathbb{N}$ 的无限子集 M, 令 $\ell_\infty(M)$ 表示 ℓ_∞ 的子空间, $\ell_\infty(M)$ 包含所有 ℓ_∞ 中满足 $\xi_n = 0$ $(n \notin M)$ 的 $(\xi_n)_n$.

从文献 [9] 可以知道下面命题成立.

命题 5.11   若算子 $T : \ell_\infty \to Z$ 是弱紧的, 则对于所有 $\xi = (\xi_n)_n \in \ell_\infty$, 级数 $\sum\limits_n \xi_n T(e_n)$ 在 Z 中范数收敛.

不过上面命题中的极限 $\sum\limits_{n=1}^\infty \xi_n T(e_n)$ 和 $T(\xi)$ 可能不一致.

下面引理来自 Drewnowski[14].

引理 5.5   设 Z 是 Banach 空间, 若 $T_i : \ell_\infty \to Z$ $(i \in \mathbb{N})$ 是弱紧算子, 则存在 $\mathbb{N}$ 的无限子集 M, 使得

$$T_i(\xi) = \sum_{n=1}^\infty \xi_n T_i(e_n), \quad 任意 \ \xi = (\xi_n)_n \in \ell_\infty(M), 任意 \ i \in \mathbb{N}.$$

根据上面引理, 可以证明下面的重要定理成立.

定理 5.10   设 λ' 是 σ-序连续的, 则 $\lambda_{\varepsilon,0}(X)$ 不包含与 ℓ_∞ 同构的子格当且仅当 X 不包含与 ℓ_∞ 同构的子格.

证明   由于 X 是 $\lambda_{\varepsilon,0}(X)$ 的闭子格, 因此, 当 X 包含与 ℓ_∞ 同构的子格, 有 $\lambda_{\varepsilon,0}(X)$ 包含与 ℓ_∞ 同构的子格.

假如 X 不包含与 ℓ_∞ 同构的子格, 但是 $\lambda_{\varepsilon,0}(X)$ 包含与 ℓ_∞ 同构的子格. 则存在同构 $T : \ell_\infty \to T(\ell_\infty) \hookrightarrow \lambda_{\varepsilon,0}(X)$.

对于每个 $i \in \mathbb{N}$ 和 $\xi \in \ell_\infty$, 用 $T_i(\xi) = T(\xi)_i$ 定义有界线性算子 $T_i : \ell_\infty \to X$, 这里 $T(\xi)_i$ 表示 $T(\xi)$ 的第 i 个坐标.

由于 X 不包含与 ℓ_∞ 同构的子格, 因此由 Rosenthal 的 ℓ_∞-定理可知每个 T_i 都是弱紧的 ([9], 第 12 页的定理 1.3.1).

此外, 根据引理 5.5, 存在 $\mathbb{N}$ 的无限子集 M, 使得对于所有 $\xi = (\xi_n)_n \in \ell_\infty(M)$, 有

$$T(\xi)_i = T_i(\xi) = \sum_{n=1}^\infty \xi_n T_i(e_n) = \sum_{n=1}^\infty \xi_n T(e_n)_i, \quad 任意\ i \in \mathbb{N}. \tag{5.3}$$

由于对于每个 $m \in \mathbb{N}$, 有

$$\begin{aligned}
\left\| \sum_{n=1}^m \xi_n T(e_n) \right\|_{\lambda_\varepsilon(X)} &= \| T(\xi_1, \cdots, \xi_m, 0, 0, \cdots) \|_{\lambda_\varepsilon(X)} \\
&\leqslant \|T\| \cdot \| (\xi_1, \cdots, \xi_m, 0, 0, \cdots) \|_{\ell_\infty} \\
&\leqslant \|T\| \cdot \|\xi\|_{\ell_\infty}.
\end{aligned}$$

因此, 对于每个 $\bar{x}^* = (x_i^*)_i \in \lambda_{\varepsilon,0}(X)^* = \lambda_\pi'(X^*)$ 和每个 $m, k \in \mathbb{N}$, 有

$$\begin{aligned}
&\left| \left\langle \sum_{n=1}^m \xi_n T(e_n) - T(\xi), \bar{x}^* \right\rangle \right| \\
&= \left| \left\langle \sum_{n=1}^m \xi_n T(e_n) - T(\xi), \bar{x}^*(\leqslant k) \right\rangle + \left\langle \sum_{n=1}^m \xi_n T(e_n) - T(\xi), \bar{x}^*(> k) \right\rangle \right| \\
&\leqslant \sum_{i=1}^k x_i^* \left(\sum_{n=m+1}^\infty \xi_n T(e_n)_i \right) + \| \bar{x}^*(> k) \|_{\lambda_\pi'(X^*)} \\
&\quad \cdot \left(\left\| \sum_{n=1}^m \xi_n T(e_n) \right\|_{\lambda_\varepsilon(X)} + \| T(\xi) \|_{\lambda_\varepsilon(X)} \right) \\
&\leqslant \sum_{i=1}^k x_i^* \left(\sum_{n=m+1}^\infty \xi_n T(e_n)_i \right) + 2\|T\| \cdot \|\xi\|_{\ell_\infty} \cdot \| \bar{x}^*(> k) \|_{\lambda_\pi'(X^*)}. \tag{5.4}
\end{aligned}$$

由于 λ 是 σ-序连续时, 有 $\lambda_{\pi,0}(X) = \lambda_\pi(X)$, 因此

$$\lim_k \| \bar{x}^*(> k) \|_{\lambda_\pi'(X^*)} = 0.$$

从 (5.3) 和 (5.4) 中可以看出, 级数 $\sum_n \xi_n T(e_n)$ 在 $\lambda_{\varepsilon,0}(X)$ 中弱收敛到 $T(\xi)$, 对所有 $\xi \in \ell_\infty(M)$ 成立.

因此, 级数 $\displaystyle\sum_{n \in M} T(e_n)$ 中的子序列弱收敛, 故子序列在 $\lambda_{\varepsilon,0}(X)$ 中收敛. 因此, 在 $\lambda_{\varepsilon,0}(X)$ 中有 $T(e_n) \to 0$ 对所有 $n \in M$ 和 $n \to \infty$ 成立.

但是, 对于每个 $n \in \mathbb{N}$, 有 $\|T(e_n)\|_{\lambda_{\varepsilon}(X)} \geqslant \dfrac{\|e_n\|_{\ell_\infty}}{\|T^{-1}\|} = \dfrac{1}{\|T^{-1}\|}$. 矛盾.

该矛盾证明 $\lambda_{\varepsilon,0}(X)$ 不包含与 ℓ_∞ 同构的子格. ∎

5.2.4　正张量积

对于 Banach 格 X 和 Y, 用 $X \otimes Y$ 表示 X 和 Y 的代数张量积. 对于每个 $u = \displaystyle\sum_{k=1}^{m} x_k \otimes y_k \in X \otimes Y$, 定义 $T_u : X^* \to Y$ 如下:

$$T_u(x^*) = \sum_{k=1}^{m} x^*(x_k) y_k, \quad 任意\ x^* \in X^*.$$

$X \otimes Y$ 的射影锥由下式定义

$$C_i = \{u \in X \otimes Y : T_u \geqslant 0\},$$

并且 $X \otimes Y$ 的正射影向量范数定义为

$$\|u\|_{|\varepsilon|} = \|T_u\|_r.$$

用 $X \check{\otimes}_{|\varepsilon|} Y$ 表示对应于 $\|\cdot\|_{|\varepsilon|}$ 的 $X \otimes Y$ 的完备空间, 则 $X \check{\otimes}_{|\varepsilon|} Y$ 是以 C_i 为正圆锥的 Banach 格, 称为 X 和 Y 的正射影向量积.

由文献 [27] 的定理 3.8.6 和命题 3.8.7 可知, 映射 $(u \mapsto T_u) : X \otimes Y \to \mathcal{L}^r(X^*, Y) \hookrightarrow \mathcal{L}^r(X^*, Y^{**})$ 等距地扩展为格同态 $X \check{\otimes}_{|\varepsilon|} Y \to \mathcal{L}^r(X^*, Y^{**})$. 也就是说, 每个 $v \in X \check{\otimes}_{|\varepsilon|} Y$ 对应于 $T_v \in \mathcal{L}^r(X^*, Y^{**})$, 使得 $\|T_v\|_r = \|v\|_{|\varepsilon|}$ 和 $T_{|v|} = |T_v|$ 成立.

$X \otimes Y$ 的投影锥定义如下:

$$C_p = \left\{ \sum_{k=1}^{n} x_k \otimes y_k : n \in \mathbb{N},\ x_k \in X^+,\ y_k \in Y^+ \right\},$$

并且 $X \otimes Y$ 上的正投影向量范数定义如下:

$$\|u\|_{|\pi|} = \sup\left\{ \left| \sum_{k=1}^{n} \phi(x_k,\ y_k) \right| : u = \sum_{k=1}^{n} x_k \otimes y_k \in X \otimes Y,\ \phi \in M \right\},$$

这里 M 是 $X \times Y$ 上所有满足 $\|\phi\| \leqslant 1$ 的正双线性泛函 ϕ.

用 $X \hat{\otimes}_{|\pi|} Y$ 记关于 $\|\cdot\|_{|\pi|}$ 的 $X \otimes Y$ 的完备空间, 则 $X \hat{\otimes}_{|\pi|} Y$ 以 C_p 为其正圆锥是 Banach 格, 称为 X 和 Y 的正投影张量积.

正投影张量范数 $\|\cdot\|_{|\pi|}$ 还有另一种等价形式:

$$\|u\|_{|\pi|} = \inf\left\{\sum_{k=1}^{n}\|x_k\|\cdot\|y_k\| : x_k\in X^+,\ y_k\in Y^+,\ |u|\leqslant\sum_{k=1}^{n}x_k\otimes y_k\right\}.$$

Bu 和 Buskes 给出了正投影张量积 $\lambda\hat{\otimes}_{|\pi|}X$ 的序列表示[2]. 证明了若 λ 是 σ-序连续的, 则 $\lambda\hat{\otimes}_{|\pi|}X$ 与 $\lambda_{\pi,0}(X)$ 是等距同构的, 并且是格同态的. 下面将给出正射影张量积 $\lambda\check{\otimes}_{|\varepsilon|}X$ 的序列表示.

引理 5.6 设 X 和 Y 是向量格, Y 是 Dedekind 完备的, $T\in\mathcal{L}^r(X,Y)$. 若 e 是 X 中的原子, 则 $|T|(e)=|T(e)|$.

证明 由于 e 是 X 中的原子, 若 $x\in X$ 满足 $0\leqslant x\leqslant e$, 则存在某个 $\alpha\in\mathbb{R}^+$, 使得 $x=\alpha e$. 因此

$$|T|(e)=\sup\{|T(x)| : 0\leqslant x\leqslant e\}=\sup\{|T(\alpha e)| : 0\leqslant\alpha e\leqslant e\}=|T(e)|. \quad\blacksquare$$

定理 5.11 若 λ 是 σ-序连续的, 则 $\lambda\check{\otimes}_{|\varepsilon|}X$ 是等距同构且格同态于 $\lambda_{\varepsilon,0}(X)$.

证明 由于 λ 是 σ-序连续的, 因此, $\lambda_0=\lambda$, 因此, $\lambda^*=\lambda'$. 故每个 $v\in\lambda\check{\otimes}_{|\varepsilon|}X$ 对应 $T_v\in\mathcal{L}^r(\lambda',X^{**})$, 使得

$$\|T_v\|_r=\|v\|_{|\varepsilon|},\quad\text{并且}\quad T_{|v|}=|T_v|. \tag{5.5}$$

用 ϕ 表示从 $\lambda\otimes X$ 到由自然映射生成的 $X^{\mathbb{N}}$ 的线性映射: $\lambda\times X\to X^{\mathbb{N}}$, $(t,x)\mapsto(t_ix)_i$, $t=(t_i)_i\in\lambda$, $x\in X$. 也就是说, 对于每个 $u\in\lambda\otimes X$, 具有表示形式 $u=\sum_{k=1}^{m}t^{(k)}\otimes x_k$, 因此

$$\phi(u)=\left(\sum_{k=1}^{m}t_i^{(k)}x_k\right)_i. \tag{5.6}$$

对于每个 $x^*\in X^{*+}$ 和 $s=(s_i)_i\in\lambda'^+$, 有

$$\sum_{i=1}^{\infty}s_ix^*\left(\left|\sum_{k=1}^{m}t_i^{(k)}x_k\right|\right)\leqslant\sum_{i=1}^{\infty}\sum_{k=1}^{m}s_i|t_i^{(k)}|x^*(|x_k|)\leqslant\|x^*\|\cdot\|s\|_{\lambda'}\cdot\sum_{k=1}^{m}\|x_k\|\cdot\|t^{(k)}\|_\lambda.$$

因此, $\phi(u)\in\lambda_\varepsilon(X)$.

此外, 前面已经证明: 对于 $k=1,2,\cdots,m$, 有 $\lim_n\|t^{(k)}(\geqslant n)\|_\lambda=0$, 因此, $\phi(u)\in\lambda_{\varepsilon,0}(X)$.

对于每个 $s=(s_i)_i\in(\lambda')_0$ 和 $x^*\in X^*$, 都有

$$\langle T_u(s),\ x^*\rangle=\sum_{k=1}^{m}\sum_{i=1}^{\infty}s_it_i^{(k)}x^*(x_k)=\langle\phi(u),\ (s_ix^*)_i\rangle, \tag{5.7}$$

根据前面引理, 有

$$|T_u|(s) = |T_u|\left(\sum_{i=1}^{\infty} s_i e_i\right) = \sum_{i=1}^{\infty} s_i |T_u|(e_i) = \sum_{i=1}^{\infty} s_i |T_u(e_i)| = \sum_{i=1}^{\infty} s_i \left|\sum_{k=1}^{m} t_i^{(k)} x_k\right|,$$

因此

$$\langle |\phi(u)|, (s_i x^*)_i \rangle = \left\langle \left(\left|\sum_{k=1}^{m} t_i^{(k)} x_k\right|\right)_i, (s_i x^*)_i \right\rangle$$

$$= \sum_{i=1}^{\infty} s_i x^* \left(\left|\sum_{k=1}^{m} t_i^{(k)} x_k\right|\right) = \langle |T_u|(s), x^* \rangle. \tag{5.8}$$

用 $\phi(u)_i$ 表示 $\phi(u)$ 的第 i 个坐标, 则

$$\|\phi(u)\|_{\lambda_\varepsilon(X)} = \sup\{\|(x^*(|\phi(u)_i|))_i\|_\lambda : x^* \in B_{X^{*+}}\}$$

$$= \sup\left\{\sum_{i=1}^{\infty} s_i x^*(|\phi(u)_i|) : s = (s_i)_i \in B_{(\lambda')_0^+}, x^* \in B_{X^{*+}}\right\}$$

$$= \sup\{\langle |\phi(u)|, (s_i x^*)_i \rangle : s = (s_i)_i \in B_{(\lambda')_0^+}, x^* \in B_{X^{*+}}\}$$

$$= \sup\{\langle |T_u|(s), x^* \rangle : s = (s_i)_i \in B_{(\lambda')_0^+}, x^* \in B_{X^{*+}}\}$$

$$= \||T_u|\| = \|T_u\|_r = \|u\|_{|\varepsilon|}.$$

因此, ϕ 是等距映射. 将 ϕ 等距地从 $(\lambda \otimes X, \|\cdot\|_{|\varepsilon|})$ 延拓到它的完备化空间 $\lambda \check{\otimes}_{|\varepsilon|} X$, 记为 $\tilde{\phi}$.

现在任取 $\bar{x} = (x_i)_i \in \lambda_{\varepsilon,0}(X)$, 对于每个 $n \in \mathbb{N}$, 记 $w_n = \sum_{i=1}^{n} e_i \otimes x_i$, 则对于每个 $m, n \in \mathbb{N}, m > n$, 有

$$\|w_m - w_n\|_{|\varepsilon|} = \left\|\sum_{i=n+1}^{m} e_i \otimes x_i\right\|_{|\varepsilon|} = \left\|\tilde{\phi}\left(\sum_{i=n+1}^{m} e_i \otimes x_i\right)\right\|_{\lambda_\varepsilon(X)}$$

$$= \|(0, \cdots, 0, x_{n+1}, \cdots, x_m, 0, 0, \cdots)\|_{\lambda_\varepsilon(X)}$$

$$\to 0 \quad (m, n \to \infty).$$

因此, $\{w_n\}_1^{\infty}$ 是 $\lambda \check{\otimes}_{|\varepsilon|} X$ 中的 Cauchy 序列. 因而, 存在 $w \in \lambda \check{\otimes}_{|\varepsilon|} X$, 使得 $w = \lim_n w_n$. 由于

$$\tilde{\phi}(w) = \tilde{\phi}(\lim_n w_n) = \lim_n \tilde{\phi}(w_n) = \lim_n \bar{x}(\leqslant n) = \bar{x},$$

因此, $\tilde{\phi}$ 是满射.

最后来证明 $\tilde{\phi}$ 是格同态. 由于 $\tilde{\phi}$ 和映射 $v \mapsto T_v$ 是连续的, 并且 $\lambda \otimes X$ 在 $\lambda \check{\otimes}_{|\varepsilon|} X$ 中是范数稠密的, 因此, 对每个 $v \in \lambda \check{\otimes}_{|\varepsilon|} X, s = (s_i)_i \in (\lambda')_0$ 以及 $x^* \in X^*$, 有

$$\langle T_v(s), \ x^* \rangle = \langle \tilde{\phi}(v), \ (s_i x^*)_i \rangle. \tag{5.9}$$

故对于每个 $u \in \lambda \otimes X, s = (s_i)_i \in (\lambda')_0$ 和每个 $x^* \in X^*$, 从 (5.5)—(5.9) 可得出

$$\langle |\tilde{\phi}(u)|, \ (s_i x^*)_i \rangle = \langle |T_u|(s), \ x^* \rangle = \langle T_{|u|}(s), \ x^* \rangle = \langle \tilde{\phi}(|u|), \ (s_i x^*)_i \rangle,$$

因此, $|\tilde{\phi}(u)| = \tilde{\phi}(|u|)$. 既然 $\tilde{\phi}$ 是连续的, 并且 $\lambda \otimes X$ 在 $\lambda \check{\otimes}_{|\varepsilon|} X$ 中是范数稠密的, 因此, 对于每个 $v \in \lambda \check{\otimes}_{|\varepsilon|} X$, 有 $|\tilde{\phi}(v)| = \tilde{\phi}(|v|)$. 所以, $\tilde{\phi}$ 是格同态.   ∎

5.2.5   正张量积可以继承的几何性质

这里将讨论正投影张量积 $E \check{\otimes}_{|\pi|} X$ 和正内射张量积 $E \check{\otimes}_{|\varepsilon|} X$ 可以继承的一些几何性质, 后面总是假定 E 是原子 Banach 格, X 是 Banach 格.

关于自反性, 只需小小修改一下文献 [19] 中的命题 3.4, 就得出以下引理.

引理 5.7   设 E 是 Banach 格, F 是 E 的可分的闭子格, 则存在 E 的理想 G, 包含 F, 使得 G 是由 E 的可分闭子格生成的, 并且存在格等距嵌入 $\varphi : G^* \to E^*$ 使得 $\varphi(g^*)(g) = g^*(g)$, 对每个 $g \in G$, $g^* \in G^*$ 都成立. 特别地, $\varphi[G^*]$ 是 E^* 的范数 1 正补.

在引理 5.6 中, 若 E 是自反的, 对于每个 $x \in E$, 定义 $g : G^* \to \mathbb{R}$ 如下

$$\langle g, \ g^* \rangle = \langle x, \ \varphi(g^*) \rangle, \quad \text{任意 } g^* \in G^*,$$

则

$$\begin{aligned}
\|g\| &= \sup\{|\langle g, \ g^* \rangle| : g^* \in G^*, \ \|g^*\| \leqslant 1\} \\
&= \sup\{|\langle x, \ \varphi(g^*) \rangle| : \|\varphi(g^*)\| = \|g^*\| \leqslant 1\} \\
&\leqslant \|x\|.
\end{aligned}$$

故 $g \in G^{**} = G$, 因此, 映射 $x \to g$ 是 E 到 G 的范数 1 正投影. 所以, 以下引理成立.

引理 5.8   设 E 是自反 Banach 格, F 是 E 的可分的闭子格, 则存在 E 的理想的 G, 包含 F, 使得 G 是由 E 的可分闭子格生成的, 且 G 是 E 的范数 1 正补.

需要以下结果来将原子 Banach 格转换为序列 Banach 格[38].

引理 5.9   若 E 是 Dedekind 完备可分的 Banach 格, 则 E 是原子的当且仅当存在 E 到 $\mathbb{R}^{\mathbb{N}}$ 的子格的序连续且单射的格同态.

若 G 为 Dedekind 完备可分的原子 Banach 格, 根据引理 5.9, 存在从 G 到 $\mathbb{R}^{\mathbb{N}}$ 的子格 $\phi[G]$ 的序连续且单射的格同态 ϕ. 在 $\phi[G]$ 上定义范数为: 对所有 $g \in G$, $\|\phi(g)\| = \|g\|$, 则 ϕ 是等距映射. 因此, $\lambda := \phi[G]$ 是 Banach 序列格, 使得 $G \hat{\otimes}_{|\pi|} X$ 和 $G \check{\otimes}_{|\varepsilon|} X$ 分别与 $\lambda \hat{\otimes}_{|\pi|} X$ 和 $\lambda \check{\otimes}_{|\varepsilon|} X$ 等距同构且格同态.

由于在等距意义下, 有 $\lambda \hat{\otimes}_{|\pi|} X = \lambda_{\pi,0}(X)$ 和 $\lambda \check{\otimes}_{|\varepsilon|} X = \lambda_{\varepsilon,0}(X)$. 因此, 下面引理成立.

引理 5.10　设 G 是可分的原子自反 Banach 格, X 是自反 Banach 格, 则

(1) $G \hat{\otimes}_{|\pi|} X$ 是自反的当且仅当每个从 G 到 X^* 的正线性算子是紧的.

(2) $G \check{\otimes}_{|\varepsilon|} X$ 是自反的当且仅当每个从 G^* 到 X 的正线性算子是紧的.

实际上, 前面引理中的 Banach 格 G 的可分性是可以去掉的.

定理 5.12　设 E 是原子自反 Banach 格, 且 X 是自反 Banach 格, 则

(1) $E \hat{\otimes}_{|\pi|} X$ 是自反的当且仅当每个从 E 到 X^* 的正线性算子是紧的.

(2) $E \check{\otimes}_{|\varepsilon|} X$ 是自反的当且仅当每个从 E^* 到 X 的正线性算子是紧的.

证明　(1) 如果每个从 E 到 X^* 的正线性算子都是紧的, 那么要证明 $E \hat{\otimes}_{|\pi|} X$ 是自反的, 只需证明 $E \hat{\otimes}_{|\pi|} X$ 的每个可分的闭子格 S 是自反的.

由文献 [2] 命题 6.3 的证明和引理 5.8 存在 E 的理想 G, 使得 S 是 $G \hat{\otimes}_{|\pi|} X$ 的闭子格, 这里 G 是由 E 的可分的闭子格生成的, 而 G 是 E 中范数 1 的正补. 因此, 从 G 到 X^* 的每个正线性算子都是紧的. 由于由原子 KB-空间中的可分闭子格生成的理想也是可分的, 因此, G 是可分的. 从引理 5.10 可以得出, $G \hat{\otimes}_{|\pi|} X$ 是自反的. 因此, S 作为 $G \hat{\otimes}_{|\pi|} X$ 的闭子格也是自反的.

另一方面, 假设 $E \hat{\otimes}_{|\pi|} X$ 是自反的, 并且存在正线性算子 $T : E \to X^*$, 它不是紧的. 也就是说, 存在 B_E 中序列 $(x_n)_1^\infty$, 使得序列 $(Tx_n)_1^\infty$ 在 X^* 中没有收敛子序列.

设 F 是所有 x_n 生成的可分子格. 根据引理 5.8, 存在 E 的理想 G, 它包含 F, 使得 G 是由 E 的可分的闭子格生成的, 而 G 是在 E 中范数 1 的正补. 因此, $G \hat{\otimes}_{|\pi|} X$ 是 $E \hat{\otimes}_{|\pi|} X$ 的闭子格, 因此 $G \hat{\otimes}_{|\pi|} X$ 也是自反的. 从引理 5.10 可以得出, 从 G 到 X^* 的每个正线性算子都是紧的. 但是 $T|_G$ 不是紧的. 这个矛盾证明, 若 $E \hat{\otimes}_{|\pi|} X$ 是自反的, 则从 E 到 X^* 的每个正线性算子都必须是紧的.

(2) 假设从 E^* 到 X 的每个正线性算子都是紧的. 为了证明 $E \check{\otimes}_{|\varepsilon|} X$ 是自反的, 只需证明 $E \check{\otimes}_{|\varepsilon|} X$ 的每个可分的闭子格 S 是自反的. 由于 S 是可分的, 因此, 存在 E 的可分闭子格 F, 使得 $S \subseteq F \check{\otimes}_{|\varepsilon|} X$. 若 G 是引理 5.7 中的理想, 则 $S \subseteq G \check{\otimes}_{|\varepsilon|} X$. 已知 $\varphi[G^*]$ 是在 E^* 中的范数 1 正补. 从 G^* 到 X 的每个正线性算子都是紧的. 从引理 5.10 可以得知 $G \check{\otimes}_{|\varepsilon|} X$ 是自反的. 若 E_1 是 E 的闭子格, 则 $E_1 \check{\otimes}_{|\varepsilon|} X$ 也是 $E \check{\otimes}_{|\varepsilon|} X$ 的闭子格. 因此, S 作为 $E \check{\otimes}_{|\varepsilon|} X$ 的闭子格, 也是 $G \check{\otimes}_{|\varepsilon|} X$ 的闭子格, 因此是自反的. 第二部分的证明与 (1) 中第二部分的证明相同.　■

下面来考虑 Jeurnink 的一个公开问题. 对于向量空间 Z 中的范数 $\|\cdot\|$, 用 $\|\cdot\|^*$ 表示对偶空间 $(Z, \|\cdot\|)^*$ 中的对偶范数 $\|\cdot\|$. 对于 Banach 格 E 和 X, 从文献 [34] 第 204 页的定理 3.2 可知在等距意义下, 有 $(E\hat{\otimes}_{|\pi|}X)^* = \mathcal{L}^r(E, X^*)$. 由于 $E^*\check{\otimes}_{|\varepsilon|}X^*$ 是 $\mathcal{L}^r(E, X^*)$ 的子格, 因此, 在向量空间 $E^* \otimes X^*$ 中, 有 $\|\cdot\|_{|\varepsilon|} = \|\cdot\|^*_{|\pi|}$. 另一方面, Jeurnink 在 [21] 的第 4 章中指出在向量空间 $E^* \otimes X^*$ 中有 $\|\cdot\|_{|\pi|} \geqslant \|\cdot\|^*_{|\varepsilon|}$.

Jeurnink 提出了下面问题.

问题 5.3 $\|\cdot\|_{|\pi|} \leqslant \|\cdot\|^*_{|\varepsilon|}$ 是否也成立?

Bu Qingying 和 Wong Ngai-Ching 在 E 是原子自反 Banach 格的情况下, 给出了该问题的肯定答案[7].

定理 5.13   若 E 是原子自反 Banach 格, 则在向量空间 $E^* \otimes X^*$ 中, 有 $\|\cdot\|_{|\pi|} = \|\cdot\|^*_{|\varepsilon|}$.

证明   由文献 [21] 的第 4 章可得出 $\|\cdot\|_{|\pi|} \geqslant \|\cdot\|^*_{|\varepsilon|}$. 下面证明 $\|\cdot\|_{|\pi|} \leqslant \|\cdot\|^*_{|\varepsilon|}$.

任取 $u \in E^* \otimes X^*$, 则 u 有表示形式 $u = \sum_{k=1}^{n} z_k^* \otimes x_k^*$, 这里 $z_k^* \in E^*, x_k^* \in X^*$, $k = 1, 2, \cdots, n$. 令 G 为 $\{z_k^*\}_1^n$ 生成的理想, 由 E^* 是原子的可知 G 是可分的. 根据引理 5.9, 存在从 G 到 $\mathbb{R}^\mathbb{N}$ 的子格 $\phi[G]$ 的序连续的单射格同态 ϕ. 对所有 $g \in G$, 定义 $\phi[G]$ 上的范数 $\|\phi(g)\| = \|g\|$, 则 ϕ 也是等距映射, 因此, $\phi[G]$ 是自反 Banach 序列格. 令 $\lambda = \phi[G]^*$, 则 λ 是自反的. 因此, λ 和 λ' 都是 σ-序连续的, 故 $\lambda' = \lambda^* = \phi[G]^{**} = \phi[G]$. 根据 λ 是 σ-序连续的, 有 $\lambda_{\pi,0}(X) = \lambda_\pi(X)$. 由前面定理可知, 有

$$\lambda_{\varepsilon,0}(X)^* = \lambda'_\pi(X^*)$$

和

$$(\lambda\check{\otimes}_{|\varepsilon|}X)^* = \lambda_{\varepsilon,0}(X)^*.$$

故

$$(\lambda\check{\otimes}_{|\varepsilon|}X)^* = \lambda_{\varepsilon,0}(X)^* = \lambda'_\pi(X^*) = \lambda'_{\pi,0}(X^*) = \lambda'\hat{\otimes}_{|\pi|}X^*.$$

因此, 在向量空间 $\lambda' \otimes X^*$ 中有 $\|\cdot\|_{|\pi|} = \|\cdot\|^*_{|\varepsilon|}$ 成立, 故在向量空间 $G \otimes X^*$ 中有 $\|\cdot\|_{|\pi|} = \|\cdot\|^*_{|\varepsilon|}$.

由于 G^* 是 E 的子格, 因此 $G^* \otimes_{|\varepsilon|} X$ 是 $E \otimes_{|\varepsilon|} X$ 的子格. 所以, 在向量空间 $E^* \otimes X^*$ 上, 有

$$\|u\|_{E^*\otimes_{|\pi|}X^*} \leqslant \|u\|_{G\otimes_{|\pi|}X^*} = \|u\|^*_{G^*\otimes_{|\varepsilon|}X} \leqslant \|u\|^*_{E\otimes_{|\varepsilon|}X}. \qquad \blacksquare$$

最后, 来讨论一下包含 c_0, ℓ_∞ 和 ℓ_1 副本的问题. 包含 c_0, ℓ_∞ 和 ℓ_1 副本是可分确定的. 也就是说, Banach 空间具有这些性质当且仅当其每个可分的闭子空间具有相同的性质. 利用类似于文献 [2] 的方法, 可以证明以下结果是成立的.

定理 5.14　　设 E 是原子 Banach 格, X 是 Banach 格, 则

(1) $E\hat{\otimes}_{|\pi|}X$ 不包含与 c_0 同构的子格当且仅当 E 和 X 都不包含与 c_0 同构的子格.

(2) $E\hat{\otimes}_{|\pi|}X^*$ 不包含与 ℓ_∞ 同构的子格当且仅当 E 和 X 都不包含与 ℓ_∞ 同构的子格.

(3) $E\check{\otimes}_{|\varepsilon|}X$ 不包含与 ℓ_1 同构的子格当且仅当 E 和 X 都不包含与 ℓ_1 同构的子格.

利用引理 5.9, 类似于定理 5.12, 可以证明下面结论.

定理 5.15　　设 E 是原子自反 Banach 格, X 是 Banach 格, 则

(1) $E\check{\otimes}_{|\varepsilon|}X$ 不包含与 c_0 同构的子格当且仅当 X 不包含与 c_0 同构的子格且每个从 E^* 到 X 的正线性算子是紧的.

(2) $E\hat{\otimes}_{|\pi|}X$ 不包含与 ℓ_1 同构的子格当且仅当 X 不包含与 ℓ_1 同构的子格且每个从 E 到 X^* 的正线性算子是紧的.

(3) $E\check{\otimes}_{|\varepsilon|}X$ 不包含与 ℓ_∞ 同构的子格当且仅当 X 不包含与 ℓ_∞ 同构的子格.

由于若 λ 是自反的, 则 λ 和 λ' 都是 σ-序连续的, 因此, 根据命题 5.7、定理 5.8 以及定理 5.10 可知以下结果成立.

定理 5.16　　设 λ 是自反 Banach 序列格, X 是 Dedekind 完备的 Banach 格, 则

(1) $\mathcal{K}^r(\lambda, X)$ 不包含与 ℓ_∞ 同构的子格当且仅当 X 不包含与 ℓ_∞ 同构的子格.

(2) $\mathcal{L}^r(\lambda, X^*)$ 不包含与 ℓ_∞ 同构的子格当且仅当 X^* 不包含与 ℓ_∞ 同构的子格, 且每个从 λ 到 X^* 的正线性算子是紧的.

推论 5.3　　设 $1 < p, q < \infty$ 且 E_q 是无穷维自反 L_q-空间, 则

(1) 对每个 p, q 满足 $1 < p, q < \infty$, 有 $\mathcal{K}^r(\ell_p, E_q)$ 不包含与 ℓ_∞ 同构的子格.

(2) $\mathcal{K}^r(\ell_p, E_q)$ 不包含与 c_0 同构的子格当且仅当 $p > q$.

(3) $\mathcal{L}^r(\ell_p, E_q)$ 不包含与 ℓ_∞ 同构的子格当且仅当 $p > q$.

从上面推论可以得到以下有趣的例子. 若 $1 < p \leqslant q < \infty$, 则 $\mathcal{K}^r(\ell_p, E_q)$ 包含与 c_0 同构的子格, 但不包含与 ℓ_∞ 同构的子格.

5.3　原子 Banach 格的正投影张量积的完全连续性质

Randrianantoanina Narcisse 和 Saab Elias 在 1993 年就讨论了 Bochner 函数空间 (解析) 完全连续性质的继承问题[30], Bu Shangquan[8] 和 Randrianantoanina[29] 也讨论了完全连续性质. Dowling[12,13] 讨论了投影张量积 $L_p[0,1]\hat{\otimes}_\pi Y$ 和 $U\hat{\otimes}_\pi Y$ 对这两个性质的继承, 这里 Y 是 Banach 空间, U 是具有无条件基的 Banach 空间.

对于 Banach 格 E 和 X, 投影张量积 $E \hat{\otimes}_\pi X$ 可能不是 Banach 格. 例如, 对于 $\frac{1}{p} + \frac{1}{q} \leqslant 1$, $\ell_p \hat{\otimes}_\pi \ell_q$ 不是 Banach 格[23].

Fremlin 研究了 Banach 格 E 和 X 的正投影张量积 $E \hat{\otimes}_{|\pi|} X$, 它是 Banach 格[16,17].

Dowling[13] 和 Bu Qingying 等[4] 研究了正投影张量积 $\ell_p \hat{\otimes}_{|\pi|} X (1 \leqslant p < \infty)$ 和 $\ell_\varphi \hat{\otimes}_{|\pi|} X$ (其中 ℓ_φ 是 Orlicz 序列空间) 对 (解析) 完全连续性的继承问题.

本节内容主要选自文献 [20]. 本节将使用半嵌入理论讨论正投影张量积 $E \hat{\otimes}_{|\pi|} X$ 从 E 到 X 继承这两个性质的情况, 这里 E 是原子 Banach 格, X 是可分的 Banach 格.

先回顾一些基本的概念[28].

定义 5.5 若 X 到 Y 的有界线性算子 T 将 Banach 空间 X 中的弱收敛到 0 的序列映为 Banach 空间 Y 中收敛到 0 的范数序列, 则称有界线性算子 T 是完全连续的 (或 Dunford-Pettis 算子).

若对于任意有限测度空间 (Ω, Σ, v), 每个从 $L_1(v)$ 到 X 的有界线性算子是完全连续的, 或等价地, 若对于任意有限测度空间 (Ω, Σ, v), 每个有界变差可数可加的 v-连续 X 值的测度 μ 具有相对紧值域, 即 $\{\mu(A) : A \in \Sigma\}$ 是 X 的相对紧子集, 则 Banach 空间 X 被称为具有完全连续性 (简称 CCP).

设 X 是复 Banach 空间, $\mathbb{T} = \{z \in \mathbb{C} : |z| = 1\}$ 是 $\mathbb{C}$ 的单位圆盘, B 是 $\mathbb{T}$ 的 Borel 子集构成的 σ-代数, λ 是 $\mathbb{T}$ 上的归一化 Lebesgue 测度. 有界变差的可数可加的 X-值测度 μ 称为解析的, 若对所有 $n < 0$, 它的 Fourier 系数 $\hat{\mu}(n) = \int_{\mathbb{T}} e^{-int} d\mu(t) = 0$.

定义 5.6 若每个解析 X-值测度具有相对紧值域, 则称复 Banach 空间 X 具有解析的完全连续性[31].

先考虑与离散阿贝尔群的子集相关的完全连续性质. 设 G 是紧的可度量化的阿贝尔群, $B(G)$ 是 G 的 Borel 子集构成的 σ-代数, λ 是对 G 的赋范 Haar 测度, Γ 是 G 的对偶群.

对于实的或复的 Banach 空间 X, 用 $L_1(G, X)$ 表示 G 上取值于 X 的 λ-Bochner 可积函数的所有等价类构成的 Banach 空间. 用 $L_\infty(G, X)$ 表示 G 上取值于 X 的本质有界的所有等价类构成的 Banach 空间.

设 μ 是 $B(G)$ 上可数可加的 X-值测度, 若 $\sup \sum_{A \in \pi} \|\mu(A)\| < \infty$ (这里对 G 的所有测度有限的可测部分取上确界), 则称 μ 是有界变差. 若存在正的常数 c, 使得对每个 $A \in B(G)$, 有 $\|\mu(A)\| \leqslant c\lambda(A)$ 成立, 则称测度 μ 具有有界平均值域. 用 $\mathcal{M}_1(G, X)$ 表示 $B(G)$ 上所有有界变差的 X-值测度空间, 并用 $\mathcal{M}_\infty(G, X)$ 表

示在 $B(G)$ 上的所有有界平均值域的 X-值测度空间.

对于 $\gamma \in \Gamma$ 和 $f \in L_1(G, X)$, 将 f 在 γ 处的 Fourier 系数定义为

$$\hat{f}(\gamma) = \int_G f(t)\overline{\gamma}(t)d\lambda(t).$$

类似地, 对于 $\mu \in \mathcal{M}_1(G, X)$, 将 μ 在 γ 处的 Fourier 系数定义为

$$\hat{\mu}(\gamma) = \int_G \overline{\gamma}(t)d\mu(t).$$

回顾一下文献 [32] 中的一些定义.

定义 5.7　设 Λ 是 Γ 的子集. 若对所有 $\gamma \notin \Lambda$ 有 $\hat{\mu}(\gamma) = 0$, 则 $\mathcal{M}_1(G, X)$ 中的测度 μ 被称为 Λ-测度.

若在 $\mathcal{M}_\infty(G, X)$ 中的每个 Λ-测度 μ 具有相对紧值域, 则称 Banach 空间 X 具有类型 I-Λ-完全连续性 (简称 I-Λ-CCP).

若在 $\mathcal{M}_1(G, X)$ 中的每个 Λ-测度 μ 具有相对紧值域, 则称 Banach 空间 X 具有类型 II-Λ- 完全连续性 (简称 II-Λ-CCP).

由文献 [32] 可知, 若 Cantor 群 $G = \{-1, 1\}^{\mathbb{N}}$, 则 $\Gamma = \{-1, 1\}^{(\mathbb{N})}$ 和 $B(G)$ 上具有在实 Banach 空间值的测度上的 Fourier 系数是有明确定义的. 若 $\Lambda = \Gamma$, 则 I-Λ-CCP 和 II-Λ-CCP 是等价的, 并且等价于通常的完全连续性.

另外, 若 $G = \mathbb{T}$, 则 $\Gamma = \mathbb{Z}$ 和 $B(G)$ 上具有复 Banach 空间值的测度的 Fourier 系数是有明确定义的. 若 $\Lambda = \mathbb{Z}$, 则 I-Λ-CCP 和 II-Λ-CCP 是等价的, 并等价于通常的完全连续性. 若 $\Lambda = \mathbb{N} \cup \{0\}$, 则 I-$\Lambda$-CCP 和 II-$\Lambda$-CCP 是等价的, 并且等价于通常的解析完全连续性.

对于矢量格 X, 用 X^+ 表示其正锥. X-值的序列空间 $X^{\mathbb{N}}$ 是向量格, 其序和格运算是按照坐标定义的.

对于每个 $\bar{x} = (x_i)_i \in X^{\mathbb{N}}$ 和每个 $n \in \mathbb{N}$, 令

$$\bar{x}(\leqslant n) = (x_1, \cdots, x_n, 0, 0, \cdots), \quad \bar{x}(\geqslant n) = (0, \cdots, 0, x_n, x_{n+1}, \cdots).$$

对于 Banach 格 X, 用 X^* 表示其拓扑对偶, B_X 表示其闭单位球. 前面已经知道, 若在 X 中有 $0 \leqslant x_n \downarrow 0$, 在 X 中有 $x_n \to 0$, 则称 Banach 格 X 是 σ-序连续的.

设 λ 为序列空间, 即 $\mathbb{R}^{\mathbb{N}}$ 的子空间. λ 的 Köthe 对偶定义为

$$\lambda' = \left\{ (b_i)_i \in \mathbb{R}^{\mathbb{N}} : \sum_{i=1}^{\infty} |a_i b_i| < +\infty, \ 任意 \ (a_i)_i \in \lambda \right\}.$$

另外, 若 λ 是 Banach 格, 则 $\lambda' \subseteq \lambda^*$. 因此, λ' 在 λ^* 诱导的范数下也是 Banach 格.

从现在开始, 总是假设 λ 是 Banach 序列格, 使得对所有 $i \in \mathbb{N}$, 有 $\lambda'' = \lambda$ 和 $\|e_i\|_\lambda = 1$, 这里 e_i 是序列空间 λ 中的标准单位向量.

设 X 是 Banach 格, 回顾文献 [2] 中引入的以下四种 Banach 格值的序列空间.

1. 定义

$$\lambda'_w(X^*) = \lambda'_{\text{weak}}(X^*) = \{\bar{x}^* = (x_i^*)_i \in X^{*\mathbb{N}} : (x_i^*(x))_i \in \lambda', \text{ 任意 } x \in X\}$$

和

$$\|\bar{x}^*\|_{\lambda'_w(X^*)} = \sup\{\|(x_i^*(x))_i\|_{\lambda'} : x \in B_X\}, \quad \text{任意 } \bar{x}^* = (x_i^*)_i \in \lambda'_w(X^*).$$

则 $\lambda'_w(X^*)$ 是 Banach 空间, 但可能不是 Banach 格.

2. 定义

$$\begin{aligned} \lambda_s(X) &= \lambda_{\text{strong}}(X) \\ &= \left\{\bar{x} = (x_i)_i \in X^{\mathbb{N}} : \sum_{i=1}^\infty |x_i^*(x_i)| < +\infty, \text{ 任意 } (x_i^*)_i \in \lambda'_w(X^*)\right\} \end{aligned}$$

以及

$$\|\bar{x}\|_{\lambda_s(X)} = \sup\left\{\left|\sum_{i=1}^\infty x_i^*(x_i)\right| : (x_i^*)_i \in B_{\lambda'_w(X^*)}\right\}, \quad \text{任意 } \bar{x} = (x_i)_i \in \lambda_s(X).$$

则 $\lambda_s(X)$ 是 Banach 空间, 但可能不是 Banach 格.

3. 定义

$$\lambda'_\varepsilon(X^*) = \{\bar{x}^* = (x_i^*)_i \in X^{*\mathbb{N}} : (|x_i^*|(x))_i \in \lambda', \text{ 任意 } x \in X^+\}$$

和

$$\|\bar{x}^*\|_{\lambda'_\varepsilon(X^*)} = \sup\{\|(|x_i^*|(x))_i\|_{\lambda'} : x \in B_{X^+}\}, \quad \text{任意 } \bar{x}^* = (x_i^*)_i \in \lambda'_\varepsilon(X^*).$$

则 $\lambda'_\varepsilon(X^*)$ 是 Banach 格.

4. 定义

$$\lambda_\pi(X) = \left\{\bar{x} = (x_i)_i \in X^{\mathbb{N}} : \sum_{i=1}^\infty x_i^*(|x_i|) < +\infty, \text{ 任意 } (x_i^*)_i \in \lambda'_\varepsilon(X^*)^+\right\}$$

和

$$\|\bar{x}\|_{\lambda_\pi(X)} = \sup\left\{\sum_{i=1}^\infty x_i^*(|x_i|) : (x_i^*)_i \in B_{\lambda'_\varepsilon(X^*)^+}\right\}, \quad \text{任意 } \bar{x} = (x_i)_i \in \lambda_\pi(X).$$

则 $\lambda_\pi(X)$ 是 Banach 格. 令 $\lambda_{\pi,0}(X)$ 表示 $\lambda_\pi(X)$ 的闭子格, 该子格由 $\lambda_\pi(X)$ 的所有如下所示元素组成, 它们的尾项会收敛到 0, 即

$$\lambda_{\pi,0}(X) = \{\bar{x} \in \lambda_\pi(X) : \lim_n \|\bar{x}(\geqslant n)\|_{\lambda_\pi(X)} = 0\},$$

则 $\lambda_{\pi,0}(X)$ 是 $\lambda_\pi(X)$ 的理想.

命题 5.12   若 λ 是 σ-序连续的, 则 $\lambda_{\pi,0}(X) = \lambda_\pi(X)$.

证明   任取 $\bar{x} = (x_i)_i \in \lambda_\pi(X)$. 不失一般性, 不妨设 $\bar{x}$ 为正元. 对于每个 $n \in \mathbb{N}$, 有 $\bar{x}(\leqslant n) = (x_1, \cdots, x_n, 0, 0, \cdots) \in \lambda_s(X)$. 由于 $\bar{x}(\leqslant n)$ 为正元, 因此

$$\|\bar{x}(\leqslant n)\|_{\lambda_s(X)} = \|\bar{x}(\leqslant n)\|_{\lambda_\pi(X)} \leqslant \|\bar{x}\|_{\lambda_\pi(X)}, \quad n = 1, 2, \cdots.$$

对任意 $\bar{x}^* = (x_i^*)_i \in \lambda_w'(X^*)$ 以及任意 $n \in \mathbb{N}$, 有

$$\sum_{i=1}^{n} |x_i^*(x_i)| \leqslant \|\bar{x}^*(\leqslant n)\|_{\lambda_w'(X^*)} \cdot \|\bar{x}(\leqslant n)\|_{\lambda_s(X)} \leqslant \|\bar{x}^*\|_{\lambda_w'(X^*)} \cdot \|\bar{x}\|_{\lambda_\pi(X)}.$$

故 $\sum_{i=1}^{\infty} |x_i^*(x_i)| < \infty$, 因此, $\bar{x} \in \lambda_s(X)$. 所以, 由文献 [2] 的命题 5.2 可知 $\bar{x} \in \lambda_{\pi,0}(X)$. ∎

对于 Archimedean 的 Riesz 空间 X 和 Y, 令 $X \bar{\otimes} Y$ 表示 X 和 Y 的 Riesz 空间张量积, 正锥 C_p 的定义如下[16]:

$$C_p = \left\{ \sum_{k=1}^{n} x_k \otimes y_k : n \in \mathbb{N}, \ x_k \in X^+, \ y_k \in Y^+ \right\}.$$

若 X 和 Y 是 Banach 格, 定义 $X \bar{\otimes} Y$ 上的正投影张量范数, 对每个 $u \in X \bar{\otimes} Y$, 有

$$\|u\|_{|\pi|} = \inf \left\{ \sum_{k=1}^{n} \|x_k\| \cdot \|y_k\| : x_k \in X^+, y_k \in Y^+, |u| \leqslant \sum_{k=1}^{n} x_k \otimes y_k \right\}.$$

用 $X \hat{\otimes}_{|\pi|} Y$ 表示 $X \bar{\otimes} Y$ 关于 $\| \cdot \|_{|\pi|}$ 的完备化空间, 则 $X \hat{\otimes}_{|\pi|} Y$ 是 Banach 格, 称为 X 和 Y 的正投影张量积, 或者 Fremlin 张量积[16].

Bu Qingying 和 Buskes 得到了正投影张量积 $\lambda \hat{\otimes}_{|\pi|} X$ 与 Banach 格值的序列空间 $\lambda_{\pi,0}(X)$ 的关系[2].

命题 5.13   若 λ 是 σ-序连续的, 则 $\lambda \hat{\otimes}_{|\pi|} X$ 与 $\lambda_{\pi,0}(X)$ 是等距同构的, 并且是格同态的.

定义

$$\lambda(X) = \{\bar{x} = (x_i)_i \in X^{\mathbb{N}} : (\|x_i\|)_i \in \lambda\}$$

和范数

$$\|\bar{x}\|_{\lambda(X)} = \|(\|x_i\|)_i\|_\lambda,$$

则 $\lambda(X)$ 是 Banach 格.

若 λ 是 σ-序连续的, 从文献 [2] 的定理 3.4 可得出, 对于每个 $a = (a_i)_i \in \lambda$, 有 $\lim\limits_n \|a(\geqslant n)\|_\lambda = 0$, 因此, 对于每个 $\bar{x} \in \lambda(X)$, 都有 $\lim\limits_n \|\bar{x}(\geqslant n)\|_{\lambda(X)} = 0$.

下面引理是 Dunford 和 Schwartz 的书中 259 页引理 4 的特殊情况[15].

命题 5.14 设 λ 是 σ-序连续的, 则 $\lambda(X)$ 的子集 B 是相对紧的当且仅当对于每个 $i \in \mathbb{N}, \{x_i : \bar{x} = (x_i)_i \in B\}$ 是 X 的相对紧子集, 并且

$$\lim\limits_n \sup\{\|\bar{x}(\geqslant n)\|_{\lambda(X)} : \bar{x} \in B\} = 0.$$

推论 5.4 设 λ 是 σ-序连续的, 则 λ 的子集 B 是相对紧的当且仅当对于每个 $i \in \mathbb{N}, \{a_i : a = (a_i)_i \in B\}$ 是 $\mathbb{R}$ 的有界子集, 且 $\lim\limits_n \sup\{\|a(\geqslant n)\|_\lambda : a = (a_i)_i \in B\} = 0$.

命题 5.15 设 λ 是 σ-序连续的, G 是紧的可度量化的阿贝尔群, Γ 是 G 的对偶群, 且 Λ 是 Γ 的子集, 则

(1) $\lambda(X)$ 具有 I-Λ-CCP 当且仅当 λ 和 X 两个都具有 I-Λ-CCP.

(2) $\lambda(X)$ 具有 II-Λ-CCP 当且仅当 λ 和 X 两个都具有 II-Λ-CCP.

证明 这里只给出 II-Λ-CCP 的证明, I-Λ-CCP 情况的证明是类似的, 这里省略了它的证明.

明显地, 只需要证明若 λ 和 X 具有 II-Λ-CCP, 则 $\lambda(X)$ 具有 II-Λ-CCP.

设 $\mu : B(G) \to \lambda(X)$ 是 λ-连续的, 有界变差的 Λ-测度. 下面将证明 $\{\mu(E) : E \in B(G)\}$ 是 $\lambda(X)$ 的相对紧子集.

对于每个 $i \in \mathbb{N}$, 定义

$$\mu_i : B(G) \to X, \quad E \mapsto \mu(E)_i,$$

这里 $\mu(E)_i$ 是 $\mu(E)$ 的第 i 个坐标. 注意对于每个 $E \in B(G)$, 有 $\|\mu_i(E)\|_X \leqslant \|\mu(E)\|_{\lambda(X)}$. 每个 μ_i 也是 λ-连续的有界变差的 Λ-测度. 由于 X 具有 II-Λ-CCP, 则对每个 $i \in \mathbb{N}$,

$$\{\mu(E)_i = \mu_i(E) : E \in B(G)\} \tag{5.10}$$

是 X 的相对紧子集. 定义

$$\tilde{\mu} : B(G) \to \lambda, \ E \mapsto (\|\mu(E)_i\|_X)_i.$$

则对于每个 $E \in B(G)$, 有 $\|\tilde{\mu}(E)\|_\lambda = \|\mu(E)\|_{\lambda(X)}$. 因此, $\tilde{\mu}$ 是 λ-连续的有界变差的 Λ-测度. 由于 λ 具有 II-Λ-CCP, 因此 $\{\tilde{\mu}(E) : E \in B(G)\}$ 是 λ 的相对紧子集.

根据推论 5.4, 有

$$\limsup_n \{\| (0, \cdots, 0, \|\mu(E)_n\|_X, \|\mu(E)_{n+1}\|_X, \cdots)\|_\lambda : E \in B(G)\} = 0.$$

因此

$$\limsup_n \{\| (0, \cdots, 0, \mu(E)_n, \mu(E)_{n+1}, \cdots)\|_{\lambda(X)} : E \in B(G)\} = 0. \quad (5.11)$$

所以, 由 (5.10), (5.11) 和命题 5.14 可以得出, $\{\mu(E) : E \in B(G)\}$ 是 $\lambda(X)$ 的相对紧子集. ■

回顾一下 Lotz 在 [26] 中给出的概念.

定义 5.8　若 T 是一一对应的, 并且 $T[B_Z]$ 是 Banach 空间 Y 的闭子集, 则称 Banach 空间 Z 到 Y 的有界线性算子 T 是半嵌入的. 若存在从 Banach 空间 Z 到 Banach 空间 Y 的半嵌入, 则称 Z 可半嵌入 Y 中.

定理 5.17　$\lambda_\pi(X)$ 可半嵌入 $\lambda(X)$ 中.

证明　容易知道, 对每个 $\bar{x}^* \in \lambda'(X^*)$, 有 $\lambda'(X^*) \subseteq \lambda'_\varepsilon(X^*)$, 并且 $\|\bar{x}^*\|_{\lambda'_\varepsilon(X^*)} \leqslant \|\bar{x}^*\|_{\lambda'(X^*)}$.

由于 $\lambda'' = \lambda$, 因此, 对每个 $\bar{x} \in \lambda_\pi(X)$, 有 $\lambda_\pi(X) \subseteq \lambda(X)$ 和 $\|\bar{x}\|_{\lambda(X)} \leqslant \|\bar{x}\|_{\lambda_\pi(X)}$.

接下来将证明从 $\lambda_\pi(X)$ 到 $\lambda(X)$ 的包含映射是半嵌入的.

在 $B_{\lambda_\pi(X)}$ 和 $\bar{x} \in \lambda(X)$ 中取序列 $\{\bar{x}^{(n)}\}_1^\infty$, 使得在 $\lambda(X)$ 上有 $\bar{x}^{(n)} \to \bar{x}$. 任取 $\bar{x}^* = (x_i^*)_i \in \lambda'_\varepsilon(X^*)^+$, $\varepsilon > 0$, $m \in \mathbb{N}$. 由于对每个 $i \in \mathbb{N}$, 在 X 上有 $x_i^{(n)} \to x_i$, 因此, 存在 $n_0 \in \mathbb{N}$, 使得

$$x_i^*(|x_i^{(n_0)} - x_i|) < \frac{1}{m}, \quad i = 1, \cdots, m.$$

故

$$\sum_{i=1}^m x_i^*(|x_i|) \leqslant \sum_{i=1}^m x_i^*(|x_i - x_i^{(n_0)}|) + \sum_{i=1}^m x_i^*(|x_i^{(n_0)}|)$$
$$\leqslant \varepsilon + \|\bar{x}^*\|_{\lambda'_\varepsilon(X^*)} \cdot \|\bar{x}^{(n_0)}\|_{\lambda_\pi(X)}$$
$$\leqslant \varepsilon + \|\bar{x}^*\|_{\lambda'_\varepsilon(X^*)},$$

因此, $\sum_{i=1}^\infty x_i^*(|x_i|) \leqslant \|\bar{x}^*\|_{\lambda'_\varepsilon(X^*)}$. 从而, $\bar{x} \in \lambda_\pi(X)$ 和 $\|\bar{x}\|_{\lambda_\pi(X)} \leqslant 1$. 所以, $\bar{x} \in B_{\lambda_\pi(X)}$ 及其包含映射是半嵌入的. ■

当 Banach 空间 Z 的每个可分闭子空间具有 $\mathcal{P}$ 时, Banach 空间 Z 具有 $\mathcal{P}$, 则称 Banach 空间的 $\mathcal{P}$ 性质是可分确定的.

当每当可分的 Banach 空间 Z 半嵌入带有 $\mathcal{P}$ 的 Banach 空间 Y 时, Z 具有 $\mathcal{P}$, 称 Banach 空间是可分可半嵌入稳定的.

从文献 [32] 可知下面结论成立.

命题 5.16   I-Λ-CCP 和 II-Λ-CCP 是可分确定的, 并且是可分可半嵌入稳定的.

引理 5.11   设 E 是 Dedekind 完备可分的 Banach 格, 则 E 是原子的当且仅当存在从 E 到 $\mathbb{R}^{\mathbb{N}}$ 的子格的序连续且单射的格同态[38].

定理 5.18   设 E 是原子 KB-空间, X 是可分的 Banach 格, G 是紧的可度量化的阿贝尔群, Γ 是 G 的对偶群, 且 Λ 是 Γ 的子集, 则 $E\hat{\otimes}_{|\pi|}X$ 具有 I-Λ-CCP (或 II-Λ-CCP) 当且仅当 E 和 X 都具有 I-Λ-CCP(或 II-Λ-CCP).

证明   要证明 $E\hat{\otimes}_{|\pi|}X$ 具有 I-Λ-CCP(或 II-Λ-CCP), 只需证明 $E\hat{\otimes}_{|\pi|}X$ 中的每个可分的闭子格 S 具有 I-Λ-CCP(或 II-Λ-CCP).

由文献 [2] 的命题 6.3 可知, 存在 E 的理想 F, 使得 F 由 E 的可分闭子格生成, 且 S 是 $F\hat{\otimes}_{|\pi|}X$ 的闭子格. 由于由原子 KB-空间中的可分闭子格生成的理想也是可分的. 因此, F 是可分的.

由引理 5.11, 存在从 F 到 $\mathbb{R}^{\mathbb{N}}$ 的子格 $\phi[F]$ 的序连续且单射的格同态 ϕ.

对所有的 $f \in F$, 定义 $\phi[F]$ 上的范数 $\|\phi(f)\| = \|f\|$, 则 ϕ 也是等距映射. 因此, $\lambda := \phi[F]$ 是 KB-空间, 使得 $F\hat{\otimes}_{|\pi|}X$ 与 $\lambda\hat{\otimes}_{|\pi|}X$ 是等距同构的且格同态的.

根据命题 5.13, 在等距意义下, 有 $\lambda\hat{\otimes}_{|\pi|}X = \lambda_{\pi,0}(X)$. 因此, 要证明 S 具有 I-Λ-CCP(或 II-Λ-CCP), 只需证明 $\lambda_{\pi,0}(X)$ 具有 I-Λ-CCP(或 II-Λ-CCP).

根据 λ 是 σ-序连续的, 有 $\lambda_{\pi,0}(X) = \lambda_\pi(X)$, 以及 $\lambda_\pi(X)$ 可半嵌入 $\lambda(X)$ 中, 有 $\lambda_{\pi,0}(X)(= \lambda_\pi(X))$ 半嵌入 $\lambda(X)$. 由于 $\lambda_{\pi,0}(X)$ 是可分的, 且 $\lambda(X)$ 具有 I-Λ-CCP(或 II-Λ-CCP). 因此, $\lambda_{\pi,0}(X)$ 具有 I-Λ-CCP(或 II-Λ-CCP). ■

众所周知, c_0 不具有 (解析) 完全连续性质, 因此, 若 E 具有 (解析) 完全连续性质, 则 E 不包含 c_0 副本, 因此, E 是 KB-空间. 所以, 下面结论成立.

推论 5.5   设 E 是原子 Banach 格, X 是可分的 Banach 格, 则 $E\hat{\otimes}_{|\pi|}X$ 具有完全连续性质 (或具有解析完全连续性质) 当且仅当 E 和 X 具有同样的性质.

5.4 Banach 格的正张量积的序连续

Banach 格 X 是序 (或 σ-序) 连续的, 若在 X 上有 $0 \leqslant x_\alpha \downarrow 0$ (或者 $0 \leqslant x_n \downarrow 0$), 则 $\|x_\alpha\| \to 0$ (或者 $\|x_n\| \to 0$).

Banach 格 X 是 Levi (或者 σ-Levi) 空间, 若在 X 上有 $0 \leqslant x_\alpha \uparrow$ (或者 $0 \leqslant x_n \uparrow$), 且 $\sup_\alpha \|x_\alpha\| < \infty$ (或 $\sup_n \|x_n\| < \infty$), 则 $\sup_\alpha x_\alpha$(或者 $\sup_n x_n$) 属于 X.

下面的问题是有趣的.

问题 5.4　若 Banach 格 X 和 Y 都是序连续的、σ-序连续的、Levi 或 σ-Levi, 则 X 和 Y 的正投影张量积 $X\hat{\otimes}_{|\pi|}Y$, 以及 X 和 Y 的正内射张量积 $X\check{\otimes}_{|\varepsilon|}Y$ 也是序连续的、σ-序连续的、Levi 或 σ-Levi 吗?

本节利用文献 [2] 中对 λ 是 Banach 序列格, X 是 Banach 格时给出的 $\lambda\hat{\otimes}_{|\pi|}X$ 和 $\lambda\check{\otimes}_{|\varepsilon|}X$ 的序列表示, 得到 $\lambda\hat{\otimes}_{|\pi|}X$ 和 $\lambda\check{\otimes}_{|\varepsilon|}X$ 描述成序连续的、σ-序连续的、Levi 或 σ-Levi 的刻画. 本节内容主要来自文献 [39].

5.4.1　Banach 序列格

对于 Banach 格 X, 令 X^+ 表示其正锥, X^* 表示其拓扑对偶, 而 B_X 表示其闭单位球.

设 λ 为实心序列空间, 即 $\mathbb{R}^{\mathbb{N}}$ 的子空间, 使得若对所有 $i \in \mathbb{N}$ 和 $(b_i)_i \in \lambda$ 有 $|a_i| \leqslant |b_i|$, 则 $(a_i)_i \in \lambda$.

λ 的 Köthe 对偶定义为

$$\lambda' = \left\{ (b_i)_i \in \mathbb{R}^{\mathbb{N}} : \sum_{i=1}^{\infty} |a_i b_i| < +\infty, \ \text{任意} \ (a_i)_i \in \lambda \right\}.$$

显然, λ' 是实心的序列空间, 并且 $\lambda''' = \lambda'$.

若 $\lambda'' = \lambda$, 则序列空间 λ 被称为完美的.

Banach 序列格是指实心序列空间 λ 具有完备的格范数 $\|\cdot\|_{\lambda}$. 在这种情况下, $\lambda' \subseteq \lambda^*$. 因此, λ' 在 λ^* 诱导的范数下也是 Banach 序列格, 对于每个 $b = (b_i)_i \in \lambda'$, 有

$$\|b\|_{\lambda'} = \|b\|_{\lambda^*} = \sup \left\{ \left| \sum_{i=1}^{\infty} a_i b_i \right| : (a_i)_i \in B_{\lambda} \right\}.$$

命题 5.17　设 λ 是 Banach 序列格, 则 λ 是 σ-Levi 空间当且仅当 λ 是完美的, 即 $\lambda'' = \lambda$.

证明　任取 $\bar{a}^{(n)} = (a_i^{(n)})_i \in \lambda$, 使得 $0 \leqslant \bar{a}^{(n)} \uparrow$, 并且 $M = \sup_n \|\bar{a}^{(n)}\|_{\lambda} < \infty$, 则对于所有 $i \in \mathbb{N}$, 有 $0 \leqslant a_i^{(n)} \uparrow$, 并且 $\sup_n |a_i^{(n)}| \leqslant M < \infty$. 因此, 存在 $a_i \in \mathbb{R}$, 使得 $\lim_n a_i^{(n)} = a_i$. 令 $\bar{a} = (a_i)_i$, 则 $\bar{a} = \sup_n \bar{a}^{(n)}$.

接下来, 将证明 $\bar{a} \in \lambda''$. 任取 $(b_i)_i \in \lambda', m \in \mathbb{N}$. 则存在 $n \in \mathbb{N}$, 使得

$$|a_i^{(n)} - a_i| \leqslant \frac{1}{m(|b_i| + 1)}, \quad i = 1, 2, \cdots, m.$$

记 $s_{i,n} = \text{sign}(a_i^{(n)} b_i)$, 则

$$\sum_{i=1}^{m} |a_i b_i| \leqslant \sum_{i=1}^{m} |a_i^{(n)} - a_i| \cdot |b_i| + \left| \sum_{i=1}^{m} s_{i,n} a_i^{(n)} b_i \right|$$

$$\leqslant \sum_{i=1}^{m} \frac{|b_i|}{m(|b_i| + 1)} + \|(a_i^{(n)})_i\|_\lambda \cdot \|(s_{i,n}b_i)_i\|_{\lambda'}$$

$$\leqslant 1 + M \cdot \|(|s_{i,n}b_i|)_i\|_{\lambda'}$$

$$= 1 + M \cdot \|(b_i)_i\|_{\lambda'}.$$

故 $\sum_{i=1}^{\infty} |a_i b_i| < \infty$, 因此, $\bar{a} = (a_i)_i \in \lambda'' = \lambda$.

另一方面, 任取 $\bar{a} = (a_i)_i \in \lambda''$, 令

$$\bar{a}^{(n)} = (|a_1|, |a_2|, \cdots, |a_n|, 0, 0, \cdots), \quad n = 1, 2, \cdots,$$

则对所有 $n \in \mathbb{N}$, 有 $\bar{a}^{(n)} \in \lambda$, 使得 $0 \leqslant \bar{a}^{(n)} \uparrow$, 且

$$\|\bar{a}^{(n)}\|_\lambda = \|\bar{a}^{(n)}\|_{\lambda''} \leqslant \|\bar{a}\|_{\lambda''} = \|\bar{a}\|_{\lambda''}.$$

因此, $\sup\limits_{n} \bar{a}^{(n)}$ 属于 λ. 由于 $|\bar{a}| = \sup\limits_{n} \bar{a}^{(n)}$ 和 λ 是实心的, 因此, $\bar{a} \in \lambda$. ■

用 λ_0 记 λ 的闭子格, 该子格由 λ 的所有尾项收敛到 0 的序列组成, 即

$$\lambda_0 = \{(a_i)_i \in \lambda : \lim_n \|(0, \cdots, 0, a_n, a_{n+1}, \cdots)\|_\lambda = 0\},$$

则 λ_0 是 λ 的理想.

命题 5.18 设 λ 是 Banach 序列格, 则下列条件等价.

(1) λ 是 σ-序连续的;

(2) $\lambda = \lambda_0$;

(3) $\lambda' = \lambda^*$.

证明 (1) 与 (2) 等价是后面命题 $\lambda_\varepsilon(X)$ 是序 (或 σ-序) 连续的当且仅当 X 是序 (或 σ-序) 连续的且 $\lambda_\varepsilon(X) = \lambda_{\varepsilon,0}(X)$ 的特例.

由 $(\lambda_0)^* = (\lambda_0)' = \lambda'$ 可知 (2) 可推出 (3).

现在假设 (3) 成立. 对于每个 $a = (a_i)_i \in \lambda$, 每个 $b = (b_i)_i \in \lambda'$, 用 $H_a(b) = (a_i b_i)_i$ 定义线性算子 $H_a : \lambda' \to \ell_1$.

由于 λ 是实心的, 因此, 对每个 $(t_i)_i \in \ell_\infty$, 有 $(t_i a_i)_i \in \lambda$. 故 $H_a : \lambda(= \lambda^*) \to \ell_1$ 是弱 $*$ 到弱连续的.

根据 Banach-Alaoglu 定理, $B_{\lambda'}$ 是 λ' 的弱 $*$ 紧子集. 因此, $\{(a_i b_i)_i : (b_i)_i \in B_{\lambda'}\}$ 是 ℓ_1 的弱紧集. 所以

$$\lim_n \|(0, \cdots, 0, a_n, a_{n+1}, \cdots)\|_\lambda = \lim_n \sup \left\{ \left| \sum_{i=n}^{\infty} a_i b_i \right| : (b_i)_i \in B_{\lambda'} \right\} = 0.$$

从而, (2) 成立. ■

定义 5.9　若在 X 上存在格同态投影的序列 $\{P_i\}_1^\infty$, 使得对 $i \neq j$ 有 $P_i \circ P_j = 0$, 以及对于每个 $x \in X$, 有 $x = \sum_{i=1}^\infty P_i(x)$, 则称 Banach 格具有格分解.

若每个 $P_i[X]$ 是有限维的, 则称 X 具有有限维格分解[2].

明显地, 若 $\lambda_0 = \lambda$, 则 λ 具有有限维的格分解. 因此, 根据上面命题和文献 [2] 的定理 3.3, 可以得出以下结论.

命题 5.19　设 λ 是 Banach 序列格, 则下列条件等价.

(1) λ 是 σ-序连续的, 并且是 σ-Levi 空间.

(2) λ 是序连续的, 而且是 Levi 空间.

(3) λ 是 Kantorovich-Banach 空间.

(4) λ 具有 Radon-Nikodym 性质.

由于 Banach 格 X 是自反的当且仅当 X 和 X^* 均为 KB-空间. 另外, $\lambda''' = \lambda'$, 因此, λ' 是 σ-Levi 空间. 因此, 由上面命题可知下面结论成立.

命题 5.20　设 λ 是 Banach 序列格, 则 λ 是自反的当且仅当 λ 是 σ-Levi 空间, 并且 λ 和 λ' 都是 σ-序连续的.

5.4.2　向量值的 Banach 序列格

设 X 是 Banach 格, 而 λ 是完美的 (或 σ-Levi) Banach 序列格, 其中对所有 $i \in \mathbb{N}$, 有 $\|e_i\|_\lambda = 1, e_i$ 是序列空间 λ 中的标准单位向量. 在这种情况下, $\lambda'' = \lambda$, 因此 λ 是实心的.

定义

$$\lambda_\varepsilon(X) = \{\bar{x} = (x_i)_i \in X^{\mathbb{N}} : (x^*(|x_i|))_i \in \lambda, \text{ 任意 } x^* \in X^{*+}\}$$

和

$$\|\bar{x}\|_{\lambda_\varepsilon(X)} = \sup\{\|(x^*(|x_i|))_i\|_\lambda : x^* \in B_{X^{*+}}\}, \quad \text{任意 } \bar{x} = (x_i)_i \in \lambda_\varepsilon(X).$$

则 $\lambda_\varepsilon(X)$ 是 Banach 格.

用 $\lambda_{\varepsilon,0}(X)$ 表示 $\lambda_\varepsilon(X)$ 的闭子格, 包含 $\lambda_\varepsilon(X)$ 的所有尾项收敛到 0 的元素, 即

$$\lambda_{\varepsilon,0}(X) = \{\bar{x} \in \lambda_\varepsilon(X) : \lim_n \|(0, \cdots, 0, x_n, x_{n+1}, \cdots)\|_{\lambda_\varepsilon(X)} = 0\}.$$

则 $\lambda_{\varepsilon,0}(X)$ 是 $\lambda_\varepsilon(X)$ 的理想.

定义

$$\lambda_\pi(X) = \left\{\bar{x} = (x_i)_i \in X^{\mathbb{N}} : \sum_{i=1}^\infty x_i^*(|x_i|) < +\infty, \text{ 任意 } (x_i^*)_i \in \lambda_\varepsilon'(X^*)^+\right\}$$

和

$$\|\bar{x}\|_{\lambda_\pi(X)} = \sup\left\{\sum_{i=1}^\infty x_i^*(|x_i|) : (x_i^*)_i \in B_{\lambda_\varepsilon'(X^*)^+}\right\}, \quad \text{任意 } \bar{x} = (x_i)_i \in \lambda_\pi(X).$$

则 $\lambda_\pi(X)$ 是 Banach 格.

设 $\lambda_{\pi,0}(X)$ 为 $\lambda_\pi(X)$ 的闭子格, 由 $\lambda_\pi(X)$ 的尾项收敛到 0 的元素组成的, 即

$$\lambda_{\pi,0}(X) = \{\bar{x} \in \lambda_\pi(X) : \lim_n \|(0, \cdots, 0, x_n, x_{n+1}, \cdots)\|_{\lambda_\pi(X)} = 0\}.$$

则 $\lambda_{\pi,0}(X)$ 是 $\lambda_\pi(X)$ 的理想.

接下来, 将给出 $\lambda_{\varepsilon,0}(X), \lambda_\varepsilon(X)$ 和 $\lambda_{\pi,0}(X)$ 的序 (或 σ-序) 的连续的刻画.

命题 5.21 $\lambda_{\varepsilon,0}(X)$ 是序 (或 σ-序) 连续的当且仅当 X 是序 (或 σ-序) 连续的.

证明   明显地, 只需要证明若 X 是序连续的, 则 $\lambda_{\varepsilon,0}(X)$ 是序连续的.

取一个网 $\bar{x}^{(\alpha)} = (x_i^{(\alpha)})_i \in \lambda_{\varepsilon,0}(X)(\alpha \in I)$, 使得 $0 \leqslant \bar{x}^{(\alpha)} \downarrow 0$. 对于 $\delta > 0$, 取定 $\alpha_1 \in I$. 由于 $\bar{x}^{(\alpha_1)} \in \lambda_{\varepsilon,0}(X)$, 因此, 存在 $m \in \mathbb{N}$, 使得

$$\|(0, \cdots, 0, x_{m+1}^{(\alpha_1)}, x_{m+2}^{(\alpha_1)}, \cdots)\|_{\lambda_{\varepsilon,0}(X)} < \frac{\delta}{2}.$$

由于若 $\alpha > \alpha_1$, 则 $\bar{x}^{(\alpha)} \leqslant \bar{x}^{(\alpha_1)}$. 因此, 对所有 $\alpha > \alpha_1$, 有 $\|(0, \cdots, 0, x_{m+1}^{(\alpha)},$ $x_{m+2}^{(\alpha)}, \cdots)\|_{\lambda_{\varepsilon,0}(X)} < \frac{\delta}{2}$. 另外, 对于每个 $i \in \mathbb{N}$, 有 $0 \leqslant x_i^{(\alpha)} \downarrow 0$, 故在 X 上有 $x_i^{(\alpha)} \to 0$. 因此, 存在 $\alpha_2 > \alpha_1$, 使得对于任意 $\alpha > \alpha_2$, 有

$$\|x_i^{(\alpha)}\| < \frac{\delta}{2m}, \quad i = 1, 2, \cdots, m.$$

因而, 对于任意 $\alpha > \alpha_2$, 有

$$\begin{aligned}
\|\bar{x}^{(\alpha)}\|_{\lambda_{\varepsilon,0}(X)} &\leqslant \sum_{i=1}^m \|(0, \cdots, 0, x_i^{(\alpha)}, 0, 0, \cdots)\|_{\lambda_{\varepsilon,0}(X)} \\
&\quad + \|(0, \cdots, 0, x_{m+1}^{(\alpha)}, x_{m+2}^{(\alpha)}, \cdots)\|_{\lambda_{\varepsilon,0}(X)} \\
&= \sum_{i=1}^m \|x_i^{(\alpha)}\| + \|(0, \cdots, 0, x_{m+1}^{(\alpha)}, x_{m+2}^{(\alpha)}, \cdots)\|_{\lambda_{\varepsilon,0}(X)} \\
&< \frac{\delta}{2} + \frac{\delta}{2} \\
&= \delta.
\end{aligned}$$

故在 $\lambda_{\varepsilon,0}(X)$ 上有 $\bar{x}^{(\alpha)} \to 0$, 所以, $\lambda_{\varepsilon,0}(X)$ 是序连续的.   ■

类似地, 下面命题成立.

命题 5.22　$\lambda_{\pi,0}(X)$ 是序 (或 σ-序) 连续的当且仅当 X 是序 (或 σ-序) 连续的.

命题 5.23　$\lambda_{\varepsilon}(X)$ 是序 (或 σ-序) 连续的当且仅当 X 是序 (或 σ-序) 连续的且 $\lambda_{\varepsilon}(X) = \lambda_{\varepsilon,0}(X)$.

证明　只需证明, 若 $\lambda_{\varepsilon}(X)$ 是 σ-序连续的, 则 $\lambda_{\varepsilon}(X) = \lambda_{\varepsilon,0}(X)$.

任取 $\bar{x} = (x_i)_i \in \lambda_{\varepsilon}(X)$, 令

$$\bar{y}^{(n)} = (0, \cdots, 0, |x_n|, |x_{n+1}|, \cdots), \quad n = 1, 2, \cdots.$$

则 $0 \leqslant \bar{y}^{(n)} \downarrow 0$, 因此, 在 $\lambda_{\varepsilon}(X)$ 上有 $\bar{y}^{(n)} \to 0$. 所以

$$\|(0, \cdots, 0, x_n, x_{n+1}, \cdots)\|_{\lambda_{\varepsilon}(X)} = \|(0, \cdots, 0, |x_n|, |x_{n+1}|, \cdots)\|_{\lambda_{\varepsilon}(X)} \to 0,$$

并且 $\bar{x} \in \lambda_{\varepsilon,0}(X)$. ■

接下来, 将给出 $\lambda_{\varepsilon}(X)$ 和 $\lambda_{\pi}(X)$ 具有 Levi (或 σ-Levi) 性质的刻画.

命题 5.24　$\lambda_{\varepsilon}(X)$ 是 Levi (或 σ-Levi) 空间当且仅当 X 是 Levi(或 σ-Levi) 空间.

证明　只需证明, 若 X 是 Levi 空间, 则 $\lambda_{\varepsilon}(X)$ 是 Levi 空间.

取 $\lambda_{\varepsilon}(X)(\alpha \in I)$ 中的网 $\{\bar{x}^{(\alpha)}\}_1^{\infty}$, 使得在 $\lambda_{\varepsilon}(X)$ 上, 有 $0 \leqslant \bar{x}^{(\alpha)} \uparrow, M = \sup\limits_{\alpha \in I} \|\bar{x}^{(\alpha)}\|_{\lambda_{\varepsilon}(X)} < \infty$. 故对于所有 $i \in \mathbb{N}$, 在 X 上有 $0 \leqslant x_i^{(\alpha)} \uparrow$ 和 $\sup\limits_{\alpha \in I} \|x_i^{(\alpha)}\| \leqslant \sup\limits_{\alpha \in I} \|\bar{x}^{(\alpha)}\|_{\lambda_{\varepsilon}(X)} \leqslant M$. 因此, X 上存在 $x_i := \sup\limits_{\alpha \in I} x_i^{(\alpha)}$. 令 $\bar{x} = (x_i)_i$, 则 $\bar{x} = \sup\limits_{\alpha \in I} \bar{x}^{(\alpha)}$.

下面来证明 $\bar{x} \in \lambda_{\varepsilon}(X)$. 任取 $x^* \in X^{*+}, (a_i)_i \in \lambda'^+$. 由于对每个 $i \in \mathbb{N}$, 在 X 上有 $x_i^{(\alpha)} \uparrow x_i$, 因此, $a_i x^*(x_i^{(\alpha)}) \uparrow a_i x^*(x_i)$. 故对于每个固定的 $m \in \mathbb{N}$, 存在 $\alpha_0 \in I$, 使得

$$|a_i x^*(x_i^{(\alpha_0)}) - a_i x^*(x_i)| < \frac{1}{m}, \quad i = 1, 2, \cdots, m.$$

因此

$$\begin{aligned}
\sum_{i=1}^{m} a_i x^*(x_i) &\leqslant \sum_{i=1}^{m} |a_i x^*(x_i) - a_i x^*(x_i^{(\alpha_0)})| + \sum_{i=1}^{m} |a_i x^*(x_i^{(\alpha_0)})| \\
&\leqslant 1 + \|(a_i)_i\|_{\lambda'} \cdot \|x^*\| \cdot \|\bar{x}^{(\alpha_0)}\|_{\lambda_{\varepsilon}(X)} \\
&\leqslant 1 + M \cdot \|(a_i)_i\|_{\lambda'} \cdot \|x^*\|.
\end{aligned}$$

故 $\sum\limits_{i=1}^{\infty} |a_i x^*(x_i)| < \infty$, 因此, $(x^*(x_i))_i \in \lambda'' = \lambda$, 所以, $\bar{x} = (x_i)_i \in \lambda_{\varepsilon}(X)$. ■

命题 5.25 $\lambda_\pi(X)$ 是 Levi (或 σ-Levi) 空间当且仅当 X 是 Levi (或 σ-Levi) 空间.

证明 只需证明, 若 X 是 Levi 空间, 则 $\lambda_\pi(X)$ 是 Levi 空间.

取 $\lambda_\pi(X)(\alpha \in I)$ 中的网 $\{\bar{x}^{(\alpha)}\}_1^\infty$, 使得 $\lambda_\pi(X)$ 上有 $0 \leqslant \bar{x}^{(\alpha)} \uparrow$, $M = \sup\limits_{\alpha \in I} \|\bar{x}^{(\alpha)}\|_{\lambda_\pi(X)} < \infty$, 则在 X 上有 $0 \leqslant x_i^{(\alpha)} \uparrow$, 并且对所有 $i \in \mathbb{N}$, 有 $\sup\limits_{\alpha \in I} \|x_i^{(\alpha)}\| \leqslant \sup\limits_{\alpha \in I} \|\bar{x}^{(\alpha)}\|_{\lambda_\pi(X)} \leqslant M$. 因此, 在 X 上存在 $x_i := \sup\limits_{\alpha \in I} x_i^{(\alpha)}$. 令 $\bar{x} = (x_i)_i$, 则 $\bar{x} = \sup\limits_{\alpha \in I} \bar{x}^{(\alpha)}$.

接下来, 将证明 $\bar{x} \in \lambda_\pi(X)$. 任取 $\bar{x}^* = (x_i^*)_i \in \lambda'_\varepsilon(X^*)^+$. 由于对于每个 $i \in \mathbb{N}$, 在 X 有 $x_i^{(\alpha)} \uparrow x_i$, 因此, $x_i^*(x_i^{(\alpha)}) \uparrow x_i^*(x_i)$. 故对于每个固定 $m \in \mathbb{N}$, 存在 $\alpha_0 \in I$, 使得

$$|x_i^*(x_i^{(\alpha_0)}) - x_i^*(x_i)| < \frac{1}{m}, \quad i = 1, 2, \cdots, m.$$

因此

$$\sum_{i=1}^m |x_i^*(x_i)| \leqslant \sum_{i=1}^m |x_i^*(x_i) - x_i^*(x_i^{(\alpha_0)})| + \sum_{i=1}^m |x_i^*(x_i^{(\alpha_0)})|$$
$$\leqslant 1 + \|\bar{x}^*\|_{\lambda'_\varepsilon(X^*)} \cdot \|\bar{x}^{(\alpha_0)}\|_{\lambda_\pi(X)}$$
$$\leqslant 1 + \|\bar{x}^*\|_{\lambda'_\varepsilon(X^*)} \cdot M.$$

故 $\sum\limits_{i=1}^\infty |x_i^*(x_i)| < \infty$, 所以, $\bar{x} \in \lambda_\pi(X)$. ∎

5.4.3 Banach 格的正张量积

对于 Banach 格 X 和 Y, 用 $\mathcal{L}^r(X, Y)$ 表示所有从 X 到 Y 的正则线性算子空间, 其正则线性算子范数为 $\|\cdot\|_r$.

$\mathcal{K}^r(X, Y)$ 表示从 X 到 Y 的紧的正算子的生成的线性空间. 若 Y 是 Dedekind 完备的, 则 $(\mathcal{L}^r(X, Y), \|\cdot\|_r)$ 是 Banach 格[27].

对于 Archimedean Riesz 空间 E 和 F, 令 $E \bar{\otimes} F$ 为 E 和 F 的 Riesz 空间张量积, 其中正锥 C_p 定义为

$$C_p = \left\{ \sum_{k=1}^n x_k \otimes y_k : n \in \mathbb{N}, \ x_k \in E^+, \ y_k \in F^+ \right\}.$$

此外, 若 E 和 F 是 Banach 格, 则对每个 $u \in E \bar{\otimes} F$, 有 $E \bar{\otimes} F$ 上的正投影张量范数定义为

$$\|u\|_{|\pi|} = \inf \left\{ \sum_{k=1}^n \|x_k\| \cdot \|y_k\| : \ x_k \in E^+, \ y_k \in F^+, \ |u| \leqslant \sum_{k=1}^n x_k \otimes y_k \right\}.$$

对应于该格范数 $\|\cdot\|_{|\pi|}$ 的 $E \otimes F$ 的完备化空间称为 Fremlin 投影张量积, 或 E 和 F 的正投影张量积, 用 $E \hat{\otimes}_{|\pi|} F$ 表示.

对于每个 $u \in E \otimes F, u = \sum_{k=1}^{m} x_k \otimes y_k$, 定义 $T_u : E^* \to F \hookrightarrow F^{**}$ 如下

$$T_u(x^*) = \sum_{k=1}^{m} x^*(x_k)y_k, \quad 任意\ x^* \in X^*,$$

则 T_u 不依赖于 u 的表示形式, 并且 T_u 是有限秩的. 因此 $T_u \in \mathcal{L}^r(E^*, F^{**})$.

用 $E \check{\otimes}_{|\varepsilon|} F$ 记由 $\mathcal{L}^r(E^*, F^{**})$ 上的 $E \otimes F$ 生成的闭子格, 称为 E 和 F 的正射影张量积.

若 λ 是 σ-序连续的, 则 $\lambda \hat{\otimes}_{|\pi|} X$ 与 $\lambda_{\pi,0}(X)$ 是格等距的, 并且 $\lambda \check{\otimes}_{|\varepsilon|} X$ 与 $\lambda_{\varepsilon,0}(X)$ 是格等距的. 根据命题 5.21 和命题 5.22 可知以下定理成立.

定理 5.19　设 X 是 Banach 格, λ 是 Banach 序列格, 使得 $\lambda'' = \lambda$, 则

(1) $\lambda \hat{\otimes}_{|\pi|} X$ 是序 (或 σ-序) 连续的当且仅当 λ 和 X 是序 (或 σ-序) 连续的.

(2) $\lambda \check{\otimes}_{|\varepsilon|} X$ 是序 (或 σ-序) 连续的当且仅当 λ 和 X 是序 (或 σ-序) 连续的.

若 λ 是 σ-序连续的, 则 $\lambda_{\pi,0}(X) = \lambda_\pi(X)$. 根据命题 5.25, 以下定理成立.

定理 5.20　设 X 是 Banach 格, λ 是 σ-序连续的 Banach 序列格, 则 $\lambda \hat{\otimes}_{|\pi|} X$ 是 Levi (或 σ-Levi) 空间当且仅当 λ 和 X 是 Levi(或 σ-Levi) 空间.

由于 $\lambda_\varepsilon(X)$ 与 $\mathcal{L}^r((\lambda')_0, X)$ 是格等距的. 另外, 若 λ 是 σ-序连续的, 则 $\lambda_{\varepsilon,0}(X) = \lambda_\varepsilon(X)$ 当且仅当从 $(\lambda')_0$ 到 X 的每个正线性算子是紧的. 因此, 根据命题 5.23 和命题 5.24, 以下定理成立.

定理 5.21　设 X 是 Banach 格, λ 是 Banach 序列格, 满足 $\lambda'' = \lambda$, 则

(1) $\mathcal{L}^r((\lambda')_0, X)$ 是 Levi (或 σ-Levi) 空间当且仅当 λ 和 X 是 Levi(或 σ-Levi) 空间.

(2) $\mathcal{L}^r((\lambda')_0, X)$ 是序 (或 σ-序) 连续的当且仅当 λ 和 X 是序 (或 σ-序) 连续的, 并且从 $(\lambda')_0$ 到 X 的每个正线性算子是紧的.

根据定理 5.19 和定理 5.20, 以下推论成立.

推论 5.6　设 $1 \leqslant p < \infty, X$ 是 Banach 格, 则

(1) $\ell_p \hat{\otimes}_{|\pi|} X$ 是 Levi (或 σ-Levi) 空间当且仅当 X 是 Levi (或 σ-Levi) 空间.

(2) $\ell_p \hat{\otimes}_{|\pi|} X$ 是序 (或 σ-序) 连续的当且仅当 X 是序 (或 σ-序) 连续的.

(3) $\ell_p \check{\otimes}_{|\varepsilon|} X$ 是序 (或 σ-序) 连续的当且仅当 X 是序 (或 σ-序) 连续的.

由于 $(\ell_\infty)_0 = c_0$, 因此, 根据定理 5.21, 以下推论成立.

推论 5.7　设 $1 < q < \infty, X$ 是 Banach 格, 则

(1) $\mathcal{L}^r(\ell_q, X)(或\ \mathcal{L}^r(c_0, X))$ 是 Levi (或 σ-Levi) 空间当且仅当 X 是 Levi (或 σ-Levi) 空间.

(2) $\mathcal{L}^r(\ell_q, X)$(或 $\mathcal{L}^r(c_0, X)$) 是序 (或 σ-序) 连续的当且仅当 X 是序 (或 σ-序) 连续的, 且从 ℓ_q(或 c_0) 到 X 的每个正线性算子是紧的.

约翰逊 (William Buhmann Johnson, 1944—), 美国数学家, 他是得克萨斯州 A & M 大学的杰出教授, 他的研究方向包括 Banach 空间理论、非线性泛函分析和概率论. 他出生于加利福尼亚的帕洛阿尔托, 从小就在得克萨斯州的达拉斯长大. 约翰逊于 1969 年在爱荷华州立大学 James 教授的指导下获得博士学位. 2007 年, 他被授予波兰科学院 Stefan Banach 奖章. 他和 Joram-Lindenstrauss 一起证明了著名的 Johnson-Lindenstrauss 引理. 并且于 2005 年在著名数学期刊 *Annals of Mathematics* 上发表论文 *The diameter of the isomorphism class of a Banach space*,

解决了 Banach 空间理论中一个重大问题, 证明了如果 X 是可分的无限维 Banach 空间, 则其同构类相对于 Banach-Mazur 距离具有无限直径.

参 考 文 献

[1] Bernau S J. A Unified Approach to the Principle of Local Reflexivity. Notes in Banach Spaces. Austin, Texas: University Texas Press, 1980: 427-439.

[2] Bu Q Y, Buskes G. Schauder decompositions and the Fremlin projective tensor product of Banach lattices. J. Math. Anal. Appl., 2009, 355: 335-351.

[3] Bu Q Y, Craddock M, Ji D H. Reflexivity and the Grothendieck property for positive tensor products of Banach lattices-II. Quaest. Math., 2009, 32: 339-350.

[4] Bu Q Y, Ji D H, Xue X P. Complete continuity properties for the Fremlin projective tensor product of Orlicz sequence spaces and Banach lattices. Rocky Mountain J. Math., 2010, 40(6): 1797-1808.

[5] Bu Q Y, Ji D H, Li Y J. Copies of ℓ_1 in positive tensor products of Orlicz sequence spaces. Quaest. Math., 2011, 34: 407-415.

[6] Bu Q Y, Li Y J, Xue X P. Some properties of the space of regular operators on atomic Banach lattices. Collect. Math., 2011, 62(2): 131-137.

[7] Bu Q Y, Wong N C. Some geometric properties inherited by the positive tensor products of atomic Banach lattices. Indag. Math. (N.S.), 2012, 23(3): 199-213.

[8] Bu S Q. A note on the analytic complete continuity property. J. Math. Anal. Appl., 2002, 265(2): 463-467.

[9] Cembranos P, Mendoza J. Banach Spaces of Vector-Valued Functions// Lecture Notes in Math., vol. 1676. New York: Springer-Verlag, 1997.

[10] Chen Z L, Wickstead A W. Incompleteness of the linear span of the positive compact operators. Proc. Amer. Math. Soc., 1997, 125(11): 3381-3389.

[11] Chen Z L, Wickstead A W. Some applications of Rademacher sequences in Banach lattices. Positivity, 1998, 2: 171-191.

[12] Dowling P N. Stability of Banach space properties in the projective tensor product. Quaest. Math., 2004, 27(1): 1-7.

[13] Dowling P N. Some properties of the projective tensor product $U\hat{\otimes}X$ derived from those of U and X. Bull. Austral. Math. Soc., 2006, 73(1): 37-45.

[14] Drewnowski L. Copies of l_∞ in an operator space. Math. Proc. Cambridge Philos. Soc., 1990, 108: 523-526.

[15] Dunford N, Schwartz J T. Linear Operators, Part I. General Theory. New York: Wiley, 1988.

[16] Fremlin D H. Tensor products of Archimedean vector lattices. Amer. J. Math., 1972, 94: 778-798.

[17] Fremlin D H. Tensor products of Banach lattices. Math. Ann., 1974, 211: 87-106.

[18] Godefroy G, Saphar P D. Duality in spaces of operators and smooth norms on Banach spaces. Illinois J. Math., 1988, 32(4): 672-695.

[19] Heinrich S, Mankiewicz P. Applications of ultrapowers to the uniform and Lipschitz classification of Banach spaces. Studia Math., 1982, 73: 225-251.

[20] Ji D H, Li Y J, Bu Q Y. The complete continuity properties for the positive projective tensor product of atomic Banach lattices. Positivity, 2013, 17(1): 17-25.

[21] Jeurnink G A M. Integration of functions with values in a Banach lattice. Ph. D. Thesis, University of Nijmegen, The Netherlands, 1982.

[22] Kalton N. Schauder decompositions and completeness. Bull. London Math. Soc., 1970, 2: 34-36.

[23] Kwapien S, Pelczynski A. The main triangle projection in matrix spaces and its applications. Studia Math., 1970, 34: 43-67.

[24] Li Y J, Ji D H, Bu Q Y. Copies of c_0 and l_∞ in a regular operator space. Taiwanese J. Math., 2012, 16(1): 207-215.

[25] Lindenstrauss J, Tzafriri L. Classical Banach Spaces I. Sequence Spaces. Berlin: Springer, 1977.

[26] Lotz H P, Peck N T, Porta H. Semi-embeddings of Banach space. Proc. Edinburgh Math. Soc., 1979, 22(3): 233-240.

[27] Meyer-Nieberg P. Banach Lattices. New York: Springer-Verlag, 1991.

[28] Musial K. Martingales of Pettis integrable functions//Measure Theory, Oberwolfach 1979 (Proceedings on Conference, Oberwolfach, 1979). Lecture Notes in Mathematics 794. Berlin: Springer, 1980: 324-339.

[29] Randrianantoanina N. Banach spaces with complete continuity properties. Quaest. Math., 2002, 25(1): 29-36.

[30] Randrianantoanina N, Saab E. The complete continuity property in Bochner function spaces. Proc. Amer. Math. Soc., 1993, 117(4): 1109-1114.

[31] Robdera M A. Saab P. The analytic complete continuity property. J. Math. Anal. Appl., 2000, 252(2): 967-979.

[32] Robdera M A, Saab P. Complete continuity properties of Banach spaces associated with subsets of a discrete abelian group. Glasg. Math. J., 2001, 43(2): 185-198.

[33] Rosenthal H. On relatively disjoint families of measures with some applications to Banach space theory. Studia Math., 1970, 37: 13-36.

[34] Schaefer Helmut H. Aspects of Banach lattices, Studies in Functional Analysis. MAA Stud. Math., vol. 21, Washington, DC, 1980: 158-221.

[35] Schep A R. Factorization of positive multilinear maps. Illinois J. Math., 1984, 28: 579-591.

[36] Wittstock G. Eine Bemerkung über Tensorprodukte von Banachverbänden. Arch. Math., 1974, 25: 627-634.

[37] Wittstock G. Ordered Normed Tensor Products. Lecture Notes in Physics, vol. 29. New York: Springer, 1974: 67-84.

[38] Wolff M. Vektorwertige invariante Mase von rechtsamenablen Halbgruppen positiver Operatoren. Math. Z., 1971, 120: 265-276.

[39] Zhang S Y, Li Y J, Liu Q. Order continuity of positive tensor products of Banach lattices, 2020.

第 6 章 Banach 格上的多项式的抽象 M-空间 和抽象 L-空间

如果别人思考数学的真理像我一样深入持久, 他也会找到我的发现.

Gauss (1777—1855, 德国数学家)

Benyamini 等在 2006 年证明了如何使用 Banach 格上的凹性来线性化其 Banach 空间值的正交可加多项式[3]. Grecu 和 Ryan 研究了具有无条件基的 Banach 格的多线性形式, 得到了与 Banach 格上的全纯函数类似的定理[13].

Bu Qingying 和 Buskes Gerard[5], 给出了一个新的统一框架来研究 Banach 格和向量格上的正则多线性算子与正交可加性. 用到的基础是向量格的 Fremlin 张量积和 Banach 格的 Fremlin 投影张量积.

本章的内容主要来自 [6], 将引入关于多线性算子和多项式新的 AM-空间和 AL-空间, 从而推广了它们在正算子理论中的经典结果. 另外, 将展示由 Buskes 和 van Rooij 为了双线性映射引入的有界变差的概念是如何使 Grecu 和 Ryan 的所有结果中去掉无条件基的条件成为可能的.

对于一个 Banach 空间 X, 用 X^* 表示它的拓扑对偶, B_X 表示它的闭单位球. 本章中所有的 Riesz 空间都是 Archimedean 的. 对于一个 Riesz 空间 E, 让 E^+ 表示它的正锥. 对于 $x \in E^+$, x 的一个划分是 E^+ 的元素的有限序列, 其和等于 x. 通常用字母 u 表示 x 的一个划分 $(u_1, \cdots, u_k)$. 设 $u = (u_1, \cdots, u_k)$ 和 $v = (v_1, \cdots, v_m)$ 是 x 的划分, 若集合 $\{1, \cdots, k\}$ 可以写成集合 $\{I_1, \cdots, I_m\}$ 的一个不相交的并集如下所示, 那么就称 u 是 v 的细分.

$$v_i = \sum_{j \in I_i} u_j, \quad i = 1, \cdots, m.$$

x 的任意两个划分都有一个共同的细化. 因此, x 的所有划分的集合 Πx, , 自然而然构成一个有向集.

对于 Banach 空间 $X, X_1, \cdots, X_n, Y$, 用 $\mathcal{L}(X_1, \cdots, X_n; Y)$ 表示从 $X_1 \times \cdots \times X_n$ 到 Y 的连续 n-线性算子的空间. 用 $\mathcal{P}(^n X; Y)$ 表示从 X 到 Y 的连续 n 次齐次多项式的空间. 对于一个 n-齐次多项式 $P: X \to Y$, 令 $T_P: X \times \cdots \times X \to Y$ 表示与 P 相关的 (唯一的) 对称 n-线性算子, 且对于对称 n-线性算子 $T: X \times \cdots \times X \to Y$, 用 $P_T: X \to Y$ 表示与 T 相关的 n-齐次多项式[10].

定义 6.1　设 $E_1, \cdots, E_n$ 和 F 是 Riesz 空间, 若当 $x_1 \in E_1^+, \cdots, x_n \in E_n^+$ 时, 有 $T(x_1, \cdots, x_n) \in F^+$, 则称 n-线性算子 $T : E_1 \times \cdots \times E_n \to F$ 被称为正的.

若 T 是两个正 n-线性算子之差, 则称 T 是正则的.

设 $\mathcal{L}^r(E_1, \cdots, E_n; F)$ 表示从 $E_1 \times \cdots \times E_n$ 到 F 的所有正则的 n-线性算子的空间. 另外, 若 F 是 Dedekind 完备的, 则 $\mathcal{L}^r(E_1, \cdots, E_n; F)$ 是 Dedekind 完备 Riesz 空间[14].

此外, 若 E 和 F 是 Banach 格, 并且 F 是 Dedekind 完备的, 则 $\mathcal{P}^r(^nE; F)$ 是一个具有正则多项式范数的 Banach 格[5].

设 E 是一个 Riesz 空间, $x \in E, D \subseteq E$. 符号 $D \uparrow x$(或 $D \downarrow x$) 表示 D 被向上 (或向下) 指向, 并且 $x = \sup D$(或 $x = \inf D$) 成立.

利用类似于文献 [14] 中的证明方法, 可以得到下面的结果.

命题 6.1　设 $E_1, \cdots, E_n, F$ 是 Riesz 空间, 并且 F 是 Dedekind 完备的, $T, S \in \mathcal{L}^r(E_1, \cdots, E_n; F)$, 则对每个 $x_1 \in E_1^+, \cdots, x_n \in E_n^+$, 有

$$\left\{ \sum_{i_1, \cdots, i_n} T(u_{1,i_1}, \cdots, u_{n,i_n}) \vee S(u_{1,i_1}, \cdots, u_{n,i_n}) : u_k \in \Pi x_k, \right.$$

$$\left. 1 \leqslant k \leqslant n \right\} \uparrow (T \vee S)(x_1, \cdots, x_n),$$

$$\left\{ \sum_{i_1, \cdots, i_n} T(u_{1,i_1}, \cdots, u_{n,i_n}) \wedge S(u_{1,i_1}, \cdots, u_{n,i_n}) : u_k \in \Pi x_k, \right.$$

$$\left. 1 \leqslant k \leqslant n \right\} \downarrow (T \wedge S)(x_1, \cdots, x_n),$$

这里 $u_1 = (u_{1,i_1})_{i_1=1}^{m_1} \in \Pi x_1, \cdots, u_n = (u_{n,i_n})_{i_n=1}^{m_n} \in \Pi x_n$.

命题 6.2　设 E 和 F 是 Riesz 空间, 并且 F 是 Dedekind 完备的, $P, R \in \mathcal{P}^r(^nE; F)$, 则对于每一个 $x \in E^+$, 有

$$\left\{ \sum_{i_1, \cdots, i_n} T_P(v_{i_1}, \cdots, v_{i_n}) \vee T_R(v_{i_1}, \cdots, v_{i_n}) : (v_1, \cdots, v_m) \in \Pi x \right\} \uparrow$$

$$(P \vee R)(x),$$

$$\left\{ \sum_{i_1, \cdots, i_n} T_P(v_{i_1}, \cdots, v_{i_n}) \wedge T_R(v_{i_1}, \cdots, v_{i_n}) : (v_1, \cdots, v_m) \in \Pi x \right\} \downarrow$$

$$(P \wedge R)(x).$$

定义 6.2　设 E 是一个 Riesz 空间, Y 是一个向量空间, 若 $i \neq j$ $(i, j = 1, \cdots, n)$, $x_1, \cdots, x_n \in E$, 并且 $x_i \perp x_j$ 时, 都有 $T(x_1, \cdots, x_n) = 0$, 则称 n-线性算子 $T : E \times \cdots \times E \to Y$ 是正交对称 (orthosymmetric).

在文献 [4] 中证明了每一个取值于向量格的正的正交对称 n-元线性算子都是对称的.

定义 6.3　若当 $x, y \in E$ 满足 $x \perp y$ 时, 有 $P(x+y) = P(x) + P(y)$ 成立, 则 n-齐次多项式 $P : E \to Y$ 称为正交可加的.

对于 Banach 格 $E, E_1, \cdots, E_n$, 用 $E_1 \hat{\otimes}_{|\pi|} \cdots \hat{\otimes}_{|\pi|} E_n$ 表示 $E_1, \cdots, E_n$ 的正 n-维折叠投影张量积, $\hat{\otimes}_{n,s,|\pi|} E$ 表示 E 的 n-维折叠对称投影张量积.

6.1　多线性算子和多项式的 AM-空间和 AL-空间

回顾一下, 若当 $x, y \in E^+$ 时有 $\|x+y\| = \|x\| + \|y\|$, 则称 Banach 格 E 为 AL-空间. 若当 $x, y \in E^+$ 时, 有 $\|x \vee y\| = \max\{\|x\|, \|y\|\}$, 则称 Banach 格 E 为 AM-空间.

设 X 是 Banach 格, 若 $0 \leqslant x_\alpha \uparrow x$ 时, 有 $\|x_\alpha\| \uparrow \|x\|$, 则称 Banach 格 X 的范数是 Fatou 范数.

定理 6.1　**情形 1**　设 F 为一个 Dedekind 完备的 AM-空间, 则面命题是等价的.

(1) 若 $E_1, E_2, \cdots, E_n$ 是 AL-空间, 则 $\mathcal{L}^r(E_1, \cdots, E_n; F)$ 和 $\mathcal{P}^r(^n E; F)$ 是 AM-空间.

(2) F 范数是 Fatou 范数.

情形 2　若 F 是一个 AM-空间并且 $E_1, E_2, \cdots, E_n$ 是可分的原子 AL-空间, 则 $\mathcal{L}^r(E_1, \cdots, E_n; F)$ 和 $\mathcal{P}^r(^n E; F)$ 都是 AM-空间.

证明　**情形 1**　先证明由 (2) 可以推出 (1). 取 $T, S \in \mathcal{L}(E_1, \cdots, E_n; F)^+$, $x_1 \in E_1^+, \cdots, x_n \in E_n^+$, 则根据命题 6.1,

$$y^*((T \vee S)(x_1, \cdots, x_n))$$

$$= \lim \left\{ y^* \left(\sum_{i_1, \cdots, i_n} T(u_{1,i_1}, \cdots, u_{n,i_n}) \vee S(u_{1,i_1}, \cdots, u_{n,i_n}) \right) : u_k \in \Pi x_k, \right.$$

$$\left. 1 \leqslant k \leqslant n \right\}$$

$$\leqslant \lim \left\{ \sum_{i_1, \cdots, i_n} \|T(u_{1,i_1}, \cdots, u_{n,i_n}) \vee S(u_{1,i_1}, \cdots, u_{n,i_n})\| : u_k \in \Pi x_k, \right.$$

$$\left. 1 \leqslant k \leqslant n \right\}$$

$$= \lim \left\{ \sum_{i_1, \cdots, i_n} \|T(u_{1,i_1}, \cdots, u_{n,i_n})\| \vee \|S(u_{1,i_1}, \cdots, u_{n,i_n})\| : u_k \in \Pi x_k, \right.$$

$$1 \leqslant k \leqslant n \Big\}$$

$$\leqslant \lim \Big\{ \sum_{i_1,\cdots,i_n} (\|T\| \cdot \|u_{1,i_1}\| \cdots \|u_{n,i_n}\|) \vee (\|S\| \cdot \|u_{1,i_1}\| \cdots \|u_{n,i_n}\|) : u_k \in \Pi x_k,$$

$$1 \leqslant k \leqslant n \Big\}$$

$$= (\|T\| \vee \|S\|) \lim \Big\{ \sum_{i_1,\cdots,i_n} \|u_{1,i_1}\| \cdots \|u_{n,i_n}\| : u_k \in \Pi x_k, \ 1 \leqslant k \leqslant n \Big\}$$

$$= (\|T\| \vee \|S\|) \lim \Big\{ \Big(\sum_{i_1} \|u_{1,i_1}\| \Big) \cdots \Big(\sum_{i_n} \|u_{n,i_n}\| \Big) : u_k \in \Pi x_k, 1 \leqslant k \leqslant n \Big\}$$

$$= (\|T\| \vee \|S\|) \lim \Big\{ \Big\| \sum_{i_1} u_{1,i_1} \Big\| \cdots \Big\| \sum_{i_n} u_{n,i_n} \Big\| : u_k \in \Pi x_k, \ 1 \leqslant k \leqslant n \Big\}$$

$$= (\|T\| \vee \|S\|) \|x_1\| \cdots \|x_n\|,$$

这里对 $1 \leqslant k \leqslant n$, 有 $u_k = (u_{k,i_k})_{i_k=1}^{m_k} \in \prod x_k$, 有

$$\Big\| \sum_{i_1,\cdots,i_n} T(u_{1,i_1},\cdots,u_{n,i_n}) \vee S(u_{1,i_1},\cdots,u_{n,i_n}) \Big\| \leqslant (\|T\| \vee \|S\|) \cdot \|x_1\| \cdots \|x_n\|.$$

根据命题 6.1, 有

$$\sum_{i_1,\cdots,i_n} T(u_{1,i_1},\cdots,u_{n,i_n}) \vee S(u_{1,i_1},\cdots,u_{n,i_n}) \uparrow (T \vee S)(x_1,\cdots,x_n),$$

故由 Fatou 范数的性质可知

$$\Big\| \sum_{i_1,\cdots,i_n} T(u_{1,i_1},\cdots,u_{n,i_n}) \vee S(u_{1,i_1},\cdots,u_{n,i_n}) \Big\| \uparrow \|(T \vee S)(x_1,\cdots,x_n)\|,$$

从

$$\|(T \vee S)(x_1,\cdots,x_n)\| \leqslant (\|T\| \vee \|S\|) \cdot \|x_1\| \cdots \|x_n\|$$

可知结论成立.

反过来, 假设 (1) 成立, 则对于任何 AL-空间 E, $\mathcal{L}^r(E;F)$ 是一个 AM-空间, 于是 F 有一个 Fatou 范数.

情形 2 在这种情况下, 不需要对 F 作其他假设. 事实上, $E, E_1, \cdots, E_n$ 可能都与 ℓ_1 相同. 通过文献 [12] 可以推出 Fremlin 射影张量积 $E_1 \hat{\otimes}_{|\pi|} \cdots \hat{\otimes}_{|\pi|} E_n$ 也是和 ℓ_1 格同构的.

由于 ℓ_1 是一个素空间, 即 ℓ_1 的每一个无限维闭补子空间与 ℓ_1 同构, 因此, Fremlin 射影对称张量积 $\hat{\otimes}_{n,s,|\pi|} E$ 也是格同构于 ℓ_1.

众所周知, 对于 $E = \ell_1$ 和任何 Banach 格 F, $\mathcal{L}^r(E, F)$ 是向量格, 并且它在正则范数下是 Banach 空间. 不难验证 $\mathcal{L}^r(E, F)$ 在正则范数下是 Banach 格. 因此, $\mathcal{L}^r(E_1 \hat{\otimes}_{|\pi|} \cdots \hat{\otimes}_{|\pi|} E_n; F)$ 和 $\mathcal{L}^r(\hat{\otimes}_{n,s,\pi} E; F)$ 是 Banach 格. 最后, 通过与文献 [5] 的命题 3.3 和命题 3.4 类似的推导, 可以证明 $\mathcal{L}^r(E_1, \cdots, E_n; F)$ 和 $\mathcal{P}^r(^n E; F)$ 也是 Banach 格. 根据文献 [20] 的定理 2.2 可知这些空间是 AM-空间. ■

定理 6.2　若 $E, E_1, \cdots, E_n$ 是 AM-空间且 F 是一个 Dedekind 完备的 AL-空间, 则有 $\mathcal{L}^r(E_1, \cdots, E_n; F)$ 和 $\mathcal{P}^r(^n E; F)$ 是 AL-空间.

证明　任取 $T, S \in \mathcal{L}(E_1, \cdots, E_n; F)^+$, 对于任意 $\varepsilon > 0$, 存在 $x_1 \in B_{E_1^+}, \cdots, x_n \in B_{E_n^+}$ 和 $y_1 \in B_{E_1^+}, \cdots, y_n \in B_{E_n^+}$, 使得

$$\|T\| \leqslant \|T(x_1, \cdots, x_n)\| + \frac{\varepsilon}{2}, \quad \|S\| \leqslant \|S(y_1, \cdots, y_n)\| + \frac{\varepsilon}{2},$$

则

$$
\begin{aligned}
\|T\| + \|S\| &\leqslant \|T(x_1, \cdots, x_n)\| + \|S(y_1, \cdots, y_n)\| + \varepsilon \\
&\leqslant \|T(x_1 \vee y_1, \cdots, x_n \vee y_n)\| + \|S(x_1 \vee y_1, \cdots, x_n \vee y_n)\| + \varepsilon \\
&= \|T(x_1 \vee y_1, \cdots, x_n \vee y_n) + S(x_1 \vee y_1, \cdots, x_n \vee y_n)\| + \varepsilon \\
&\leqslant \|T + S\| \cdot \|x_1 \vee y_1\| \cdots \|x_n \vee y_n\| + \varepsilon \\
&= \|T + S\|(\|x_1\| \vee \|y_1\|) \cdots (\|x_n\| \vee \|y_n\|) + \varepsilon \\
&\leqslant \|T + S\| + \varepsilon,
\end{aligned}
$$

因此, $\|T + S\| = \|T\| + \|S\|$, 故 $\|T + S\|_r = \|T\|_r + \|S\|_r$. 所以, $\mathcal{L}^r(E_1, \cdots, E_n; F)$ 是 AL-空间. 类似地, 可以证明 $\mathcal{P}^r(^n E; F)$ 是一个 AL-空间. ■

特别地, 若在上面定理中, 令 $F = \mathbb{R}$, 则可得到下面推论[12].

推论 6.1　若 $E, E_1, \cdots, E_n$ 是 AM-空间, 则 $E_1 \hat{\otimes}_{|\pi|} \cdots \hat{\otimes}_{|\pi|} E_n$ 和 $\hat{\otimes}_{n,s,|\pi|} E$ 都是 AM-空间.

6.2　多线性算子和多项式的有界变差

设 E 为 Banach 格, Y 为 Banach 空间, 对于 $P \in \mathcal{P}(^n E; Y)$, P 的变差定义为

$$
\begin{aligned}
\mathrm{Var}(P) = \sup \Big\{ &\Big\| \sum_{i_1, \cdots, i_n} \varepsilon_{i_1, \cdots, i_n} T_P(x_{i_1}, \cdots, x_{i_n}) \Big\| : x_k \in E^+, \\
&\Big\| \sum_{k=1}^m x_k \Big\| \leqslant 1, \ \varepsilon_{i_1, \cdots, i_n} = \pm 1 \Big\}.
\end{aligned}
$$

令 $\mathcal{P}^{\mathrm{Var}}(^nE;Y)$ 为 $\mathcal{P}(^nE;Y)$ 中所有 P 构成的空间, 其中 $\mathrm{Var}(P)$ 是有限的. 则 $\mathcal{P}^{\mathrm{Var}}(^nE;Y)$ 是范数为 $\mathrm{Var}(\cdot)$ 的 Banach 空间[5].

设 $E_1,\cdots,E_n$ 是 Banach 格, Y 是一个 Banach 空间. 对于 $T\in\mathcal{L}(E_1,\cdots,E_n;Y)$, 它的变差定义为

$$\mathrm{Var}(T)=\sup\left\{\left\|\sum_{i_1,\cdots,i_n}\varepsilon_{i_1,\cdots,i_n}T(u_{1,i_1},\cdots,u_{n,i_n})\right\|:\varepsilon_{i_1,\cdots,i_n}=\pm1,\ u_{k,i_k}\in E_k^+,\right.$$
$$\left.\left\|\sum_{i_k=1}^{m_k}u_{k,i_k}\right\|\leqslant1,1\leqslant k\leqslant n\right\},$$

则 $\|T\|\leqslant\mathrm{Var}(T)$. 令 $\mathcal{L}^{\mathrm{Var}}(E_1,\cdots,E_n;Y)$ 表示 $\mathcal{L}(E_1,\cdots,E_n;Y)$ 中所有使得 $\mathrm{Var}(T)$ 是由有限的 T 构成的空间. 若 F 是一个 Dedekind 完备的 Banach 格, 则容易知道对于每个 $T\in\mathcal{L}^r(E_1,\cdots,E_n;F)$, 有 $\mathcal{L}^r(E_1,\cdots,E_n;F)\subseteq\mathcal{L}^{\mathrm{Var}}(E_1,\cdots,E_n;F)$ 满足 $\mathrm{Var}(T)\leqslant\|T\|_r$.

Buskes 和 Rooij 在 $n=2$ 时给出了 $\mathrm{Var}(T)$ 的上述定义, 并证明等距意义下有 $\mathcal{L}^{\mathrm{Var}}(E_1,E_2;Y)=\mathcal{L}(E_1\hat{\otimes}_{|\pi|}E_2;Y)$[7]. 类似地, 可以证明以下的命题成立.

命题 6.3 设 $E_1,\cdots,E_n$ 是 Banach 格, Y 为一个 Banach 空间. 则对每一个 $T\in\mathcal{L}^{\mathrm{Var}}(E_1,\cdots,E_n;Y)$, 在 $\mathcal{L}(E_1\hat{\otimes}_{|\pi|}\cdots\hat{\otimes}_{|\pi|}E_n;Y)$ 上存在唯一的 $T^{\otimes}$, 使得 $\mathrm{Var}(T)=\|T^{\otimes}\|$, 并且

$$T(x_1,\cdots,x_n)=T^{\otimes}(x_1\otimes\cdots\otimes x_n),\quad x_1\in E_1,\cdots,x_n\in E_n.$$

另外, $\mathcal{L}^{\mathrm{Var}}(E_1,\cdots,E_n;Y)$ 在映射 $T\to T^{\otimes}$ 下与 $\mathcal{L}(E_1\hat{\otimes}_{|\pi|}\cdots\hat{\otimes}_{|\pi|}E_n;Y)$ 等距同构.

命题 6.4 设 $E_1,\cdots,E_n$ 是 Banach 格, Y 是一个 Banach 空间, T 属于 $\mathcal{L}(E_1,\cdots,E_n;Y)$, 则 T 属于 $\mathcal{L}^{\mathrm{Var}}(E_1,\cdots,E_n;Y)$ 当且仅当对每一个 $y^*\in Y^*$, 有 $y^*T\in\mathcal{L}^r(E_1,\cdots,E_n;\mathbb{R})$, 并且 $\sup\{\|y^*T\|_r:y^*\in B_{Y^*}\}<\infty$ 成立. 在这种情况下, 有

$$\mathrm{Var}(T)=\sup\{\|y^*T\|_r:y^*\in B_{Y^*}\}.$$

证明 设 $T\in\mathcal{L}^{\mathrm{Var}}(E_1,\cdots,E_n;Y),y^*\in Y^*$. 取 $x_1\in E_1^+,\cdots,x_n\in E_n^+$, 令 $(u_{1,i_1})_{i_1=1}^{m_1}\in\Pi x_1,\cdots,(u_{n,i_n})_{i_n=1}^{m_n}\in\Pi x_n$. 则

$$\sum_{i_1,\cdots,i_n}|y^*T(u_{1,i_1},\cdots,u_{n,i_n})|=\sum_{i_1,\cdots,i_n}\varepsilon_{i_1,\cdots,i_n}y^*T(u_{1,i_1},\cdots,u_{n,i_n})$$
$$\leqslant\|y^*\|\cdot\left\|\sum_{i_1,\cdots,i_n}\varepsilon_{i_1,\cdots,i_n}T(u_{1,i_1},\cdots,u_{n,i_n})\right\|$$
$$\leqslant\|y^*\|\cdot\|x_1\|\cdots\|x_n\|\mathrm{Var}(T)$$
$$<\infty,$$

这里 $\varepsilon_{i_1,\cdots,i_n} = \mathrm{sign}(y^*T(u_{1,i_1}, \cdots, u_{n,i_n}))$. 因此

$$|y^*T|(x_1, \cdots, x_n)$$
$$= \sup\left\{\sum_{i_1,\cdots,i_n} |y^*T(u_{1,i_1}, \cdots, u_{n,i_n})| : (u_{k,i_k})_{i_k=1}^{m_k} \in \Pi x_k, 1 \leqslant k \leqslant n\right\}$$

存在, 故 $y^*T \in \mathcal{L}^r(E_1, \cdots, E_n; \mathbb{R})$. 另外

$$\|y^*T\|_r = \||y^*T|\|$$
$$= \sup\{|y^*T|(x_1, \cdots, x_n) : x_1 \in B_{E_1^+}, \cdots, x_n \in B_{E_n^+}\}$$
$$\leqslant \|y^*\|\mathrm{Var}(T),$$

因而

$$\sup\{\|y^*T\|_r : y^* \in B_{Y^*}\} \leqslant \mathrm{Var}(T).$$

另一方面, 假如 $\sup\{\|y^*T\|_r : y^* \in B_{Y^*}\} < \infty$. 对 $1 \leqslant k \leqslant n$, 取 $\varepsilon_{i_1,\cdots,i_n} = \pm 1, u_{k,i_k} \in E_k^+$ 满足 $\left\|\sum_{i_k=1}^{m_k} u_{k,i_k}\right\| \leqslant 1$. 对于 $1 \leqslant k \leqslant n, x_k = \sum_{i_k=1}^{m_k} u_{k,i_k}$. 则对 $1 \leqslant k \leqslant n$, 有 $x_k \in E_k^+$ 满足 $\|x_k\| \leqslant 1$, 且,

$$\left\|\sum_{i_1,\cdots,i_n} \varepsilon_{i_1,\cdots,i_n} T(u_{1,i_1}, \cdots, u_{n,i_n})\right\|$$
$$= \sup\left\{\left|\sum_{i_1,\cdots,i_n} \varepsilon_{i_1,\cdots,i_n} y^*T(u_{1,i_1}, \cdots, u_{n,i_n})\right| : y^* \in B_{Y^*}\right\}$$
$$\leqslant \sup\left\{\sum_{i_1,\cdots,i_n} |y^*T|(u_{1,i_1}, \cdots, u_{n,i_n}) : y^* \in B_{Y^*}\right\}$$
$$= \sup\left\{|y^*T|\left(\sum_{i_1} u_{1,i_1}, \cdots, \sum_{i_n} u_{n,i_n}\right) : y^* \in B_{Y^*}\right\}$$
$$= \sup\left\{|y^*T|(x_1, \cdots, x_n) : y^* \in B_{Y^*}\right\}$$
$$\leqslant \sup\left\{\|y^*T\|_r \|x_1\| \cdots \|x_n\| : y^* \in B_{Y^*}\right\}$$
$$\leqslant \sup\{\|y^*T\|_r : y^* \in B_{Y^*}\}.$$

所以, $T \in \mathcal{L}^{\mathrm{Var}}(E_1, \cdots, E_n; Y)$ 且

$$\mathrm{Var}(T) \leqslant \sup\{\|y^*T\|_r : y^* \in B_{Y^*}\}. \qquad \blacksquare$$

类似地, 对于多项式, 有以下结果成立.

引理 6.1 设 E 是一个 Banach 格, Y 是一个 Banach 空间, P 属于 $\mathcal{P}(^nE;Y)$, 则 P 属于 $\mathcal{P}^{\mathrm{Var}}(^nE;Y)$ 当且仅当对于每一个 $y^* \in Y^*$, 有 $y^*P \in \mathcal{P}^r(^nE;\mathbb{R})$, 并且 $\sup\{\|y^*P\|_r : y^* \in B_{Y^*}\} < \infty$. 在此情况下, 有

$$\mathrm{Var}(P) = \sup\{\|y^*P\|_r : y^* \in B_{Y^*}\}.$$

利用上面的两个引理和极化不等式相结合, 可以证明以下定理成立.

定理 6.3 设 E 是一个 Banach 格, Y 是一个 Banach 空间, $T : E \times \cdots \times E \to Y$ 是对称 n-线性算子, 则 $T \in \mathcal{L}^{\mathrm{Var}}(E, \cdots, E;Y)$ 当且仅当 $P_T \in \mathcal{P}^{\mathrm{Var}}(^nE;Y)$. 在这种情况下, 有

$$\mathrm{Var}(P_T) \leqslant \mathrm{Var}(T) \leqslant \frac{n^n}{n!}\mathrm{Var}(P_T).$$

作为向量空间, 容易知道:

(1) $\mathcal{L}^{\mathrm{Var}}(E_1, \cdots, E_n;Y) \subseteq \mathcal{L}(E_1, \cdots, E_n;Y)$, 并且 $\|T\| \leqslant \mathrm{Var}(T)$.

(2) $\mathcal{P}^{\mathrm{Var}}(^nE;Y) \subseteq \mathcal{P}(^nE;Y)$, 并且 $\|P_T\| \leqslant \mathrm{Var}(P_T)$.

下面定理给出一个充分条件, 使得 $\mathcal{L}^{\mathrm{Var}}(E_1, \cdots, E_n;Y) = \mathcal{L}(E_1, \cdots, E_n;Y)$ 和 $\mathcal{P}^{\mathrm{Var}}(^nE;Y) = \mathcal{P}(^nE;Y)$, 从而回答了文献 [7] 最后一行提出的隐式问题.

定理 6.4 设 $E, E_1, \cdots, E_{n-1}$ 是 AL-空间, E_n 是一个 Banach 格, Y 是一个 Banach 空间, 则

(1) $\mathcal{L}^{\mathrm{Var}}(E_1, \cdots, E_n;Y) = \mathcal{L}(E_1, \cdots, E_n;Y)$. 在这种情况之下, 对每个 $T \in \mathcal{L}(E_1, \cdots, E_n;Y)$, 有 $\mathrm{Var}(T) = \|T\|$.

(2) $\mathcal{P}^{\mathrm{Var}}(^nE;Y) = \mathcal{P}(^nE;Y)$. 在这种情况之下, 对每个 $P \in \mathcal{P}(^nE;Y)$, 有 $\mathrm{Var}(P) = \|P\|$.

证明 对于任意 $T \in \mathcal{L}(E_1, \cdots, E_n;Y)$. 令 $\varepsilon_{i_1,\cdots,i_n} = \pm 1$, 则对 $1 \leqslant k \leqslant n$ 满足 $\left\|\sum\limits_{i_k=1}^{m_k} u_{k,i_k}\right\| \leqslant 1$ 的 $u_{k,i_k} \in E_k^+$, 由于

$$\left\|\sum_{i_n=1}^{m_n} \varepsilon_{i_1,\cdots,i_n} u_{n,i_n}\right\| \leqslant \left\|\sum_{i_n=1}^{m_n} u_{n,i_n}\right\| \leqslant 1.$$

因此

$$\left\|\sum_{i_1,\cdots,i_n} \varepsilon_{i_1,\cdots,i_n} T(u_{1,i_1}, \cdots, u_{n-1,i_{n-1}}, u_{n,i_n})\right\|$$

$$= \left\|\sum_{i_1,\cdots,i_n} T(u_{1,i_1}, \cdots, u_{n-1,i_{n-1}}, \varepsilon_{i_1,\cdots,i_n} u_{n,i_n})\right\|$$

$$= \left\|\sum_{i_1,\cdots,i_{n-1}} T(u_{1,i_1}, \cdots, u_{n-1,i_{n-1}}, \sum_{i_n} \varepsilon_{i_1,\cdots,i_n} u_{n,i_n})\right\|$$

$$\leqslant \sum_{i_1,\cdots,i_{n-1}} \|T\| \|u_{1,i_1}\| \cdots \|u_{n-1,i_{n-1}}\| \left\| \sum_{i_n} \varepsilon_{i_1,\cdots,i_n} u_{n,i_n} \right\|$$

$$\leqslant \|T\| \left(\sum_{i_1} \|u_{1,i_1}\| \right) \cdots \left(\sum_{i_{n-1}} \|u_{n-1,i_{n-1}}\| \right)$$

$$= \|T\| \left\| \sum_{i_1} u_{1,i_1} \right\| \cdots \left\| \sum_{i_{n-1}} u_{n-1,i_{n-1}} \right\|$$

$$\leqslant \|T\|.$$

故 $\mathrm{Var}(T) \leqslant \|T\|$, 所以, $T \in \mathcal{L}^{\mathrm{Var}}(E_1,\cdots,E_n;Y)$. 类似地, 可证明关于多项式的结论. ∎

Bu Qingying 和 Buskes 在文献 [5] 已经证明, 若 E 是一个 σ-Dedekind 完备的 Banach 格, Y 是一个 Banach 空间, 则每个正交可加的 n-齐次多项式 $P: E \to Y$ 是有界变差, 即 $P \in \mathcal{P}^{\mathrm{Var}}({}^n E; Y)$. 对于多线性算子的情形, 有下面的定理成立.

定理 6.5　设 E 为 σ-Dedekind 完备 Banach 格, Y 是一个 Banach 空间. 则对于每个正交对称的 n-线性算子 $T: E \times \cdots \times E \to Y$, 有

$$\|T\| \leqslant \mathrm{Var}(T) \leqslant \frac{n^n}{n!} \|T\|.$$

例 6.1　若 E_1 不是一个 AL-空间, 并且 $E_2 = \ell_p$ 或 $L_p[0,1](1 < p < \infty)$, 则有 $\mathcal{L}^{\mathrm{Var}}(E_1, E_2; \mathbb{R}) \subsetneq \mathcal{L}(E_1, E_2; \mathbb{R})$.

证明　由命题 6.3 可得

$$\mathcal{L}^{\mathrm{Var}}(E_1, E_2; \mathbb{R}) = \mathcal{L}(E_1 \hat{\otimes}_{|\pi|} E_2; \mathbb{R}) = (E_1 \hat{\otimes}_{|\pi|} E_2)^* = \mathcal{L}^r(E_1; E_2^*).$$

由于 $\mathcal{L}(E_1, E_2; \mathbb{R}) = \mathcal{L}(E_1; E_2^*)$, 因此, 假如 $\mathcal{L}^{\mathrm{Var}}(E_1, E_2; \mathbb{R}) = \mathcal{L}(E_1, E_2; \mathbb{R})$, 则 $\mathcal{L}^r(E_1; E_2^*) = \mathcal{L}(E_1; E_2^*)$. 则 E_1 必须是一个 AL-空间, 矛盾. ∎

作为向量空间, 容易知道下面结论成立.

(1) $\mathcal{L}^r(E_1, \cdots, E_n; F) \subseteq \mathcal{L}^{\mathrm{Var}}(E_1, \cdots, E_n; F)$, 并且 $\mathrm{Var}(T) \leqslant \|T\|_r$.

(2) $\mathcal{P}^r({}^n E; F) \subseteq \mathcal{P}^{\mathrm{Var}}({}^n E; F)$, 并且 $\mathrm{Var}(P) \leqslant \|P\|_r$.

下面给出一个充分条件, 使得 $\mathcal{L}^r(E_1, \cdots, E_n; F) = \mathcal{L}^{\mathrm{Var}}(E_1, \cdots, E_n; F)$, 并且 $\mathcal{P}^r({}^n E; F) = \mathcal{P}^{\mathrm{Var}}({}^n E; F)$.

定理 6.6　设 $E, E_1, \cdots, E_n$ 是 Banach 格, F 是一个带单位序的 Dedekind 完备的 AM-空间, 则下面的命题成立.

(1) $\mathcal{L}^r(E_1, \cdots, E_n; F) = \mathcal{L}^{\mathrm{Var}}(E_1, \cdots, E_n; F)$. 在此情况下, 对每个 $T \in \mathcal{L}^{\mathrm{Var}}(E_1, \cdots, E_n; F)$ 有 $\mathrm{Var}(T) = \|T\|_r$.

(2) $\mathcal{P}^r({}^n E; F) = \mathcal{P}^{\mathrm{Var}}({}^n E; F)$. 在此情况下, 对每个 $P \in \mathcal{P}^{\mathrm{Var}}({}^n E; F)$, 有 $\mathrm{Var}(P) = \|P\|_r$.

证明 任取 $T \in \mathcal{L}^{\mathrm{Var}}(E_1, \cdots, E_n; F)$. 根据命题 6.3, 在 $\mathcal{L}(E_1 \hat{\otimes}_{|\pi|} \cdots \hat{\otimes}_{|\pi|} E_n; F)$ 中存在一个唯一的 $T^{\otimes}$, 使得 $\mathrm{Var}(T) = \|T^{\otimes}\|$. 由文献 [15] 中第 48 页的定理 1.5.11 可知 $T^{\otimes} \in \mathcal{L}^r(E_1 \hat{\otimes}_{|\pi|} \cdots \hat{\otimes}_{|\pi|} E_n; F)$, 满足 $\|T^{\otimes}\|_r = \|T^{\otimes}\|$. 因此, 由文献 [5] 的命题 3.3, 我们可得 $T \in \mathcal{L}^r(E_1, \cdots, E_n; F)$, 并且满足 $\|T\|_r = \|T^{\otimes}\|_r$. 多项式命题的证明是类似的. ∎

例 6.2 $\mathcal{L}^r(L_2[0,1], L_2[0,1]; c_0) \subsetneq \mathcal{L}^{\mathrm{Var}}(L_2[0,1], L_2[0,1]; c_0)$.

证明 定义 $T : L_2[0,1] \times L_2[0,1] \to c_0$:

$$T(f, g)_k = \int_0^1 f(t)g(t) \sin(2^k \pi t) dt, \quad k \in \mathbb{N},$$

这里对每个 $k \in \mathbb{N}, T(f, g)_k$ 表示 $T(f, g)$ 的第 k 个坐标. 由文献 [9] 的第 60 页可推出 T 是有界双线性算子, 并且 $\|T(f, g)\|_{c_0} \leqslant \|f\|\|g\|$. 很容易看出 T 也是正交对称的, 根据定理 6.5 可推出 $T \in \mathcal{L}^{\mathrm{Var}}(L_2[0,1], L_2[0,1]; c_0)$.

若 $A_k = \{t \in [0,1] : |\sin(2^k \pi t)| \geqslant 1/\sqrt{2}\}$, 则对每个 $k \in \mathbb{N}, m(A_k) = \dfrac{1}{4}$ (这里 m 表示 $[0,1]$ 上的 Lebesgue 测度) 和

$$|T|(\chi_{[0,1]}, \chi_{[0,1]})_k = \int_0^1 |\sin(2^k \pi t)| dt \geqslant \int_{A_k} |\sin(2^k \pi t)| dt \geqslant \frac{1}{\sqrt{2}} m(A_k) = \frac{1}{4\sqrt{2}},$$

这推出 $|T|(\chi_{[0,1]}, \chi_{[0,1]}) \notin c_0$. 所以, $T \notin \mathcal{L}^r(L_2[0,1], L_2[0,1]; c_0)$. ∎

连续的 n-线性算子和连续的 n-齐次多项式何时是正则的是一个有趣的问题. 结合前面的定理, 可得出以下推论.

推论 6.2 设 E 是 σ-是 Dedekind 完备的 Banach 格, F 是一个带序单位的 Dedekind 完备的 AM-空间, 则以下命题成立:

(1) 所有连续正交对称的 n-线性算子 $T : E \times \cdots \times E \to F$ 是正则的, 并且 $\|T\| \leqslant \|T\|_r \leqslant \dfrac{n^n}{n!} \|T\|$.

(2) 所有连续正交可加的 n-齐次多项式 $P : E \to F$ 是正则的, 并且 $\|P\| \leqslant \|P\|_r \leqslant \dfrac{n^n}{n!} \|P\|$.

回顾一下, 若存在从 F^{**} 到 F 的正收缩投影, 则称 Banach 格 F 具有性质 (P). 每个 Kantorovich-Banach 空间都具有性质 (P), 每个具有性质 (P) 的 Banach 格都是 Dedekind 完备的[15].

定理 6.7 设 $E, E_1, \cdots, E_n$ 是 AL-空间, 且 F 是一个具有性质 (P) 的 Banach 格, 则所有连续 n-线性算子 $T : E_1 \times \cdots \times E_n \to F$ 和所有连续 n-齐次多项式 $P : E \to F$ 是正则的, 并且满足 $\|T\| = \|T\|_r, \|P\| = \|P\|_r$.

证明 任取 $T \in \mathcal{L}(E_1, \cdots, E_n; F)$. 根据定理 6.4, $T \in \mathcal{L}^{\mathrm{Var}}(E_1, \cdots, E_n; F)$ 满足 $\mathrm{Var}(T) = \|T\|$. 根据命题 6.3, 存在一个唯一的 $T^{\otimes} \in \mathcal{L}(E_1 \hat{\otimes}_{|\pi|} \cdots \hat{\otimes}_{|\pi|} E_n; F)$,

使得 $\|T^{\otimes}\| = \mathrm{Var}(T)$. 由于 $E, E_1, \cdots, E_n$ 是 AL-空间, 因此, $E_1 \hat{\otimes}_{|\pi|} \cdots \hat{\otimes}_{|\pi|} E_n$ 是一个 AL-空间. 由文献 [15] 第 48 页的定理 1.5.11 可得 $T^{\otimes} \in \mathcal{L}^r(E_1 \hat{\otimes}_{|\pi|} \cdots \hat{\otimes}_{|\pi|} E_n;$ $F)$ 满足 $\|T^{\otimes}\|_r = \|T^{\otimes}\|$. 因此, 由文献 [5] 的命题 3.3 可得到 $T \in \mathcal{L}^r(E_1, \cdots, E_n;$ $F)$ 满足 $\|T\|_r = \|T^{\otimes}\|_r$. 类似地, 可以证得多项式 P 的结论. ■

6.3　Grecu 和 Ryan 结果的扩展

对于每个 $T \in \mathcal{L}(E_1, \cdots, E_n; Y)$, 定义 $T_1 : E_1 \to \mathcal{L}(E_2, \cdots, E_n; Y)$ 为

$$T_1(x)(x_2, \cdots, x_n) = T(x, x_2, \cdots, x_n), \quad x \in E_1, \; x_2 \in E_2, \cdots, \; x_n \in E_n,$$

则 T_1 是连续线性算子.

命题 6.5　设 $E_1, \cdots, E_n$ 是 Banach 格, Y 是一个 Banach 空间, 且 $T \in \mathcal{L}(E_1, \cdots, E_n; Y)$, 若 $T_1 : E_1 \to \mathcal{L}^{\mathrm{Var}}(E_2, \cdots, E_n; Y)$ 是绝对可和的, 则 $T \in \mathcal{L}^{\mathrm{Var}}(E_1, \cdots, E_n; Y)$.

证明　对于 $1 \leqslant k \leqslant n$, 假设 $\varepsilon_{i_1, \cdots, i_n} = \pm 1$, 且 $u_{k,i_k} \in E_k^+$ 满足 $\left\| \sum_{i_k=1}^{m_k} u_{k,i_k} \right\| \leqslant 1$, 则

$$
\left\| \sum_{i_1, \cdots, i_n} \varepsilon_{i_1, \cdots, i_n} T(u_{1,i_1}, \cdots, u_{n,i_n}) \right\|
$$

$$
\leqslant \sum_{i_1} \left\| \sum_{i_2, \cdots, i_n} \varepsilon_{i_1, \cdots, i_n} T_1(u_{1,i_1})(u_{2,i_2}, \cdots, u_{n,i_n}) \right\|
$$

$$
\leqslant \sum_{i_1} \mathrm{Var}(T_1(u_{1,i_1}))
$$

$$
\leqslant \pi(T_1) \sup \left\{ \left\| \sum_{i_1} \lambda_{i_1} u_{1,i_1} \right\| : |\lambda_{i_1}| \leqslant 1 \right\}
$$

$$
\leqslant \pi(T_1) \left\| \sum_{i_1} |u_{1,i_1}| \right\|
$$

$$
\leqslant \pi(T_1),
$$

这里 $\pi(T_1)$ 是 T_1 的绝对可和算子范数. 因此, $\mathrm{Var}(T) \leqslant \pi(T_1)$. 所以, $T \in \mathcal{L}^{\mathrm{Var}}(E_1, \cdots, E_n; Y)$. ■

对于 $P \in \mathcal{P}(^n E; Y)$, 定义 $P_1 : E \to \mathcal{P}(^{n-1}E; Y)$

$$P_1(x)(u) = T_P(x, u, \cdots, u), \quad x, u \in E.$$

则 P_1 是一个连续线性算子[13]. 与命题 6.5类似, 不难验证以下命题成立.

命题 6.6　设 E 是一个 Banach 格, Y 是一个 Banach 空间, 且 $P \in \mathcal{P}(^n E; Y)$. 若 $P_1 : E \to \mathcal{P}^{\mathrm{Var}}(^{n-1}E; Y)$ 是绝对可和的, 则 $P \in \mathcal{P}^{\mathrm{Var}}(^n E; Y)$.

若在 $(B_{X_1^*} \times \cdots \times B_{X_n^*},\ w*\text{-拓扑})$ 上存在一个有界变差的正则可数可加的 Y-值 Borel 测度 ν, 使得对每个 $(x_1, \cdots, x_n) \in X_1 \times \cdots \times X_n$, 有

$$T(x_1, \cdots, x_n) = \int_{B_{X_1^*} \times \cdots \times B_{X_n^*}} x_1^*(x_1) \cdots x_n^*(x_n) d\nu(x_1^*, \cdots, x_n^*), \qquad (*)$$

则称 n-线性算子 $T : X_1 \times \cdots \times X_n \to Y$ 是 Pietsch 可积的[1].

用 $\mathcal{L}_{\mathrm{PI}}(X_1, \cdots, X_n; Y)$ 表示 $X_1 \times \cdots \times X_n$ 到 Y 的所有在下面范数下 Pietsch 可积的 n-线性算子的空间:

$$\|T\|_{\mathrm{PI}} = \inf |\nu|(B_{X_1^*} \times \cdots \times B_{X_n^*}),$$

这里控制最小值的所有向量的测度 ν 满足上面的定义.

命题 6.7 设 $E_1, \cdots, E_n$ 是一个 Banach 格, Y 是一个 Banach 空间, 且 $T \in \mathcal{L}_{\mathrm{PI}}(E_1, \cdots, E_n; Y)$, 则 $T \in \mathcal{L}^{\mathrm{Var}}(E_1, \cdots, E_n; Y)$, 并且 $\mathrm{Var}(T) \leqslant \|T\|_{\mathrm{PI}}$.

证明 任取 $T \in \mathcal{L}_{\mathrm{PI}}(E_1, \cdots, E_n; Y)$, 存在一个向量的测度 ν 满足 $(*)$. 对 $1 \leqslant k \leqslant n$, 有 $\varepsilon_{i_1, \cdots, i_n} = \pm 1$ 且 $u_{k,i_k} \in E_k^+$, 满足 $\left\| \sum_{i_k=1}^{m_k} u_{k,i_k} \right\| \leqslant 1$. 则

$$\left\| \sum_{i_1, \cdots, i_n} \varepsilon_{i_1, \cdots, i_n} T(u_{1,i_1}, \cdots, u_{n,i_n}) \right\|$$

$$\leqslant \int_{B_{X_1^*} \times \cdots \times B_{X_n^*}} \sum_{i_1, \cdots, i_n} |x_1^*(u_{1,i_1}) \cdots x_n^*(u_{n,i_n})| d|\nu|(x_1^*, \cdots, x_n^*)$$

$$\leqslant \int_{B_{X_1^*} \times \cdots \times B_{X_n^*}} |x_1^*| \left(\sum_{i_1} u_{1,i_1} \right) \cdots |x_n^*| \left(\sum_{i_n} u_{n,i_n} \right) d|\nu|(x_1^*, \cdots, x_n^*)$$

$$\leqslant \int_{B_{X_1^*} \times \cdots \times B_{X_n^*}} \|x_1^*\| \left\| \sum_{i_1} u_{1,i_1} \right\| \cdots \|x_n^*\| \left\| \sum_{i_n} u_{n,i_n} \right\| d|\nu|(x_1^*, \cdots, x_n^*)$$

$$\leqslant |\nu|(B_{X_1^*} \times \cdots \times B_{X_n^*}),$$

因此, $T \in \mathcal{L}^{\mathrm{Var}}(E_1, \cdots, E_n; Y)$, 并且 $\mathrm{Var}(T) \leqslant \|T\|_{PI}$. ■

大家知道, 具有 1-无条件基的 Banach 空间是按坐标定义序的 Banach 格. 设 E_1 和 E_2 是两个 Banach 空间, 每个空间具有 1 个无条件的基.

Grecu 和 Ryan 在文献 [13] 引入了 $B_\nu(E_1 \times E_2)$, $E_1 \times E_2$ 上所有无条件双线性形式的空间, 以及 $B_\nu(E_1 \times E_2)$ 上的无条件范数 ν. 很容易看出对每个双线性形式 $T \in B_\nu(E_1 \times E_2) = \mathcal{L}^{\mathrm{Var}}(E_1, E_2; \mathbb{R})$ 都有 $B_\nu(E_1 \times E_2) = \mathcal{L}^{\mathrm{Var}}(E_1, E_2; \mathbb{R})$ 和 $\nu(T) = \mathrm{Var}(T)$. 因此, 命题 6.5 推广了文献 [13] 的命题 2.1, 文献 [13] 的推论 2.2 是命题 5.7 的特例.

现在, 假设 E 为具有一个 1-无条件基的 Banach 空间. Grecu 和 Ryan 在文献 [13] 中还引入了 $\mathcal{P}_\nu(^nE)$, E 上所有无条件 n-齐次多项式的空间, 以及 $\mathcal{P}_\nu(^nE)$ 上无

条件多项式范数 $\nu(\cdot)$. 容易看出对每个 n-齐次多项式 $P \in \mathcal{P}_\nu(^nE) = \mathcal{P}^{\mathrm{Var}}(^nE; \mathbb{R})$, 有 $\mathcal{P}_\nu(^nE) = \mathcal{P}^{\mathrm{Var}}(^nE; \mathbb{R})$, 以及 $\nu(P) = \mathrm{Var}(P)$. 因此, 文献 [13] 的命题 3.1 是命题 6.6的特例, 文献 [13] 的命题 4.2 和命题 4.3 是定理 6.6 的特例.

卡尔顿 (Nigel John Kalton, 1947—2010), 是一位英国裔的美国数学家, 以他在泛函分析上的造诣而闻名于世. 1970 年, 在剑桥大学师从 David Garling, 博士学位论文为 *Schauder decompositions in locally convex spaces*. 获得他的博士学位后, 因为在学期间的研究表现非常突出, 他被剑桥大学授予了 Rayleigh 奖. 之后他在美国里海大学、Warwick 大学、Swansea 大学、伊利诺伊大学、密歇根州立大学任教过, 最后到了密苏里哥伦比亚大学任教授. 他于 2005 年被波兰科学院授予以泛函分析创始人 Banach 命名的 Stefan Banach 奖章.

Kalton 的研究遍及了所有泛函分析中的分支领域, 是泛函分析学界公认的拟 Banach 空间几何学成就最高的数学家, 曾任泛函分析领域最高的期刊 *Journal of Functional Analysis* 的编辑. 他出版的著作有 *An F-space Sampler* 和 *Topics in Banach Space Theory*.

参 考 文 献

[1] Alencar R. Multilinear mappings of nuclear and integral type. Proc. Amer. Math. Soc., 1985, 94(1): 33-38.

[2] Aliprantis C D. Burkinshaw O. Positive Operators. Reprint of the 1985 original. Dordrecht: Springer, 2006.

[3] Benyamini Y, Lassalle S, Llavona J G. Homogeneous orthogonally additive polynomials on Banach lattices. Bull. London Math. Soc., 2006, 38(3): 459-469.

[4] Boulabiar K. On products in lattice-ordered algebras. J. Aust. Math. Soc., 2003, 75(1): 23-40.

[5] Bu Q Y, Buskes G. Polynomials on Banach lattices and positive tensor products. J. Math. Anal. Appl., 2012, 388(2): 845-862.

[6] Bu Q Y, Buskes G, Li Y J. Abstract M- and abstract L-spaces of polynomials on Banach lattices. Proc. Edinb. Math. Soc., 2015, 58(3): 617-629.

[7] Buskes G, van Rooij A. Bounded variation and tensor products of Banach lattices. Positivity, 2003, 7(1-2): 47-59.

[8] Cartwright D I, Lotz H P. Some characterizations of AM- and AL-spaces. Math. Z., 1975, 142: 97-103.

[9] Diestel J, Uhl J J, Jr. Vector Measures. Mathematical Surveys, Volume 15. Providence, RI: American Mathematical Society, 1977.

[10] Dineen S. Springer Monographs in Mathematics. London: Springer-Verlag, Ltd., 1999.

[11] Fremlin D H. Tensor products of Archimedean vector lattices. Amer. J. Math., 1972, 94: 777-798.

[12] Fremlin D H. Tensor products of Banach lattices. Math. Ann., 1974, 211: 87-106.

[13] Grecu B C, Ryan R A. Polynomials on Banach spaces with unconditional bases. Proc. Amer. Math. Soc., 2005, 133(4): 1083-1091.

[14] Loane J. Polynomials on Riesz spaces. Ph. D. Thesis, National University of Ireland, Galway, 2007.

[15] Meyer-Nieberg P. Banach Lattices. Berlin: Springer-Verlag, 1991.

[16] Palazuelos C, Peralta M A, Villanueva I. Orthogonally additive polynomials on C^*-algebras. Q. J. Math., 2008, 59(3): 363-374.

[17] Pérez-García D, Villanueva I. Orthogonally additive polynomials on spaces of continuous functions. J. Math. Anal. Appl., 2005, 306(1): 97-105.

[18] Schaefer H H. Aspects of Banach lattices. Studies in functional analysis. MAA Stud. Math., 21, Math. Assoc. America, Washington, D.C., 1980: 158-221.

[19] Schep A R. Factorization of positive multilinear maps. Illinois J. Math., 1984, 28(4): 579-591.

[20] Wickstead A W. AL-spaces and AM-spaces of operators. Positivity and Its Applications (Ankara, 1998). Positivity, 2000, 4(3): 303-311.

第 7 章   含有 c_0 或 ℓ_1 副本的向量积

只要一门科学分支能提出大量的问题, 它就充满着生命力, 而问题缺乏则预示独立发展的终止或衰亡.

Hilbert (1862—1943, 德国数学家)

c_0, ℓ_p $(1 \leqslant p \leqslant \infty)$ 是最重要的经典序列 Banach 空间, 它们的性质得到了深入的研究. 若 Banach 空间 X 有子空间与 c_0, 或者 ℓ_p $(1 \leqslant p \leqslant \infty)$ 同构, 则称 Banach 空间 X 包含 c_0 副本, 或者包含 ℓ_p 副本.

Banach 在《线性算子理论》中, 提出了下面猜想:

是否每个无穷维 Banach 空间 X, 或者包含 c_0 副本, 或者包含 ℓ_p 副本?

虽然对于许多 Banach 空间, 这个问题的答案总是肯定的, 但是 Tsirelson 在 1974 年构造出一个具有无条件基的自反 Banach 空间不包含 ℓ_p $(1 < p < \infty)$ 副本, 因此, 该空间不包含 c_0 副本, 也不包含 ℓ_p $(1 \leqslant p < \infty)$ 副本, 从而给 Banach 的猜想以否定回答.

如何判断 Banach 空间包含 c_0 副本和 ℓ_1 副本呢?

定理 7.1   Banach 空间 X 包含 c_0 副本的充要条件为 X 中存在序列 $\{x_n\}_{n=1}^{\infty}$ 使得对任意 $x^* \in X^*$, 级数 $\sum\limits_{n=1}^{\infty} |x^*(x_n)|$ 收敛, 但 $\sum\limits_{n=1}^{\infty} x_n$ 不是范数收敛的.

定理 7.2   Banach 空间 X 不包含 ℓ_1 副本的充要条件为 X 的单位球是弱条件紧的, 即 X 的闭单位球 B_X 中的任意序列都存在子序列在弱收敛意义下是 Cauchy 序列.

7.1   Banach 空间的八面体范数

Banach 空间 X 包含 ℓ_1 副本可以用存在等价的八面体范数来刻画. 八面体范数是 Godefroy 在 1989 年引入的, 他证明了包含 ℓ_1 的 Banach 空间一定存在等价的八面体范数[6].

定义 7.1   设 X 是实 Banach 空间, 若对于 X 每个有限维子空间 E 和 $\varepsilon > 0$, 存在 $y \in X, \|y\| = 1$, 使得对任意 $x \in E$, 都有

$$\|x - y\| \geqslant (1 - \varepsilon)(\|x\| + \|y\|),$$

则称 X 的范数 $\|\cdot\|$ 是八面体范数 (octahedral norm).

明显地, 只有无穷维 Banach 空间才有可能具有八面体范数.

Godefroy 在 1989 年给出了下面的刻画[6].

定理 7.3 Banach 空间 X 具有八面体范数的充要条件为任意有限个覆盖 X 的闭单位球 B_X 的闭球一定有某个包含 B_X, 即若 B_i $(i = 1, 2, \cdots, n)$ 都是闭球, 并且 $\bigcup\limits_{i=1}^{n} B_i \supseteq B_X$, 则一定存在某个 i_0, 使得 $B_{i_0} \supseteq B_X$.

Haller 给出了 Banach 空间 X 的范数是八面体范数的充要条件[7].

命题 7.1 设 X 是实 Banach 空间, 则下列条件等价.

(1) X 的范数是八面体范数.

(2) 对于任意 $n \in \mathbb{N}, x_1, \cdots, x_n, \varepsilon > 0$, 存在 $y \in X, \|y\| = 1$, 使得对于任意 $i \in \{1, \cdots, n\}$, 都有

$$\|x_i - y\| \geqslant 2 - \varepsilon.$$

Papini 在 1999 年给出了下面八面体范数的特征[11].

命题 7.2 设 X 是实 Banach 空间, 则下列条件等价.

(1) X 的范数是八面体范数.

(2) $\mu_2(X) = 2$, 这里

$$\mu_2(X) = \inf_{x_1, \cdots, x_n \in S_X, n \in \mathbb{N}} \sup_{x \in S_X} \frac{1}{n} \sum_{i=1}^{n} \|x_i - x\|.$$

证明 (1) $\Rightarrow$ (2) 设 X 上的范数是八面体的, 则根据命题 7.1 的 (2), 对于 $x_1, \cdots, x_n \in S_X$, 有 $\sup\limits_{x \in S_X} \sum\limits_{i=1}^{n} \|x_i - x\| = 2n$. 因此, $\mu_2(X) = 2$.

(2) $\Rightarrow$ (1) 若 $\mu_2(X) = 2$, 令 $x_1, \cdots, x_n \in S_X, \varepsilon > 0$. 既然 $\mu_2(X) = 2$, 因此, 有

$$\sup_{x \in S_X} \frac{1}{n} \sum_{i=1}^{n} \|x_i - x\| = 2,$$

故存在 $x \in S_X$, 满足

$$\frac{1}{n} \sum_{i=1}^{n} \|x_i - x\| \geqslant 2 - \frac{\varepsilon}{n},$$

即

$$\|x_i - x\| \geqslant 2 - \varepsilon \quad 任意 \ i \in \{1, \cdots, n\},$$

所以, 根据命题 7.1 的 (2), X 上的范数是八面体的. ∎

对于 Banach 空间 X, Whitley 在文献 [13] 引入了厚度参数 $T(X)$:

$$T(X) = \inf\{\varepsilon > 0 : 存在 \ S_X \ 的有限 \ \varepsilon\text{-网}\}.$$

明显地, 对于有限维 Banach 空间 X, 有 $T(X) = 0$. 对于无限维 Banach 空间 X, Whitley 证明 $1 \leqslant T(X) \leqslant 2$.

容易知道, 对于无限维的 Banach 空间 X, 有

$$T(X) = \inf \left\{ \varepsilon > 0 : 存在 \ \{x_1, \cdots, x_n\} \subseteq S_X, \ 使得 \ B_X \subseteq \bigcup_{i=1}^{n} B(x_i, \varepsilon) \right\}.$$

命题 7.3　设 X 是 Banach 空间, 则下面断言是等价的:

(1) X 的范数是八面体的.

(2) 若 $x_1, \cdots, x_n \in X, r_1, \cdots, r_n > 0$, 满足

$$S_X \subseteq \bigcup_{i=1}^{n} B(x_i, r_i),$$

则存在 $\{1, \cdots, n\}$ 中的某个 i, 使得

$$S_X \subseteq B(x_i, r_i).$$

(3) 若 $x_1, \cdots, x_n \in S_X, r_1, \cdots, r_n > 0$, 满足

$$S_X \subseteq \bigcup_{i=1}^{n} B(x_i, r_i),$$

则存在 $\{1, \cdots, n\}$ 中的某个 i, 使得

$$S_X \subseteq B(x_i, r_i).$$

证明　(1) $\Rightarrow$ (2)　假设 X 上的范数是八面体的, X 中的有限个闭单位球 $B(x_1, r_1), \cdots, B(x_n, r_n)$, 满足

$$S_X \subseteq \bigcup_{i=1}^{n} B(x_i, r_i).$$

既然 X 上的范数是八面体的, 因此, 对于任意的 $\varepsilon > 0$, 存在 $\{1, \cdots, n\}$ 中的某个 i 和 $B(x_i, r_i)$ 中范数为 1 的 y, 满足

$$\|x_i - y\| \geqslant (1 - \varepsilon)(\|x_i\| + 1),$$

故 $r_i \geqslant (1 - \varepsilon)(\|x_i\| + 1)$. 因而, 至少有一个 $\{1, \cdots, n\}$ 中的 i, 满足

$$r_i \geqslant \|x_i\| + 1.$$

所以, 当 $x \in S_X$ 时, 有 $\|x - x_i\| \leqslant \|x\| + \|x_i\| \leqslant 1 + \|x_i\| \leqslant r_i$, 可知 $S_X \subseteq B(x_i, r_i)$.

(2) $\Rightarrow$ (3)　这是明显成立的.

(3) $\Rightarrow$ (1)　假设 (3) 成立, 令 $n \in \mathbb{N}$, $x_1, \cdots, x_n \in S_X, \varepsilon > 0$, 根据命题 7.1, 只要可以找到一个 $y \in S_X$, 使得

$$\|x_i - y\| \geqslant 2 - \varepsilon,$$

对所有 $i \in \{1, \cdots, n\}$ 成立.

反证法. 假设对于任意的 $y \in S_X$, 存在 x_i, 使得 $\|x_i - y\| < 2 - \varepsilon$, 则

$$S_X \subseteq \bigcup_{i=1}^{n} B(x_i, 2 - \varepsilon).$$

根据假设, 存在某个 $\{1, \cdots, n\}$ 中的 i, 使得 $S_X \subseteq B(x_i, 2 - \varepsilon)$, 矛盾. 所以, 由反证法原理可知结论成立.　∎

明显地, 上面命题的条件 (3) 与 $T(X) = 2$ 是等价的, 因此, 下面推论成立.

推论 7.1　设 X 为 Banach 空间, 则 X 上的范数是八面体的当且仅当 $T(X) = 2$.

推论 7.2　Banach 空间 X 可以赋予等价范数使得厚度参数 $T(X) = 2$ 当且仅当 X 包含 ℓ_1 副本.

7.2　张量积的八面体范数

Langemets, Lima 和 Rueda 在 2017 年讨论了射影张量积的八面体范数, 他们证明了下面的一些结果[8].

定理 7.4　设 X 为 Banach 空间, 则

(1) 若对任意 $\varepsilon > 0, X$ 与 ℓ_1 的子空间是 $(1 + \varepsilon)$ 等距同构的, 则 $L(X, \ell_1)$ 的范数是八面体的.

(2) 若对任意 $\varepsilon > 0, X$ 与 L_1 的子空间是 $(1 + \varepsilon)$ 等距同构的, 则 $L(X, L_1)$ 的范数是八面体的.

推论 7.3　若 X 是 2 维的 Banach 空间, 则 $\ell_1 \check{\otimes}_\varepsilon X = L(c_0, X)$ 和 $L_1 \check{\otimes}_\varepsilon X$ 的范数都是八面体的.

命题 7.4　设 $n \geqslant 3$ 为一个自然数, $2 \leqslant p \leqslant \infty$, 则 $\ell_1 \check{\otimes}_\varepsilon \ell_p^n$ 和 $L_1 \check{\otimes}_\varepsilon \ell_p^n$ 的范数都是八面体的.

定理 7.5　对每个 $1 < p < 2$ 和每个自然数 $n \geqslant 3, \ell_1 \check{\otimes}_\varepsilon \ell_p^n$ 和 $L_1 \check{\otimes}_\varepsilon \ell_p^n$ 的范数都不是八面体的.

关于投影张量积的八面体范数, 他们证明了下面的一些结果[8].

命题 7.5　设 X, Y 为 Banach 空间, 若 Y 是有限维的, $X \hat{\otimes}_\pi Y$ 的范数是八面体的, 则 X 的范数是八面体的.

他们还提出了下面的开问题.

问题 7.1　设 X, Y 为 Banach 空间, 若 X 和 (或)Y 的范数是八面体的, 则 $X \hat{\otimes}_\pi Y$ 的范数是否一定是八面体的?

7.3　张量积不包含 ℓ_1 副本问题

问题 7.2　设 X 和 Y 都是 Banach 空间, 若 X 和 Y 都不包含 ℓ_1 副本, 则射影张量积 $X \hat{\otimes}_\varepsilon Y$ 是否可能包含 ℓ_1 副本?

这是有可能的. 实际上, Ruess 在 1984 年给出了下面的例子[12].

James 树空间 JT 不包含 ℓ_1 副本, 但是射影张量积 $JT \hat{\otimes}_\varepsilon JT$ 包含 ℓ_1 副本. Ruess 还证明了下面结论[12].

定理 7.6　若 Banach 空间 X 和 Y 都不包含 ℓ_1 副本, 并且 X^* 或者 Y^* 具有 Radon-Nikodym 性质, 则射影张量积 $X \hat{\otimes}_\varepsilon Y$ 不包含 ℓ_1 副本.

下面关于不包含 ℓ_1 副本的投影张量积 $X \hat{\otimes}_\pi Y$ 的内容主要来自文献 [14].

对于以 $\{e_n\}_1^\infty$ 为基的 Banach 空间, 记 $\{e_n^*\}_1^\infty$ 为 $\{e_n\}_1^\infty$ 相应的双正交泛函, 即

$$e_i^*(e_j) = \begin{cases} 1, & i = j, \\ 0, & i \neq j. \end{cases}$$

引理 7.1　X 是一个具有无条件基 $\{e_n\}_1^\infty$ 的 Banach 空间, 则 X 的有界子集 M 是相对紧的当且仅当

$$\limsup_n \left\{ \left\| \sum_{i=n}^\infty e_i^*(x)e_i \right\| : x \in M \right\} = 0. \tag{7.1}$$

证明　设 M 是相对紧的, 若 (7.1) 不成立, 则对于 $x \in X$ 有 $\lim\limits_n \left\| \sum\limits_{i=n}^\infty e_i^*(x)e_i \right\| = 0$, 存在 $\varepsilon_0 > 0$, 子序列 $n_1 < m_1 < n_2 < m_2 < \cdots$ 和 M 中的序列 $\{x_k\}_1^\infty$, 使得

$$\left\| \sum_{i=n_k}^\infty e_i^*(x_k)e_i \right\| \geqslant \varepsilon_0, \quad k = 1, 2, \cdots,$$

并且

$$\left\| \sum_{i=m}^\infty e_i^*(x_k)e_i \right\| \leqslant \frac{\varepsilon_0}{2}, \quad m > m_k, \quad k = 1, 2, \cdots.$$

令 K 是 $\{e_n\}_1^\infty$ 的无条件基常数, 则对于 $k, j \in \mathbb{N}, k > j$, 有

$$K \cdot \|x_k - x_j\| \geqslant \left\| \sum_{i=n_k}^\infty e_i^*(x_k - x_j)e_i \right\|$$

$$\geqslant \left\| \sum_{i=n_k}^{\infty} e_i^*(x_k)e_i \right\| - \left\| \sum_{i=n_k}^{\infty} e_i^*(x_j)e_i \right\|$$

$$\geqslant \varepsilon_0 - \frac{\varepsilon_0}{2}$$

$$= \frac{\varepsilon_0}{2},$$

因此, 序列 $\{x_k\}_1^{\infty}$ 在 X 中没有极限点, 故 M 不是相对紧的. 矛盾. 由此可证明 (7.1) 成立.

若 (7.1) 成立, 选取 M 中的序列 $\{x_m\}_1^{\infty}$. 既然 M 是有界的, 因此, 对于 $i \in \mathbb{N}$, 有 $\sup_m |e_i^*(x_m)| < \infty$ 成立. 根据对角线方法, 可以找到 $\{x_m\}_1^{\infty}$ 中的子序列 $\{x_{m_k}\}_1^{\infty}$, 使得

$$\lim_k e_i^*(x_{m_k}) \text{ 对每个 } i \in \mathbb{N} \text{ 成立.} \tag{7.2}$$

对于 $\varepsilon > 0$, 根据前面讨论, 存在 $n_0 \in \mathbb{N}$, 使得对任意 $x \in M$, 有

$$\left\| \sum_{i=n_0+1}^{\infty} e_i^*(x)e_i \right\| \leqslant \frac{\varepsilon}{4},$$

故存在 $k_0 \in \mathbb{N}$, 使得对于 $k, j > k_0$, 有

$$|e_i^*(x_{m_k} - x_{m_j})| < \frac{\varepsilon}{2}cn_0, \quad i = 1, 2, \cdots, n_0,$$

这里 $c = \sup_n \|e_n\| < \infty$. 因此, 对于 $k, j > k_0$, 有

$$\|x_{m_k} - x_{m_j}\| = \left\| \sum_{i=1}^{\infty} e_i^* (x_{m_k} - x_{m_j}) e_i \right\|$$

$$\leqslant c \sum_{i=1}^{n_0} |e_i^* (x_{m_k} - x_{m_j})| + \left\| \sum_{i=n_0+1}^{\infty} e_i^* (x_{m_k}) e_i \right\| + \left\| \sum_{i=n_0+1}^{\infty} e_i^* (x_{m_j}) e_i \right\|$$

$$\leqslant \frac{\varepsilon}{2} + \frac{\varepsilon}{4} + \frac{\varepsilon}{4}$$

$$= \varepsilon.$$

因此, $\{x_{m_k}\}_1^{\infty}$ 是 X 中的 Cauchy 序列. 所以, X 中存在极限点. 这就证明了 M 是相对紧的. ∎

引理 7.2 设 X 和 Y 是 Banach 空间, 若 X 具有无条件收缩基 $\{e_n\}_1^{\infty}$, 对于从 X 到 Y 上的连续线性算子 T, 令 $y_n = Te_n \ (n \in \mathbb{N})$, 则 T 是紧的当且仅当

$$\limsup_n \left\{ \left\| \sum_{i=n}^{\infty} e_i^*(x)y_i \right\|_Y : x \in B_X \right\} = 0.$$

证明　既然 $\{e_n\}_1^\infty$ 是 X 的一个无条件收缩基, 因此, $\{e_n^*\}_1^\infty$ 是 X^* 的无条件基. 令 T^* 是 T 的伴随算子, 则对任意的 $y^* \in Y^*$, 有 $T^*(y^*) = \sum\limits_{n=1}^\infty y^*(y_n) e_n^*$. 故

$$\{T^*(y*) : y^* \in B_{Y^*}\} = \left\{ \sum_{n=1}^\infty y^*(y_n) e_n^* : y^* \in B_{Y^*} \right\}.$$

由于对于 $n \in \mathbb{N}$, 有

$$\sup\left\{ \left\| \sum_{i=n}^\infty e_i^*(x) y_i \right\|_Y : x \in B_X \right\} = \sup\left\{ \left\| \sum_{i=n}^\infty y^*(y_i) e_i^* \right\|_{X^*} : y^* \in B_{Y^*} \right\}.$$

因此, 根据引理 7.1, T 是紧的当且仅当 T^* 是紧的当且仅当

$$\lim_n \sup\left\{ \left\| \sum_{i=n}^\infty y^*(y_i) e_i^* \right\|_{X^*} : y^* \in B_{Y^*} \right\} = 0,$$

所以, 当且仅当

$$\lim_n \sup\left\{ \left\| \sum_{i=n}^\infty e_i^*(x) y_i \right\|_Y : x \in B_X \right\} = 0. \qquad \blacksquare$$

引理 7.3　设 X 和 Y 是 Banach 空间, 若 X 具有无条件收缩基 $\{e_n\}_1^\infty$, 对于从 X 到 Y^* 上的连续线性算子 T, 对 $n \in \mathbb{N}$, 令 $y_n^* = Te_n$, 定义

$$I_T : X \hat{\otimes}_\pi Y \to \ell_1,$$

$$z \mapsto \left(\sum_{k=1}^\infty e_n^*(x_k) \cdot y_n^*(y_k) \right)_n,$$

这里 $z = \sum\limits_{k=1}^\infty x_k \otimes y_k$, 则 I_T 是连续线性算子.

证明　令 $z \in X \hat{\otimes}_\pi Y, s = (s_n)_n \in \ell_\infty$. 对于 $\varepsilon > 0$, z 可以表示为

$$z = \sum_{k=1}^\infty x_k \otimes y_k,$$

并且满足

$$\sum_{k=1}^\infty \|x_k\| \cdot \|y_k\| \leqslant \|z\|_{X \hat{\otimes}_\pi Y} + \varepsilon.$$

令

$$u_k = \sum_{n=1}^\infty s_n e_n^*(x_k) e_n, \quad k = 1, 2, \cdots,$$

则对于每个 $k \in \mathbb{N}$, 有 $u_k \in X$, 并且

$$\|u_k\| \leqslant 2K \cdot \|s\|_{\ell_\infty} \cdot \|x_k\|, \quad k = 1, 2, \cdots,$$

其中 K 是 $\{e_n\}_1^\infty$ 的无条件基常数. 故

$$|\langle s, I_T(z)\rangle| = \left| \sum_{n=1}^\infty s_n \sum_{k=1}^\infty e_n^*(x_k) \cdot y_n^*(y_k) \right| = \left| \sum_{k=1}^\infty \langle T(u_k), y_k \rangle \right|$$

$$= \left| \left\langle \sum_{k=1}^\infty u_k \otimes y_k, T \right\rangle \right| \leqslant \|T\| \cdot \left\| \sum_{k=1}^\infty u_k \otimes y_k \right\|_{X\hat{\otimes}_\pi Y}$$

$$\leqslant \|T\| \cdot \sum_{k=1}^\infty \|u_k\| \cdot \|y_k\|$$

$$\leqslant 2K\|s\|_{\ell_\infty} \cdot \|T\| \cdot \sum_{k=1}^\infty \|x_k\| \cdot \|y_k\|$$

$$\leqslant 2K\|s\|_{\ell_\infty} \cdot \|T\| \cdot \left(\|z\|_{X\hat{\otimes}_\pi Y} + \varepsilon \right).$$

令 $\varepsilon \to 0$, 则

$$|\langle s, I_T(z)\rangle| \leqslant 2K\|s\|_{\ell_\infty} \cdot \|T\| \cdot \|z\|_{X\hat{\otimes}_\pi Y},$$

所以, I_T 有意义, 并且是连续算子. ∎

前面就已经给出, Rosenthal 的 ℓ_1 定理是指: Banach 空间 X 不包含 ℓ_1 副本当且仅当每个有界序列在 X 中存在弱 Cauchy 子序列.

定理 7.7 设 X 和 Y 是 Banach 空间, 若 X 具有无条件基, 则 X 和 Y 的射影张量积 $X\hat{\otimes}_\pi Y$ 不包含 ℓ_1 副本当且仅当 X 和 Y 不包含 ℓ_1 副本且每个从 X 到 Y^* 连续线性算子是紧的.

证明 若 X 和 Y 都不包含 ℓ_1 副本且每个从 X 到 Y^* 连续线性算子是紧的. 令 $\{e_n\}_1^\infty$ 是 X 的无条件基, 则 $\{e_n\}_1^\infty$ 也同样是收缩基. 令 $\{z_n\}_1^\infty$ 是 $X\hat{\otimes}_\pi Y$ 中的有界序列, 令 z_n 表示如下

$$z_n = \sum_{k=1}^\infty x_{k,n} \otimes y_{k,n}, \quad n = 1, 2, \cdots,$$

并且满足

$$\sum_{k=1}^\infty \|x_{k,n}\| \cdot \|y_{k,n}\| \leqslant \|z_n\|_{X\hat{\otimes}_\pi Y} + 1, \quad n = 1, 2, \cdots.$$

记 $M = \sup_n \|z_n\|_{X\hat{\otimes}_\pi Y} < \infty$, $c = \sup_n \|e_n^*\| < \infty$, 则对于 $i, n \in \mathbb{N}$, 有

$$\left\| \sum_{k=1}^\infty e_i^*(x_{k,n}) y_{k,n} \right\|_Y \leqslant c \cdot \sum_{k=1}^\infty \|x_{k,n}\| \cdot \|y_{k,n}\|$$

$$\leqslant c(\|z_n\|_{X\hat{\otimes}_\pi Y} + 1)$$
$$\leqslant c(M + 1).$$

因此, 对于 $i \in \mathbb{N}$, $\left\{\sum_{k=1}^{\infty} e_i^*(x_{k,n})y_{k,n}\right\}_{n=1}^{\infty}$ 是 Y 中的有界序列. 根据 Rosenthal 的

ℓ_1 定理, 使用对角线法, 存在 $\left\{\sum_{k=1}^{\infty} e_i^*(x_{k,n})y_{k,n}\right\}_{n=1}^{\infty}$ 中的子序列. 不失一般性, 不

妨假定 $\left\{\sum_{k=1}^{\infty} e_i^*(x_{k,n})y_{k,n}\right\}_{n=1}^{\infty}$ 是按坐标弱收敛的 Cauchy 序列, 即

$$w\text{-}\lim_{m,n}\left(\sum_{k=1}^{\infty} e_i^*(x_{k,m})y_{k,m} - \sum_{k=1}^{\infty} e_i^*(x_{k,n})y_{k,n}\right) = 0, \quad i = 1, 2, \cdots. \tag{7.3}$$

对于 $T \in (X\hat{\otimes}_\pi Y)^* = \mathcal{L}(X, Y^*)$, 对每个 $n \in \mathbb{N}$, 令 $y_n^* = Te_n$, 则根据假设可知 T 是紧的, 于是对于 $\varepsilon > 0$, 根据引理 7.2, 存在 $l \in \mathbb{N}$, 使得

$$\sup\left\{\left\|\sum_{i=l+1}^{\infty} e_i^*(x)y_i^*\right\|_{Y^*} : x \in B_X\right\} \leqslant \frac{\varepsilon}{4M}.$$

对于每个 $x \in X$, 定义 $T_l : X \to Y^*$ 为 $T_l(x) = \sum_{i=l+1}^{\infty} e_i^*(x)y_i^*$, 则 $\|T_l\| \leqslant \frac{\varepsilon}{4M}$. 根据 (7.3), 存在 $n_0 \in \mathbb{N}$ 对于 $m, n > n_0$, 有

$$\left|y_i^*\left(\sum_{k=1}^{\infty} e_i^*(x_{k,m})y_{k,m} - \sum_{k=1}^{\infty} e_i^*(x_{k,n})y_{k,n}\right)\right| \leqslant \frac{\varepsilon}{2l}, \quad i = 1, 2, \cdots, l.$$

故对于 $m, n > n_0$, 有

$$|\langle z_m - z_n, T\rangle| = \left|\sum_{k=1}^{\infty}\langle Tx_{k,m}, y_{k,m}\rangle - \sum_{k=1}^{\infty}\langle Tx_{k,n}, y_{k,n}\rangle\right|$$

$$= \left|\sum_{k=1}^{\infty}\left\langle\sum_{i=1}^{\infty} e_i^*(x_{k,m})y_i^*, y_{k,m}\right\rangle - \sum_{k=1}^{\infty}\left\langle\sum_{i=1}^{\infty} e_i^*(x_{k,n})y_i^*, y_{k,n}\right\rangle\right|$$

$$= \left|\sum_{i=1}^{\infty}\left(\sum_{k=1}^{\infty} e_i^*(x_{k,m})\cdot y_i^*(y_{k,m}) - \sum_{k=1}^{\infty} e_i^*(x_{k,n})\cdot y_i^*(y_{k,n})\right)\right|$$

$$\leqslant \sum_{i=1}^{l}\left|y_i^*\left(\sum_{k=1}^{\infty} e_i^*(x_{k,m})y_{k,m} - \sum_{k=1}^{\infty} e_i^*(x_{k,n})y_{k,n}\right)\right|$$

$$+ \left|\sum_{i=l+1}^{\infty}\sum_{k=1}^{\infty} e_i^*(x_{k,m})\cdot y_i^*(y_{k,m})\right| + \left|\sum_{i=l+1}^{\infty}\sum_{k=1}^{\infty} e_i^*(x_{k,n})\cdot y_i^*(y_{k,n})\right|$$

$$\leqslant \frac{\varepsilon}{2} + |\langle z_m, T_l \rangle| + |\langle z_n, T_l \rangle|$$

$$\leqslant \frac{\varepsilon}{2} + \left(\|z_m\|_{X \hat{\otimes}_\pi Y} + \|z_n\|_{X \hat{\otimes}_\pi Y} \right) \cdot \|T_l\|$$

$$\leqslant \frac{\varepsilon}{2} + \frac{\varepsilon}{2}$$

$$= \varepsilon.$$

因此, $\{z_n\}_1^\infty$ 是 $X \hat{\otimes}_\pi Y$ 中的弱 Cauchy 序列, 所以, 根据 Rosenthal 的 ℓ_1 定理, $X \hat{\otimes}_\pi Y$ 不包含 ℓ_1 副本.

接下来用反证法. 假设 $X \hat{\otimes}_\pi Y$ 不包含 ℓ_1 副本, 则 X 和 Y 不包含 ℓ_1 副本. 令 $\{e_n\}_1^\infty$ 是 X 的无条件基, 则 $\{e_n\}_1^\infty$ 是收缩基. 对于 $T \in (X \hat{\otimes}_\pi Y)^* = \mathcal{L}(X, Y^*)$, 令 $y_n^* = Te_n$ $(n \in \mathbb{N})$. 若 T 不是紧的, 则根据引理 7.2, 存在 $\varepsilon_0 > 0$, 子序列 $n_1 < n_2 < \cdots$ 和单位球中的一个序列 $\{x_k\}_1^\infty$, 使得

$$\left\| \sum_{i=n_k}^\infty e_i^*(x_k) y_i^* \right\|_{Y^*} > \varepsilon_0, \quad k = 1, 2, \cdots.$$

另外, 存在 B_Y 中的一个序列 $\{y_k\}_1^\infty$, 使得

$$\left| \sum_{i=n_k}^\infty e_i^*(x_k) y_i^*(y_k) \right| > \varepsilon_0, \quad k = 1, 2, \cdots.$$

令 $z_k = x_k \otimes y_k$ $(k = 1, 2, \cdots)$, 则对于每个 $k \in \mathbb{N}, z_k \in B_{X \hat{\otimes}_\pi Y}$. 从 Rosenthal 的 ℓ_1 定理可以得出, $\{z_k\}_1^\infty$ 具有一个子序列是弱 Cauchy 列, 不失一般性, 不妨假定它本身就是弱 Cauchy 列. 根据引理 7.3, $\{I_T(z_k)\}_1^\infty$ 是 ℓ_1 中的弱 Cauchy 列, 因此, 它是相对弱序列紧的. 根据 Schur 性质, 它是 ℓ_1 中的相对序列紧子集. 因此, 存在 $m \in \mathbb{N}$, 使得

$$\sum_{i=m}^\infty |I_T(z_k)_i| = \sum_{i=m}^\infty |e_i^*(x_k) y_i^*(y_k)| < \varepsilon_0, \quad k = 1, 2, \cdots.$$

选取 $n_k > m$, 有

$$\varepsilon_0 < \left| \sum_{i=n_k}^\infty e_i^*(x_k) y_i^*(y_k) \right| \leqslant \sum_{i=m}^\infty |e_i^*(x_k) y_i^*(y_k)| < \varepsilon_0.$$

矛盾. 所以, T 一定是紧的. ■

7.4 射影张量积 $X \check{\otimes}_\varepsilon Y$ 不包含 c_0 副本的刻画

本节主要讨论了 Banach 值序列空间不包含 c_0 副本的问题, 给出了具有无条件基的 Banach 空间的射影张量积 $X \check{\otimes}_\varepsilon Y$ 不包含 c_0 副本的刻画, 内容主要来自

文献 [15].

定义 7.2   设 $(e_i)_1^\infty$ 是 Banach 空间 X 的基, 若对于所有的 $n \in \mathbb{N}$ 和标量 $a_1, a_2, \cdots, a_n$ 和满足 $|s_i| = 1$ $(1 \leqslant i \leqslant n)$ 的 $s_1, s_2, \cdots, s_n$, 有 $\left\| \sum_{i=1}^{n} s_i a_i e_i \right\| \leqslant \left\| \sum_{i=1}^{n} a_i e_i \right\|$, 则称它是 1-无条件基.

设 U 是具有有界完备的 1-无条件标准基 $(e_i)_1^\infty$ 的 Banach 空间, 利用 Hahn-Banach 定理, 容易验证下面性质成立.

性质 7.1   若 $n \in \mathbb{N}, a_1, a_2, \cdots, a_n$ 和 $b_1, b_2, \cdots, b_n$, 满足 $|a_i| \leqslant |b_i|$ $(1 \leqslant i \leqslant n)$, 则 $\left\| \sum_{i=1}^{n} a_i e_i \right\| \leqslant \left\| \sum_{i=1}^{n} b_i e_i \right\|$.

令 $(e_i^*)_1^\infty$ 是基 $(e_i)_1^\infty$ 的双正交泛函, 即

$$e_i^*(e_j) = \begin{cases} 1, & i = j, \\ 0, & i \neq j. \end{cases}$$

容易知道, $(e_i^*)_1^\infty$ 是 U^* 中的无条件基序列, 并且 U 和 $V = \overline{\operatorname{span}} \{e_i^* : i \in \mathbb{N}\}$ 的对偶空间是等距同构的, 即 $U = V^*$.

设 X 为 Banach 空间, 定义 X-值序列空间 $U(X)$ 如下:

$$U(X) = \left\{ \bar{x} = (x_i)_i \in X^{\mathbb{N}} : \sum_i \|x_i\| e_i \text{ 在 } U \text{ 中收敛} \right\}$$

且对 $\bar{x} \in U(X)$, 范数为

$$\|\bar{x}\|_{U(X)} = \left\| \sum_{i=1}^{\infty} \|x_i\| e_i \right\|_U,$$

则 $U(X)$ 在该范数下是 Banach 空间.

下面考虑另一种 X 值序列空间 $U_{\text{weak}}(X)$(简记为 $U_w(X)$):

$$U_w(X) = \left\{ \bar{x} = (x_i)_i \in X^{\mathbb{N}} : \sum_i x^*(x_i) e_i \text{ 对任意 } x^* \in X^* \text{ 在 } U \text{ 收敛} \right\}.$$

对于 $\bar{x} \in U_w(X)$, 范数为

$$\|\bar{x}\|_{U_w(X)} = \sup \left\{ \left\| \sum_{i=1}^{\infty} x^*(x_i) e_i \right\|_U : x^* \in B_{X^*} \right\},$$

则在上面范数下 $U_w(X)$ 是赋范空间.

令 $U_{w,0}(X)$ 是 $U_w(X)$ 的子空间由所有尾项收敛到零的元素组成, 即

$$U_{w,0}(X) = \left\{ \bar{x} \in U_w(X) : \lim_n \|\bar{x}(>n)\|_{U_w(X)} = 0 \right\},$$

这里对于 $\bar{x} = (x_i)_i$ 和 $n \in \mathbb{N}$, 有 $\bar{x}(>n) = (0, \cdots, 0, x_{n+1}, x_{n+2}, \cdots)$. 令 $\bar{x} = (x_i)_i \in U_w(X), u^* \in V, n, m \in \mathbb{N}, m > n$, 则

$$\left\| \sum_{i=n}^m u^*(e_i) x_i \right\|_X = \sup \left\{ \left| \sum_{i=n}^m u^*(e_i) x^*(x_i) \right| : x^* \in B_{X^*} \right\}$$

$$= \sup \left\{ \left| \left\langle \sum_{i=n}^m u^*(e_i) e_i^*, \sum_{i=1}^\infty x^*(x_i) e_i \right\rangle \right| : x^* \in B_{X^*} \right\}$$

$$\leqslant \sup \left\{ \left\| \sum_{i=n}^m u^*(e_i) e_i^* \right\|_V \cdot \left\| \sum_{i=1}^\infty x^*(x_i) e_i \right\|_U : x^* \in B_{X^*} \right\}$$

$$= \|\bar{x}\|_{U_w(X)} \cdot \left\| \sum_{i=n}^m u^*(e_i) e_i^* \right\|_V,$$

既然 $\sum_{i=1}^\infty u^*(e_i) e_i^*$ 在 V 中收敛, 因此, $\left\{ \sum_{i=1}^n u^*(e_i) x_i \right\}_{n=1}^\infty$ 是 X 中的 Cauchy 序列, 因而, 它在 X 中收敛. 故存在算子 $T_{\bar{x}} \in \mathscr{L}(V, X)$, 对于每个 $u^* \in V$, 有

$$T_{\bar{x}}(u^*) = \sum_{i=1}^\infty u^*(e_i) x_i, \tag{7.4}$$

并且

$$\|T_{\bar{x}}\| \leqslant \|\bar{x}\|_{U_w(X)}.$$

因此, 每个 $\bar{x} \in U_w(X)$ 对应 $T_{\bar{x}} \in \mathscr{L}(V, X)$.

另一方面, 对于 $T \in \mathscr{L}(V, X)$, 定义 $x_i = T(e_i^*)$ $(i \in \mathbb{N})$, 则对于 $x^* \in X^*$ 和 $n \in \mathbb{N}$, 有

$$\left\| \sum_{i=1}^n x^*(x_i) e_i \right\|_U = \sup \left\{ \left| \sum_{i=1}^n x^*(x_i) u^*(e_i) \right| : u^* \in B_V \right\}$$

$$\leqslant \|x^*\| \cdot \sup \left\{ \left\| \sum_{i=1}^n u^*(e_i) x_i \right\|_X : u^* \in B_V \right\}$$

$$= \|x^*\| \cdot \sup \left\{ \left\| \sum_{i=1}^n u^*(e_i) T(e_i^*) \right\|_X : u^* \in B_V \right\}$$

$$\leqslant \|x^*\| \cdot \|T\| \cdot \sup\left\{\left\|\sum_{i=1}^{n} u^*(e_i) e_i^*\right\|_V : u^* \in B_V\right\}$$

$$\leqslant \|x^*\| \cdot \|T\| \cdot \sup\left\{\left\|\sum_{i=1}^{\infty} u^*(e_i) e_i^*\right\|_V : u^* \in B_V\right\}$$

$$\leqslant \|x^*\| \cdot \|T\|.$$

注意 $(e_i)_1^\infty$ 是完全有界的, 因此, 对于 $x^* \in X^*$, 级数 $\sum_{i=1}^{\infty} x^*(x_i) e_i$ 在 U 中收敛. 因而, $\bar{x} = (x_i)_i \in U_w(X)$. 另外, $T_{\bar{x}} = T$, 并且 $\|\bar{x}\|_{U_w(X)} \leqslant \|T\| \leqslant \|T_{\bar{x}}\|$.

现在来定义相应 $\bar{x}$ 的 $T_{\bar{x}}$ 的伴随算子 $T_{\bar{x}}^*$, 对于 $n \in \mathbb{N}$, 有

$$\|\bar{x}(i \geqslant n)\|_{U_w(X)} = \sup\left\{\left\|\sum_{i=n}^{\infty} x^*(x_i) e_i\right\|_U : x^* \in B_{X^*}\right\}$$

$$= \sup\left\{\left\|\sum_{i=n}^{\infty} \langle x^*, T_{\bar{x}}(e_i^*)\rangle e_i\right\|_U : x^* \in B_{X^*}\right\}$$

$$= \sup\left\{\left\|\sum_{i=n}^{\infty} \langle e_i^*, T_{\bar{x}}^*(x^*)\rangle e_i\right\|_U : x^* \in B_{X^*}\right\}.$$

由于 U 中的有界子集 C 是相对紧的当且仅当

$$\limsup_n \left\{\left\|\sum_{i=n}^{\infty} e_i^*(u) e_i\right\|_U : u \in C\right\} = 0,$$

因此, $T_{\bar{x}}$ 是紧的当且仅当 $T_{\bar{x}}^*$ 是紧的, 也当且仅当 $\lim_n \|\bar{x}(i \geqslant n)\|_{U_w(X)} = 0$.

从上面的分析, 容易得到下面的结果.

命题 7.6   在映射 $\bar{x} \longleftrightarrow T_{\bar{x}}$ 下, $U_w(X)$ 与 $\mathscr{L}(V, X)$ 是等距同构的, 这里 $\mathscr{L}(V, X)$ 为 V 到 X 所有连续线性算子构成的空间. 另外, $\bar{x} \in U_{w,0}(X)$ 当且仅当 $T_{\bar{x}} \in \mathscr{N}(V, X)$, 这里 $\mathscr{N}(V, X)$ 为 V 到 X 所有核算子构成的空间.

推论 7.4 $U_w(X)$ 是 Banach 空间, 并且 $U_{w,0}(X)$ 是 $U_w(X)$ 的闭子空间.

有 $V^* = U$ 具有逼近性质, 因此, 对于任意的 Banach 空间 X, $\mathscr{K}(V, X)$ 和 $V^* \check{\otimes}_\varepsilon X$ 是等距同构的. 因此, 下面命题成立.

命题 7.7 $U_{w,0}(X)$ 与 $U \check{\otimes}_\varepsilon X$ 等距同构.

对于一个 X 值序列空间 $S(X)$, 定义下面的 Köthe 对偶为

$$S(X)^\times = \left\{\bar{x}^* = (x_i^*)_i \in X^{*\mathbb{N}} : \sum_{i=1}^{\infty} |x_i^*(x_i)| < \infty, \ 任意 \ \bar{x} = (x_i)_i \in S(X)\right\}.$$

命题 7.8 $U_w(X)^\times = U_{w,0}(X)^\times = U_{w,0}(X)^*$.

证明 既然 $U_{w,0}(X) \subseteq U_w(X), U_w(X)^\times \subseteq U_{w,0}(X)^\times$. 令 $\bar{x}^* = (x_i^*)_i \in U_{w,0}(X)^\times$, $\bar{x} = (x_i)_i \in U_w(X)$ 和 $(t_i)_i \in c_0$. 容易看出 $(t_i x_i)_i \in U_{w,0}(X)$. 因此, $\sum\limits_{i=1}^{\infty} |x_i^*(t_i x_i)| < \infty$. 进而得到 $\sum\limits_{i=1}^{\infty} |x_i^*(x_i)| < \infty$. 故 $\bar{x}^* \in U_w(X)^\times$, 所以, $U_{w,0}(X)^\times \subseteq U_w(X)^\times$.

容易知道 $U_{w,0}(X)^\times \subseteq U_{w,0}(X)^*$. 令 $F \in U_{w,0}(X)^*$. 对于任意的 $i \in \mathbb{N}$, 定义 $x_i^* \in X^*$ 为

$$x_i^*(x) = \left\langle \left(0, \cdots, 0, \overset{(i)}{x}, 0, 0, \cdots \right), F \right\rangle,$$

对于每个 $i \in \mathbb{N}$, 令 $\bar{x} = (x_i)_i \in U_{w,0}(X)$, $s_i = \text{sign}(x_i^*(x_i))$, 则 $(s_i x_i)_i \in U_{w,0}(X)$, 并且

$$\sum_{i=n}^{\infty} |x_i^*(x_i)| = \left| \sum_{i=n}^{\infty} x_i^*(s_i x_i) \right|$$
$$= \langle (0, \cdots, 0, s_n x_n, s_{n+1} x_{n+1}, \cdots), F \rangle.$$

既然 $U_{w,0}(X)$ 中有 $\lim\limits_n (0, \cdots, 0, s_n x_n, s_{n+1} x_{n+1}, \cdots) = 0$, $\lim\limits_n \sum\limits_{i=n}^{\infty} |x_i^*(x_i)| = 0$, 因此, $\sum\limits_{i=1}^{\infty} |x_i^*(x_i)| < \infty$. 故 $\bar{x}^* = (x_i^*)_i \in U_{w,0}(X)^\times$. 因为 $F = \bar{x}^*$, 所以, $U_{w,0}(X)^* \subseteq U_{w,0}(X)^\times$. ∎

命题 7.9 若 $U_{w,0}(X)$ 不包含 c_0 副本, 则 $U_w(X) = U_{w,0}(X)$.

证明 令 $\bar{x} = (x_i)_i \in U_w(X)$, 根据命题 7.8, 对于 $\bar{x}^* = (x_i^*)_i \in U_{w,0}(X)^* = U_{w,0}(X)^\times = U_w(X)^\times$, 有

$$\sum_{i=1}^{\infty} |\langle \delta_i(x_i), \bar{x}^* \rangle| = \sum_{i=1}^{\infty} |x_i^*(x_i)| < \infty.$$

因此, $\sum\limits_i \delta_i(x_i)$ 是 $U_{w,0}(X)$ 中的一个弱无条件 Cauchy 级数. 根据 Bessaga-Pelczynski 定理可知 $\sum\limits_i \delta_i(x_i)$ 在 $U_{w,0}(X)$ 中无条件收敛. 因此

$$\lim_n \|\bar{x}(\geqslant n)\|_{U_w(X)} = \lim_n \left\| \sum_{i=n}^{\infty} \delta_i(x_i) \right\|_{U_w(X)} = 0,$$

所以, $\bar{x} \in U_{w,0}(X)$. ∎

利用命题 7.9, 可以验证下面定理成立[15].

定理 7.8 下面结论是等价的:

(1) $U_w(X)$ 不包含 c_0 副本.

(2) $U_{w,0}(X)$ 不包含 c_0 副本.

(3) X 不包含 c_0 副本, 并且 $U_w(X) = U_{w,0}(X)$.

推论 7.5   设 X 和 Y 是 Banach 空间, 若 Y 有无条件基, 则 X 和 Y 的射影张量积 $X \check{\otimes}_\varepsilon Y$ 不包含 c_0 副本当且仅当

(1) X 和 Y 都不包含 c_0 副本.

(2) 从 Y 的预对偶到 X 的每个连续线性算子都是紧的.

7.5   正则算子空间包含 c_0 或者 ℓ_∞ 问题

本节内容主要来自文献 [10]. 若 Banach 格 X 包含子空间与 c_0 同构, 则 X 不是一个 KB-空间, 因此, X 包含一个子格同构到 c_0. 不难验证, 这个同构也是格同构, 因此, 下面引理成立.

引理 7.4   若 Banach 格包含子空间同构于 c_0 当且仅当它包含一个子格与 c_0 同构并且是格同构.

下面 Banach 空间不包含 ℓ_∞ 副本的刻画是 Rosenthal 在 1972 年得到的.

引理 7.5   设 X 是 Banach 空间, 则下面的条件是等价的.

(1) Z 包含 ℓ_∞ 副本.

(2) 存在有界的线性算子 $T: \ell_\infty \longrightarrow Z$ 使得 $\lim\limits_{n \to \infty} T(e_n) \neq 0$.

(3) 存在线性有界算子 $T: \ell_\infty \longrightarrow Z$ 不是弱紧的.

对于 $\mathbb{N}$ 中的无穷子集 M, 用 $\ell_\infty(M)$ 表示 ℓ_∞ 中的子空间, 它由任意对于 $n \notin M, \xi_n = 0$ 的 $(\xi_n)_n \in \ell_\infty$ 组成. 众所周知, 若一个算子 $T: \ell_\infty \longrightarrow Z$ 是弱紧的, 则对所有 $\xi = (\xi_n)_n \in \ell_\infty$, 级数 $\sum\limits_{n=1}^{\infty} \xi_n T(e_n)$ 在 Z 中收敛, 但其极限 $\sum\limits_{n=1}^{\infty} \xi_n T(e_n)$ 与 $T(\xi)$ 可能不一致.

为了在本节中得到主要结果, 还需要 Drewnowski 在 1990 年得到的结果 [5].

引理 7.6   若对于每个 $i \in \mathbb{N}$, $T: \ell_\infty \longrightarrow Z$ 是弱紧算子, 则存在 $\mathbb{N}$ 中的无穷子集 M, 使得对于 $\xi = (\xi_n)_n \in \ell_\infty(M)$ 和所有 $i \in \mathbb{N}$, 有 $T_i(\xi) = \sum\limits_{n=1}^{\infty} \xi_n T_i(e_n)$.

定理 7.9   若 X^* 满足 Δ_2-条件, 则 $\ell_\varphi^{\varepsilon,0}(X)$ 不包含 ℓ_∞ 副本当且仅当 X 不包含 ℓ_∞ 副本.

证明   既然 X 是 $\ell_\varphi^{\varepsilon,0}(X)$ 的闭子空间, 因此, X 包含 ℓ_∞ 副本时, $\ell_\varphi^{\varepsilon,0}(X)$ 一定包含 ℓ_∞ 副本.

若 X 不包含 ℓ_∞ 副本, 则需要证明 $\ell_\varphi^{\varepsilon,0}(X)$ 不包含 ℓ_∞ 副本. 用反证法. 假设 $\ell_\varphi^{\varepsilon,0}(X)$ 包含 ℓ_∞ 副本, 则存在同构 $T: \ell_\infty \longrightarrow T(\ell_\infty) \hookrightarrow \ell_\varphi^{\varepsilon,0}(X)$. 对于每个 $i \in \mathbb{N}$,

定义有界线性算子 $T_i : \ell_\infty \longrightarrow X$ 为 $T_i(\xi) = T(\xi)_i$, 这里 $\xi \in \ell_\infty, T(\xi)_i$ 为 $T(\xi)$ 的第 i 个坐标. 根据引理 7.5, 每个 T_i 是弱紧的, 因此, 根据引理 7.6, 存在 $\mathbb{N}$ 的一个无限子集 M, 使得对于 $\xi = (\xi_n)_n \in \ell_\infty(M)$, 有

$$T(\xi)_i = T_i(\xi) = \sum_{n=1}^\infty \xi_n T_i(e_n) = \sum_{n=1}^\infty \xi_n T(e_n)_i, \quad \text{任意 } i \in \mathbb{N}.$$

故级数 $\sum_{n=1}^\infty \xi_n T(e_n)_i$ 在 X 中收敛到 $T(\xi)_i$, 因此, 对于 $i \in \mathbb{N}$, 它在 X 中是弱收敛的. 注意到对于 $m \in \mathbb{N}$, 有

$$\left\| \sum_{n=1}^m \xi_n T(e_n) \right\|_{\ell_\varphi^\varepsilon(X)} = \|T(\xi_1, \cdots, \xi_m, 0, 0, \cdots)\|_{\ell_\varphi^\varepsilon(X)}$$
$$\leqslant \|T\| \cdot \|(\xi_1, \cdots, \xi_m, 0, 0, \cdots)\|_{\ell_\infty}$$
$$\leqslant \|T\| \cdot \|\xi\|_{\ell_\infty}.$$

根据文献 [2], 可知对于任意的 $\xi \in \ell_\infty(M)$, 级数 $\sum_{n=1}^\infty \xi_n T(e_n)_i$ 在 $\ell_\varphi^{\varepsilon,0}$ 中弱收敛到 $T(\xi)$. 于是 $\sum_{n \in M} T(e_n)$ 是弱子级数收敛的, 因此, 在 $\ell_\varphi^{\varepsilon,0}(X)$ 中是弱子级数收敛的. 所以, 当 $n \in M$ 和 $n \to \infty$ 时, 在 $\ell_\varphi^{\varepsilon,0}(X)$ 中, 有 $T(e_n) \to 0$. 但是对于每个 $n \in \mathbb{N}$, 有

$$\|T(e_n)\|_{\ell_\varphi^\varepsilon(X)} \geqslant \frac{\|e_n\|_{\ell_\infty}}{\|T^{-1}\|} = \frac{1}{\|T^{-1}\|}.$$

矛盾. 由反证法原理可知 $\ell_\varphi^{\varepsilon,0}(X)$ 不包含 ℓ_∞ 副本. 所以, 结论得证. ■

引理 7.7 若 $\ell_\varphi^\varepsilon(X)$ 不包含 ℓ_∞ 副本, 则 X 和 $\ell_\varphi^{\varepsilon,0}(X)$ 不包含 c_0 副本.

证明 对于 $\xi = (\xi_i)_i \in \ell_\infty$ 和 $\eta = (\eta_i)_i \in \ell_1^+$, 由于

$$\sum_{i=1}^\infty \|\langle |\xi_i e_i|, \eta \rangle e_i\|_{\ell_\varphi} = \sum_{i=1}^\infty \langle |\xi_i e_i|, \eta \rangle \|e_i\|_{\ell_\varphi} = K \cdot \sum_{i=1}^\infty |\xi_i| \eta_i < \infty,$$

因此, $(\langle |\xi_i e_i|, \eta \rangle)_i = \sum_{i=1}^\infty \langle |\xi_i e_i|, \eta \rangle e_i \in \ell_\varphi$, 因而, $(\xi_i e_i)_i \in \ell_\varphi^\varepsilon(c_0)$.

对于 $\xi = (\xi_i)_i \in \ell_\infty$, 定义 $T : \ell_\infty \to \ell_\varphi^\varepsilon(c_0)$ 为 $T(\xi) = (\xi_i e_i)_i$, 则

$$\|T(\xi)\|_{\ell_\varphi^\varepsilon(c_0)} = \sup\left\{ \|(\langle |\xi_i e_i|, \eta \rangle)_i\|_{\ell_\varphi} : \eta = (\eta_i)_i \in B_{\ell_1^+} \right\}$$
$$= \sup\left\{ \left\| \sum_{i=1}^\infty \langle |\xi_i e_i|, \eta \rangle e_i \right\|_{\ell_\varphi} : \eta = (\eta_i)_i \in B_{\ell_1^+} \right\}$$

$$\leqslant \sup\left\{ K \cdot \sum_{i=1}^{\infty} |\xi_i| \, \eta_i : \eta = (\eta_i)_i \in B_{\ell_1^+} \right\}$$

$$\leqslant K \cdot \|\xi\|_{\ell_\infty},$$

因此, T 是一个有界线性算子, 并且

$$\|T(e_n)\|_{\ell_\varphi^\varepsilon(c_0)} = \|(0,\cdots,0,e_n,0,0,\cdots)\|_{\ell_\varphi^\varepsilon(c_0)} = K \cdot \|e_n\|_{c_0} = K.$$

根据引理 7.5 可知, $\ell_\varphi^\varepsilon(c_0)$ 包含 ℓ_∞ 副本.

若 X 包含 c_0 副本, 则根据引理 7.3, X 包含一个子格与 c_0 同构并且是格同态. 因此, $\ell_\varphi^\varepsilon(X)$ 包含与 $\ell_\varphi^\varepsilon(c_0)$ 同构的子格并且是格同态, 故 $\ell_\varphi^\varepsilon(X)$ 包含 ℓ_∞ 副本. 该矛盾表明 X 不包含 c_0 副本.

现在假设 $\ell_\varphi^{\varepsilon,0}(X)$ 包含 c_0 副本. 根据引理 7.3, $\ell_\varphi^{\varepsilon,0}(X)$ 包含一个子格与 c_0 同构并且是格同态, 即存在一个同构和格同态 $\psi : c_0 \longrightarrow \psi(c_0) \hookrightarrow \ell_\varphi^{\varepsilon,0}(X)$. 由于级数 $\sum_n e_n$ 是 c_0 中的弱无条件 Cauchy 级数, 因此, 级数 $\sum_n \psi(e_n)$ 是 $\ell_\varphi^{\varepsilon,0}(X)$ 中的弱无条件 Cauchy 级数. 故对于每个 $i \in \mathbb{N}$, 级数 $\sum_n \psi(e_n)_i$ 是 X 中的弱无条件 Cauchy 级数. 从第一部分的证明可知, X 不包含 c_0 副本. 因此, 级数 $\sum_n \psi(e_n)_i$ 为 X 中的无条件收敛级数. 所以, 对于每个 $\xi = (\xi_n)_n \in \ell_\infty$, 级数 $\sum_n \xi_n \psi(e_n)_i$ 在 X 中收敛.

取任意的 $(t_i)_i \in h_{\varphi^*}^+$ 和任意的 $x^* \in X^{*+}$, 则 $(t_i x^*)_i \in \ell_\varphi^{\varepsilon,0}(X)^*$. 由于每个 $\psi(e_n)$ 是正的, 因此

$$\sum_{i=1}^{\infty} t_i \left\langle x^*, \left| \sum_{n=1}^{\infty} \xi_n \psi(e_n)_i \right| \right\rangle \leqslant \sum_{i=1}^{\infty} \sum_{n=1}^{\infty} |\xi_n| \left\langle t_i x^*, \psi(e_n)_i \right\rangle$$

$$= \sum_{n=1}^{\infty} |\xi_n| \left\langle (t_i x^*)_i, \psi(e_n) \right\rangle$$

$$\leqslant \|\xi\|_{\ell_\infty} \sum_{=1}^{\infty} \left\langle (t_i x^*)_i, \psi(e_n) \right\rangle < \infty,$$

故 $\left(\left\langle x^*, \left| \sum_{n=1}^{\infty} \xi_n \psi(e_n)_i \right| \right\rangle \right)_i \in (h_{\varphi^*})^* = \ell_\varphi$. 因此, $\left(\sum_{n=1}^{\infty} \xi_n \psi(e_n)_i \right)_i \in \ell_\varphi^\varepsilon(X)$.

定义 $T : \ell_\infty \to \ell_\varphi^\varepsilon(X)$ 为 $T(\xi) = \left(\sum_{n=1}^{\infty} \xi_n \psi(e_n)_i \right)_i$, 则

$$\|T(\xi)\|_{\ell_\varphi^\varepsilon(X)}$$

$$= \sup\left\{ \left\| \left(\left\langle x^*, \left| \sum_{n=1}^{\infty} \xi_n \psi(e_n) \right| \right\rangle \right)_i \right\|_{\ell_\varphi} : x^* \in B_{X^{*+}} \right\}$$

$$= \sup\left\{ \sum_{i=1}^{\infty} t_i \left\langle x^*, \left| \sum_{n=1}^{\infty} \xi_n \psi(e_n)_i \right| \right\rangle : x^* \in B_{X^{*+}}, (t_i)_i \in B_{h_{o\varphi^*}^+} \right\}$$

$$\leqslant \sup\left\{ \sum_{n=1}^{\infty} |\xi_n| \left\langle (t_i x^*)_i, \psi(e_n) \right\rangle : x^* \in B_{X^{*+}}, (t_i)_i \in B_{h_{o\varphi^*}^+} \right\}$$

$$= \sup\left\{ \sum_{n=1}^{m} |\xi_n| \left\langle (t_i x^*)_i, \psi(e_n) \right\rangle : x^* \in B_{X^{*+}}, (t_i)_i \in B_{h_{o\varphi^*}^+}, m \in \mathbb{N} \right\}$$

$$= \sup\left\{ \left\langle (t_i x^*)_i, \psi(\theta) \right\rangle : x^* \in B_{X^{*+}}, (t_i)_i \in B_{h_{o\varphi^*}^+}, m \in \mathbb{N} \right\}$$

$$\leqslant \sup\left\{ \|(t_i x^*)_i\|_{\ell_\varphi^{\varepsilon,0}(X)^*} \cdot \|\psi(\theta)\|_{\ell_{\varphi^*,0}(X)} : x^* \in B_{X^{*+}}, (t_i)_i \in B_{h_{o\varphi^*}^+}, m \in \mathbb{N} \right\}$$

$$\leqslant \sup\left\{ \|\psi\| \cdot \|\theta\|_{c_0} : m \in \mathbb{N} \right\}$$

$$= \|\psi\| \cdot \|\xi\|_{\ell_\infty}, \quad \text{这里 } \theta = (|\xi_1|, \cdots, |\xi_m|, 0, 0, \cdots),$$

因此, T 是一个有界线性算子. 注意到在 c_0 中 $\lim_n e_n \neq 0$, 并且 ψ 是一个同态, 于是在 $\ell_\varphi^{\varepsilon,0}(X)$ 中 $\lim_n T(e_n) = \lim_n \psi(e_n) \neq 0$. 根据引理 7.5可知, $\ell_\varphi^{\varepsilon,0}(X)$ 不包含 ℓ_∞ 副本. 这个矛盾证明 $\ell_\varphi^{\varepsilon,0}(X)$ 不包含 c_0 副本. ∎

定理 7.10 若 φ^* 满足 Δ_2-条件, 则下列条件是等价的.

(1) $\ell_\varphi^{\varepsilon}(X)$ 不包含 ℓ_∞ 副本.

(2) $\ell_\varphi^{\varepsilon,0}(X)$ 不包含 c_0 副本.

(3) X 不包含 c_0 副本, 并且 $\ell_\varphi^{\ell}(X) = \ell_\varphi^{\varepsilon,0}(X)$.

证明 $(3) \Rightarrow (1)$ 根据定理 7.9 可以得到.

$(1) \Rightarrow (2)$ 根据引理 7.7 可以得到.

$(2) \Rightarrow (3)$ 既然 X 是 $\ell_\varphi^{\varepsilon,0}(X)$ 的闭子空间, 因此, X 不包含 c_0 副本.

取任意的 $\bar{x} = (x_i)_i \in \ell_\varphi^{\varepsilon}(X)$. 对于每个 $i \in \mathbb{N}$, 令 $\bar{x}(i) = (0, \cdots, 0, x_i, 0, 0, \cdots)$, 则对于 $(t_i)_i \in c_0, t_i \bar{x}(i) \in \ell_\varphi^{\varepsilon,0}(X)$ 和 $n \in \mathbb{N}$, 有

$$\left\| \sum_{i=n}^{\infty} t_i \bar{x}(i) \right\|_{\ell_\varphi^{\varepsilon}(X)} = \|(0, \cdots, 0, t_n x_n, t_{n+1} x_{n+1}, \cdots)\|_{\ell_\varphi^{\varepsilon}(X)}$$

$$\leqslant \sup_{i \geqslant n} |t_i| \cdot \|\bar{x}\|_{\ell_\varphi^{\varepsilon}(X)} \longrightarrow 0 \quad (n \to \infty).$$

因此, 对于每个 $(t_i)_i \in c_0$, 级数 $\sum_i t_i \bar{x}(i)$ 在 $\ell_\varphi^{\varepsilon,0}(X)$ 中收敛. 故 $\sum_i \bar{x}(i)$ 在 $\ell_\varphi^{\varepsilon,0}(X)$ 中是弱无条件 Cauchy 级数. 由于 $\ell_\varphi^{\varepsilon,0}(X)$ 不包含 c_0 副本, 根据 Bessaga-

Pelczynski 定理, $\sum_i \bar{x}(i)$ 是 $\ell_\varphi^{\varepsilon,0}(X)$ 中的一个无条件收敛级数, 因此, $\bar{x} = \lim_n \sum_{i=1}^n \bar{x}(i) \in \ell_\varphi^{\varepsilon,0}(X)$, 所以, (3) 成立. ■

定理 7.11　设 φ 是 Orlicz 函数, φ^* 是它的余函数, 若 φ 和 φ^* 都满足 Δ_2-条件 (在这种情况下, ℓ_φ 是自反的), 则

(1) $\mathcal{K}^r(\ell_\varphi, X)$ 不包含 ℓ_∞ 副本当且仅当 X 不包含 ℓ_∞ 副本.

(2) 下面断言是等价的:

(a) $\mathcal{L}^r(\ell_\varphi, X)$ 不包含 ℓ_∞ 副本;

(b) $\mathcal{K}^r(\ell_\varphi, X)$ 不包含 c_0 副本;

(c) X 不包含 c_0 副本, 并且每一个从 ℓ_φ 到 X 的正线性算子是紧的.

7.6　ℓ_1 在 $\ell_\varphi \tilde{\otimes}_i X$ 和 $\ell_\varphi \hat{\otimes}_F X$ 中的嵌入

本节内容主要来自文献 [3], $X \tilde{\otimes}_i Y$ 记为 X 和 Y 的正射影张量积, $X \hat{\otimes}_F Y$ 记为 X 和 Y 的正投影张量积.

命题 7.10　若 φ 和 φ^* 满足 Δ_2-条件, 则 $\ell_\varphi^{\varepsilon,0}(X)$ 不包含 ℓ_1 副本当且仅当 X 不包含 ℓ_1 副本.

证明　设 X 不包含 ℓ_1 副本, 取 $\ell_\varphi^{\varepsilon,0}(X)$ 的有界序列 $\{\bar{x}^{(n)}\}_1^\infty$, 则对于每个 $i \in \mathbb{N}, \{x_i^{(n)}\}_{n=1}^\infty$ 是 X 中的有界序列. 根据 Rosenthal 的 ℓ_1-定理, X 中每个序列 $\{x_i^{(n)}\}_{n=1}^\infty$ 都有弱 Cauchy 子序列. 通过对角线法, 存在 $\{\bar{x}^{(n)}\}_1^\infty$ 的子序列 $\{\bar{x}^{(n_k)}\}_1^\infty$, 对于 $i \in \mathbb{N}, \{x_i^{(n_k)}\}_{k=1}^\infty$ 是 X 中的弱 Cauchy 序列, 即

$$弱 - \lim_{k,l}\left(x_i^{(n_k)} - x_i^{(n_l)}\right) = 0, \quad i = 1,2,\cdots. \tag{7.5}$$

对于 $\bar{x}^* = (x_i^*)_i \in \ell_\varphi^{\varepsilon,0}(X)^* = \ell_{o\varphi^*}^\pi(X^*)$, 不难验证 $\lim_n \|\bar{x}(>n)\|_{\ell_{o\varphi^*}^\pi(X^*)} = 0$ 因此, 对于 $\varepsilon > 0$, 存在某个 $m \in \mathbb{N}$, 使得

$$\|\bar{x}^*(i>m)\|_{\ell_{o\varphi^*}^\pi(X^*)} \leqslant \frac{\varepsilon}{4M},$$

这里 $M = \sup_n \|\bar{x}^{(n)}\|_{\ell_\varphi^\varepsilon(X)}$. 根据 (7.5), 存在 $k_0 \in \mathbb{N}$, 使得对于 $k,l > k_0$, 有

$$\left|x_i^*(x_i^{(n_k)} - x_i^{(n_l)})\right| \leqslant \frac{\varepsilon}{2m}, \quad i = 1,2,\cdots,m.$$

故对于 $k,l > k_0$, 有

$$\left|\langle \bar{x}^{(n_k)} - \bar{x}^{(n_l)}, \bar{x}^*\rangle\right| = \sum_{i=1}^\infty \left|x_i^*\left(x_i^{(n_k)} - x_i^{(n_l)}\right)\right|$$

$$\leqslant \sum_{i=1}^{m} \left| x_i^* \left(x_i^{(n_k)} - x_i^{(n_l)} \right) \right| + \left| \left\langle \bar{x}^{(n_k)} - \bar{x}^{(n_l)}, \bar{x}^*(i > m) \right\rangle \right|$$

$$\leqslant \frac{\varepsilon}{2} + \left\| \bar{x}^{(n_k)} - \bar{x}^{(n_l)} \right\|_{\ell_\varphi^\varepsilon(X)} \cdot \left\| \bar{x}^*(i > m) \right\|_{\ell_{o\varphi^*}^\pi(X^*)}$$

$$\leqslant \frac{\varepsilon}{2} + 2M \cdot \frac{\varepsilon}{4M}$$

$$= \varepsilon.$$

因此, $\{\bar{x}^{(n_k)}\}_1^\infty$ 是 $\ell_\varphi^{\varepsilon,0}(X)$ 中的弱 Cauchy 序列. 所以, 根据 Rosenthal 的 ℓ_1-定理, $\ell_\varphi^{\varepsilon,0}(X)$ 不包含 ℓ_1 副本. ∎

下面的引理是容易证明的.

引理 7.8   对于 $\bar{x}^* = (x_i^*)_i \in \ell_{o\varphi^*}^\varepsilon(X^*) = \ell_\varphi^\pi(X^*)$, 定义 $I_{\bar{x}^*} : \ell_\varphi^\pi(X) \longrightarrow \ell_1$ 为 $I_{\bar{x}^*}(\bar{x}) = (x_i^*(x_i))_i$, 这里 $\bar{x} = (x_i)_i \in \ell_\varphi^\pi(X)$. 则 $I_{\bar{x}^*}$ 是连续线性映射.

命题 7.11   若 φ 和 φ^* 满足 Δ_2-条件, 则 $\ell_\varphi^\pi(X)$ 不包含 ℓ_1 副本当且仅当 X 不包含 ℓ_1 副本并且 $\ell_{o\varphi^*}^\varepsilon(X^*) = \ell_{o\varphi^*}^{\varepsilon,0}(X^*)$.

证明   假设 X 不包含 ℓ_1 副本且 $\ell_{\varphi^*}^\varepsilon(X^*) = \ell_{\varphi^*}^{\varepsilon,0}(X^*)$. 由于 $\ell_\varphi^\pi(X)^* = \ell_{o\varphi^*}^\varepsilon(X^*) = \ell_{o\varphi^*}^{\varepsilon,0}(X^*)$. 类似于命题 7.10 的证明, 不难验证 $\ell_\varphi^\pi(X)$ 不包含 ℓ_1 副本.

另一方面, 假设 $\ell_\varphi^\pi(X)$ 不包含 ℓ_1 副本, 由于 X 是 $\ell_\varphi^\pi(X)$ 的闭子空间, 因此, X 不包含 ℓ_1 副本.

接下来还需要证明 $\ell_{o\varphi^*}^\varepsilon(X^*) = \ell_{o\varphi^*}^{\varepsilon,0}(X^*)$.

若存在 $\bar{x}^* = (x_i^*)_i \in \ell_{o\varphi^*}^\varepsilon(X^*)$, 但 $\bar{x}^* \notin \ell_{o\varphi^*}^{\varepsilon,0}(X^*)$, 则

$$\lim_n \| \bar{x}^*(> n) \|_{\ell_{o\varphi^*}^\varepsilon(X^*)} = \limsup_n \left\{ \left| \sum_{i=n+1}^\infty x_i^*(x_i) \right| : (x_i)_i \in B_{\ell_\varphi^\pi(X)} \right\} \neq 0.$$

因此, 存在 $\varepsilon_0 > 0, \bar{x}^{(k)} = (x_i^{(k)})_i \in B_{\ell_\varphi^\pi(X)}, k \in \mathbb{N}$ 和子序列 $n_1 < n_2 < \cdots$, 使得

$$\left| \sum_{i=n_k}^\infty x_i^*(x_i^{(k)}) \right| \geqslant \varepsilon_0, \quad k = 1, 2, \cdots. \tag{7.6}$$

令 $\bar{z}^{(k)} = (0, \cdots, 0, x_{n_k}^{(k)}, x_{n_k+1}^{(k)}, \cdots)$. 则 $\bar{z}^{(k)} \in B_{\ell_\varphi^\pi(X)}$ 对于 $k \in \mathbb{N}$, 并且 $\{\bar{z}^{(k)}\}_1^\infty$ 依坐标收敛到 0, 即

$$\lim_k z_i^{(k)} = 0, \quad i = 1, 2, \cdots. \tag{7.7}$$

根据 Rosenthal 的 ℓ_1 定理, 存在 $\{\bar{z}^{(k)}\}_1^\infty$ 的子序列 $\{\bar{z}^{(k_l)}\}_1^\infty$, 使得 $\{\bar{z}^{(k_l)}\}_1^\infty$ 是 $\ell_\varphi^\pi(X)$ 中的弱 Cauchy 序列. 因此, $\{(x_i^*(z_i^{(k_l)}))_i\}_1^\infty = \{I_{\bar{x}^*}(\bar{z}^{(k_l)})\}_1^\infty$ 是 ℓ_1 中的弱

Cauchy 序列, 故它是 ℓ_1 中的相对弱序列紧子集. 根据 Schur 性质, 它也是 ℓ_1 中的相对序列紧子集, 因此, 存在 $m \in \mathbb{N}$, 使得

$$\sum_{i=m+1}^{\infty} \left| x_i^*(z_i^{(k_l)}) \right| < \frac{\varepsilon_0}{2}, \quad l = 1, 2, \cdots.$$

根据 (7.7) 存在一个 $\ell_0 \in \mathbb{N}$, 使得对于 $l > \ell_0$, 有

$$\left| x_i^*(z_i^{(k_l)}) \right| < \frac{\varepsilon_0}{2m}, \quad i = 1, 2, \cdots, m,$$

故对于 $l > \ell_0$, 有

$$\begin{aligned}
\left| \langle \bar{z}^{(k_l)}, \bar{x}^* \rangle \right| &= \left| \sum_{i=1}^{\infty} x_i^* \left(z_i^{(k_l)} \right) \right| \\
&\leqslant \sum_{i=1}^{m} \left| x_i^* \left(z_i^{(k_l)} \right) \right| + \sum_{i=m+1}^{\infty} \left| x_i^* \left(z_i^{(k_l)} \right) \right| \\
&< \frac{\varepsilon_0}{2} + \frac{\varepsilon_0}{2} \\
&= \varepsilon_0.
\end{aligned}$$

但是对于 $k \in \mathbb{N}$, 根据 (7.6), 有

$$\left| \langle \bar{z}^{(k)}, \bar{x}^* \rangle \right| = \left| \sum_{i=n_k}^{\infty} x_i^*(x_i^{(k)}) \right| \geqslant \varepsilon_0.$$

这个矛盾表明 $\ell_{o\varphi^*}^\varepsilon(X^*) = \ell_{o\varphi^*}^{\varepsilon,0}(X^*)$. ■

结合前面的几个命题, 可以得出以下结果.

定理 7.12　若 φ 和 φ^* 都满足 Δ_2-条件 (在这种情况下, ℓ_φ 是自反的), 则

(1) $\ell_\varphi \tilde{\otimes}_i X$ 不包含 ℓ_1 副本当且仅当 X 不包含 ℓ_1 副本.

(2) $\ell_\varphi \hat{\otimes}_F X$ 不包含 ℓ_1 副本当且仅当 X 不包含 ℓ_1 副本并且从 ℓ_φ 到 X^* 的每个正线性算子都是紧的.

定理 7.13　若 φ 满足 Δ_2-条件, 则

(1) $\ell_\varphi \tilde{\otimes}_i X$ 不包含 ℓ_1 副本当且仅当 ℓ_φ 和 X 不包含 ℓ_1 副本.

(2) $\ell_\varphi \hat{\otimes}_F X$ 不包含 ℓ_1 副本当且仅当 ℓ_φ 和 X 不包含 ℓ_1 副本并且从 ℓ_φ 到 X^* 的每个正线性算子都是紧的.

戈德罗伊 (Godefroy Gilles), 出生于 1953 年, 法国数学家, 1976 年获得巴黎第六大学 (皮埃尔和玛丽居里大学) 博士学位. 他的导师是 Gustave Choquet. 戈德罗伊 2006 年解决了 Lindenstrauss 在 1966 年提出的问题. 他是《数字历险记》的作者.

他与 Deville 和 Zizler 合著的 *Smoothness and Renormings in Banach Spaces* 是 Banach 空间光滑性的重要著作.

参 考 文 献

[1] Becerra Guerrero J, López-Pérez G, Rueda-Zoca A. Octahedral norms and convex combination of slices in Banach spaces. J. Funct. Anal., 2014, 266(4): 2424-2435.

[2] Bu Q Y, Craddock M, Ji D H. Reflexivity and the Grothendieck property for positive tensor products of Banach lattices. II. Quaest. Math., 2009, 32(3): 339-350.

[3] Bu Q Y, Ji D H, Li Y J. Copies of ℓ_1 in positive tensor products of Orlicz sequence spaces. Quaest. Math., 2011, 34(4): 407-415.

[4] Deville R. A dual characterisation of the existence of small combinations of slices. Bull. Austral. Math. Soc., 1988, 37(1): 113-120.

[5] Drewnowski L. Copies of l_∞ in an operator space. Math. Proc. Cambridge Philos. Soc., 1990, 108(3): 523-526.

[6] Godefroy G. Metric characterization of first Baire class linear forms and octahedral norms. Studia Math., 1989, 95(1): 1-15.

[7] Haller R, Langemets J, Põldvere M. On duality of diameter 2 properties. J. Convex Anal., 2015, 22(2): 465-483.

[8] Langemets J, Lima V, Rueda Zoca A. Octahedral norms in tensor products of Banach spaces. Q. J. Math., 2017, 68 (4): 1247-1260.

[9] Leung D H. Embedding ℓ_1 into tensor products of Banach spaces. Functional analysis (Austin, TX, 1987/1989), Lecture Notes in Math., 1470, Longhorn Notes. Berlin: Springer, 1991: 171-176.

[10] Li Y J, Ji D H, Bu Q Y. Copies of c_0 and l_∞ into a regular operator space. Taiwanese J. Math., 2012, 16(1): 207-215.

[11] Papini P L. Average distances and octahedral norms. Bull. Korean Math. Soc., 1999, 36(2): 259-272.

[12]　Ruess W. Duality and geometry of spaces of compact operators. Functional analysis: Surveys and recent results, III (Paderborn, 1983), North-Holland Math. Stud., 90, Notas Mat., 94. Amsterdam: North-Holland, 1984: 59-78.

[13]　Whitley R. The size of the unit sphere. Canadian J. Math., 1968, 20: 450-455.

[14]　Xue X P, Li Y J, Bu Q Y. Embedding ℓ_1 into the projective tensor product of Banach spaces. Taiwanese J. Math., 2007, 11(4): 1119-1125.

[15]　Xue X P, Li Y J, Bu Q Y. Some properties of the injective tensor product of Banach spaces. Acta Math. Sinica, 2007, 23(9): 1697-1706.

第 8 章　向量积的端点和可凹点

数学是一种精神, 一种理性的精神. 正是这种精神, 激发、促进、鼓舞并驱使人类的思维得以运用到最完善的程度, 亦正是这种精神, 试图决定性地影响人类的物质、道德和社会生活; 试图回答有关人类自身存在提出的问题; 努力去理解和控制自然; 尽力去探求和确立已经获得知识的最深刻的和最完美的内涵.

Klein (1849—1925, 德国数学家)

定义 8.1　设 K 是 Banach 空间 X 的有界闭凸集, $x \in K$, 若对于任意 $\varepsilon > 0$, 有 $x \notin \bar{\text{co}}\,(K \backslash B(x, \varepsilon))$, 这里 $B(x, \varepsilon) = \{y : y \in X, \|y - x\| < \varepsilon\}$, 则称 x 为 K 的可凹点 (denting point).

若 X 的每个非空有界闭凸集 K 包含 K 的端点, 则称 Banach 空间具有 Krein-Milman 性质. Banach 空间具有 Krein-Milman 性质与 Banach 空间具有 Radon-Nikodym 性质是否等价还是一个公开问题. Bourgain 和 Talagrand 在 1981 年证明了下面结果[1].

定理 8.1　若 X 是 Banach 格, 则 X 具有 Radon-Nikodym 性质当且仅当 X 具有 Krein-Milman 性质.

定义 8.2　设 K 是 Banach 空间 X 的有界闭凸集, $x \in K$, 若从 (K, 弱拓扑) 到 (K, 范数拓扑) 的恒等映射在 x 点是连续的, 则称 x 为 K 的连续点 (point of continuity).

定义 8.3　设 K 是 Banach 空间 X 的有界闭凸集, $x \in K$, 若对于任意满足 $\lim\limits_{n \to \infty} \left\| \dfrac{1}{2}(y_n + z_n) - x \right\| = 0$ 的 $y_n, z_n \in K$, 都有 $\lim\limits_{n \to \infty} \|y_n - x\| = 0$, 则称 x 为 K 的强端点 (strong extreme point).

Hu Zhibao 在 1993 年证明了下面的结果[3].

定理 8.2　设 X 是 Banach 空间, 则下列条件等价.

(1) X 具有 Radon-Nikodym 性质.

(2) X 的每个等价范数 $\|\|\cdot\|\|$, 单位球 $B_{(X, \|\|\cdot\|\|)}$ 有强端点.

(3) X 的每个等价范数 $\|\|\cdot\|\|$, 其四次共轭空间的单位球 $B_{(X^{(4)}, \|\|\cdot\|\|)}$ 有端点.

Bor-Luh Lin, Pei-Kee Lin 和 Troyanski 在 1988 年讨论了端点与可凹点的关系, 给出了可凹点的刻画[4].

定理 8.3　设 K 是 Banach 空间 X 的有界闭凸集, $x \in K$, 则 x 是 K 的可

凹点的充要条件为 x 是 K 的端点和连续点.

Rao 在 1999 年讨论了张量积的强端点[6].

设 X 是 Banach 空间, 若线性投影 $P : X \to X$ 对所有 $x \in X$, 有 $\|x\| = \max\{\|Px\|, \|x - Px\|\}$, 则称 P 是 M-投影. 若线性投影 $P : X \to X$ 对所有 $x \in X$, 有 $\|x\| = \|Px\| + \|x - Px\|$, 则称 P 是 L-投影.

命题 8.1　设 P 是 Banach 空间 X 的 L-投影, 并且 $M = \mathrm{Range}(P), N = \mathrm{Ker}(P)$, 则 $x \in B_X$ 是强端点的充要条件为 $x \in B_M$ 或者 $x \in B_N$ 并且 x 是所在子集的强端点.

证明　若 $x \in B_X$ 是强端点, 则 x 是端点. 明显地, $x \in B_M$ 或者 $x \in B_N$. 所以, x 是 B_M 或者 B_N 的强端点.

反过来, 若 $x \in B_M$ 是强端点, $x_n, y_n \in B_X$, 满足 $\dfrac{x_n + y_n}{2} \to x$, 则 $\dfrac{Px_n + Py_n}{2} \to x$, 既然 x 是 B_M 的强端点, 因此, $\|Px_n - Py_n\| \to 0$, 并且

$$\lim_n \|x_n\| = \lim_n \|y_n\| = \lim_n \|Px_n\| = \lim_n \|Py_n\| = 1.$$

由于 P 是 L-投影, 因此, $\|x_n - Px_n\| \to 0, \|y_n - Py_n\| \to 0$. 故

$$\|x_n - y_n\| \leqslant \|x_n - Px_n\| + \|Px_n - Py_n\| + \|Py_n - y_n\|.$$

因此, $\|x_n - y_n\| \to 0$. 所以, x 是 B_X 的强端点.

类似可证, 若 $x \in B_N$ 是强端点, 则 x 是 B_X 的强端点.　■

命题 8.2　设 $x^* \in B_{X^*}$, 若 $\mathrm{Ker}(x^*)$ 是 X 的 M-理想, $y^* \in B_{Y^*}$ 是强端点, 则 $x^* \otimes y^*$ 是 $B_{(X \check{\otimes}_\varepsilon Y)^*}$ 的强端点.

证明　由于 $\mathrm{Ker}(x^*) \check{\otimes}_\varepsilon Y$ 是 $X \check{\otimes}_\varepsilon Y$ 的 M-理想, 因此它的零化子可以看作 $\mathrm{span}\{x^*\} \hat{\otimes}_\pi Y^*$, 它是 $(X \check{\otimes}_\varepsilon Y)^*$ 的 L-投影的值域. 明显地, $x^* \otimes y^*$ 是 $\mathrm{span}\{x^*\} \hat{\otimes}_\pi Y^*$ 的闭单位球的强端点. 所以, 由上面命题可知 $x^* \otimes y^*$ 是 $B_{(X \check{\otimes}_\varepsilon Y)^*}$ 的强端点.■

设 C 是 Banach 空间 X 的闭有界集, 若存在 $f \in X^*, \|f\| = 1$, 使得 $f(x) = \sup f(C)$, 并且 $x_n \in C, f(x_n) \to f(x)$ 时, 有 $\|x_n - x\| \to 0$, 则称 x 为 C 的一个强暴露点, f 称为相应于 x 的暴露泛函. Phelps 在 1974 年利用强暴露点得到了 Radon-Nikodym 性质的刻画[5].

定理 8.4　设 X 是 Banach 空间, 则 X 具有 Radon-Nikodym 性质的充要条件为 X 的每个非空有界闭凸集都是其强暴露点的闭凸包.

Ruess 和 Stegall 在 1986 年讨论了张量积的强暴露点 [7].

定理 8.5　设 U 和 V 分别是 X^* 和 Y^* 的规范 (norming) 闭线性子空间, H 是所有 $X \times Y$ 上连续双线性形式 $B(X, Y)$ 的线性子空间, 并且 $U \otimes V \subseteq H \subseteq B(X \times Y)$. 若 $B_0 \in S_H, \phi = \|\cdot\|_{B(X,Y)}$, 则下列条件是等价的.

(1) ϕ 在 B_0 是 F-可微的.

(2) 存在 $(x_0, y_0) \in S_X \times S_Y$, 使得

(a) $B_0(x_0, y_0) = 1$.

(b) 若 $x_n \in B_X, y_n \in B_Y$, 使得 $\{B_0(x_n, y_n)\}$ 趋于 1, 则存在 $\alpha \in \{-1, 1\}$ 和子序列 $\{x_{n_i}\}$ 和 $\{y_{n_i}\}$, 使得 $x_{n_i} \to \alpha x_0, y_{n_i} \to \alpha y_0$.

(3) 存在 $(x_0, y_0) \in S_X \times S_Y$, 使得 B_0 强暴露 $B_{X \hat{\otimes}_\pi Y}$ 于 $x_0 \otimes y_0$ 点.

(4) $\phi|_H = \|\cdot\|_H$ 在 B_0 是 F-可微的.

利用上面定理, 可以得到下面关于张量积的暴露点结果[7].

定理 8.6　设 $x_0 \in S_X, y_0 \in S_Y$ 分别强暴露 B_{X^*} 和 B_{Y^*} 于 x_0^* 和 y_0^*, 则 $x_0 \otimes y_0$ 强暴露 $B_{X^* \hat{\otimes}_\pi Y^*}$ 于 $x_0^* \otimes y_0^*$.

证明　由 $X \otimes Y \subseteq B(X^*, Y^*) = (X^* \hat{\otimes}_\pi Y^*)^*$, 并且 X 和 Y 分别是 X^{**} 和 Y^{**} 的规范闭线性子空间. 由假设可知 $x_0 \otimes y_0(x_0^* \otimes y_0^*) = 1$, 若 $x_n^* \in B_{X^*}, y_n^* \in B_{Y^*}$, 满足

$$x_0 \otimes y_0(x_n^* \otimes y_n^*) \to 1,$$

则 x_0, y_0 分别强暴露 B_{X^*} 和 B_{Y^*} 于 x_0^* 和 y_0^*, 因此, 有某个 $\alpha \in \{-1, 1\}$, 使得 $x_n^* \to \alpha x_0^*, y_n^* \to \alpha y_0^*$. 所以, 由上面定理可知 $x_0 \otimes y_0$ 强暴露 $B_{X^* \hat{\otimes}_\pi Y^*}$ 于 $x_0^* \otimes y_0^*$. ∎

推论 8.1　设 X 和 Y 是 Banach 空间, 则 $\operatorname{sexp} B_{X \hat{\otimes}_\pi Y} = \operatorname{sexp} B_X \hat{\otimes} \operatorname{sexp} B_Y$, 这里 $\operatorname{sexp} B_{X \hat{\otimes}_\pi Y}$ 为闭单位球 $B_{X \hat{\otimes}_\pi Y}$ 的所有强暴露点.

Ruess 和 Stegall 在 1986 年还讨论了张量积的光滑性 [7].

定理 8.7　若 X 和 Y 都是维数大于等于 2 的 Banach 空间, 则 $X \check{\otimes}_\varepsilon Y$ 一定不是光滑的.

Banach 空间具有 Radon-Nikodym 性质可以用可凹点来刻画[2].

定理 8.8　Banach 空间具有 Radon-Nikodym 性质的充要条件为 X 的每个非空有界闭凸集 K 包含 K 的可凹点.

定理 8.9　Banach 空间具有 Radon-Nikodym 性质的充要条件为 X 的每个等价范数 $\|\|\cdot\|\|$, 单位球 $B_{(X, \|\|\cdot\|\|)}$ 有可凹点.

Werner 在 1987 年讨论了张量积的可凹点[8].

设 α 是张量积 $X \otimes Y$ 的范数, 若对所有 $x \in X$ 和 $y \in Y$, 有 $\|x \otimes y\| = \|x\| \cdot \|y\|$, 则称范数 α 是合理的.

对所有的 $x^* \in X^*$ 和 $y^* \in Y^*$, 看作 α-赋范张量积上的泛函 $x^* \otimes y^*$ 关于范数 $\|x^*\| \cdot \|y^*\|$ 是连续的. 完备的 α-赋范张量积用 $X \hat{\otimes}_\alpha Y$ 表示.

设 K 是某个实 Banach 空间 X 的一个闭的、有界的、绝对凸的子集, 为了方便起见, 对 $x^* \in X^*$, 记 $\Phi_\varepsilon(x^*) := \sup\{x^*(x) : x \in K_\varepsilon\}$, 这里 $K_\varepsilon = \overline{\operatorname{co}}\,(K \backslash B_\varepsilon(x_0))$.

引理 8.1　　对 $x_0 \in \operatorname{dent} K$ 和 $\varepsilon > 0$, 存在 $\delta > 0$ 和 $x^* \in X^*$, 使得

(1) $x^*(x_0) = 1$;

(2) $\Phi_\varepsilon(x^*) = 1 - \delta$;

(3) $\Phi_0(x^*) \leqslant 1 + \varepsilon\delta$.

证明　　选取足够小的正数 α, 使得 $\dfrac{\alpha}{1-\alpha} < \varepsilon$. 然后选取 β, 满足 $0 < \beta < \dfrac{\varepsilon\alpha}{2}$.
利用泛函 x^* 将 x_0 与 K_β 严格分离. 当然, 不妨假设 $x^*(x_0) = 1$, 而且对 $x \in K_\beta$,
有 $x^*(x) < 1$.

既然 K 是绝对凸的, 令 $\delta = 1 - \Phi_\varepsilon(x^*)$. 由于 x^* 是严格分开的, 因此, $\delta > 0$.
下面只需估计 $\Phi_0(x^*)$.

明显地, 只需考虑 $x \in K \cap B_\beta(x_0)$ 就足够了, 剩余的 x 无论如何都能满足
$x^*(x) \leqslant 1$.

对于任意满足 $\|y - x_0\| > \varepsilon$ 的 $y \in K$, 有

$$\|\alpha y + (1-\alpha)x - x_0\| > \beta.$$

实际上, 考虑到 $\|x - x_0\| \leqslant \beta$, 有

$$\|\alpha(y - x_0)\| \leqslant \|\alpha y + (1-\alpha)x - x_0\| + \|(1-\alpha)(x - x_0)\|$$
$$\leqslant \beta + (1-\alpha)\beta < \alpha\varepsilon,$$

但这与 y 的选择矛盾. 因此,

$$x^*(\alpha y + (1-\alpha)x) \leqslant 1.$$

对所有 $y \in K \backslash B_\varepsilon(x_0)$ 取上确界, 也等同于对所有 $y \in K_\varepsilon$ 取上确界, 容易得到

$$\alpha\Phi_\varepsilon(x^*) + (1-\alpha)x^*(x) \leqslant 1,$$

因此, 通过选择 δ 和 α 可得 $x^*(x) \leqslant 1 + \varepsilon\delta$.　　■

实际上, 上面已经证明了以下结论: 设 β 与上述的证明中一样, 且设

$$C = \{x^* \in X^*: \; x^*(x_0) = 1, \; \Phi_\beta(x^*) \leqslant 1\}.$$

则对 $x^* \in C$, 有 $\Phi_0(x^*) \leqslant 1 + \varepsilon\delta$, 这里 $\delta = 1 - \Phi_\varepsilon(x^*)$.

引理 8.2　　对于 $x_0 \in \operatorname{dent} K$ 和 $\varepsilon > 0$, 存在 $\delta_0 > 0$, 使得对所有 $0 < \delta < \delta_0$,
有 $x^* \in X^*$, 满足

(1) $x^*(x_0) = 1$;

(2) 若 $x^*(x) > 1 - \delta$ 且 $x \in K$, 则 $\|x - x_0\| \leqslant \varepsilon$;

(3) 对所有 $x \in K$, 有 $x^*(x) \leqslant 1 + \varepsilon\delta$.

证明 第二个条件仅仅是 $\Phi_\varepsilon(x^*) \leqslant 1 - \delta$. 设 β 和 C 如上所示, 记 $\eta = \inf\{1 - \Phi_\varepsilon(x^*) : x^* \in C\}$.

情形 1 $\eta > 0$. 令 $\delta_0 = \eta$. 对于给定的 $0 < \delta \leqslant \delta_0$, 取 $\varepsilon^* = \min(\beta, \varepsilon\delta)$. 由引理 8.1 (用 ε^* 代替 ε) 可得 $x^* \in X^*$ 和 $\delta^* > 0$, 并且满足 $x^*(x_0) = 1$ 和 $\Phi_\beta(x^*) \leqslant \Phi_{\varepsilon^*}(x^*) \leqslant 1$. 因此 $x^* \in C$. 故 $1 - \Phi_\varepsilon(x^*) \geqslant \eta \geqslant \delta$. 因为由引理 8.2 可得

$$\Phi_0(x^*) \leqslant 1 + \varepsilon^*\delta^* \leqslant 1 + \varepsilon\delta.$$

所以, x^* 也满足第三个条件.

情形 2 $\eta = 0$. 根据引理 8.1, 选择 $\delta_0 > 0$ 和 $x_0^* \in C$, 特别地, 有 $\Phi_\varepsilon(x_0^*) = 1 - \delta_0$. 由于连续函数 $1 - \Phi_\varepsilon$ 将凸集 C 映射到一个区间上, 因此, $[0, \delta_0] \subset (1 - \Phi_\varepsilon)(C)$. 换句话说, 对 $0 < \delta \leqslant \delta_0$, 存在 $x^* \in C$, 满足 $\Phi_\varepsilon(x^*) = 1 - \delta$. 根据上面的论述, x^* 满足引理 8.2 的结论. ■

定理 8.10 假设 K 和 L 是 Banach 空间 X 和 Y 中闭的、有界的、绝对凸的子集, 并使 α 成为一个合理交叉范数, 则

$$\text{dent } \overline{\text{co}} \, (K \otimes L) = \text{dent } K \otimes \text{dent } L,$$

这里 $\overline{\text{co}} \, (K \otimes L)$ 是在 $X \hat{\otimes}_\alpha Y$ 中取闭包.

证明 只需证明实 Banach 空间的情形, 复 Banach 空间的情形证明思路是一样的. 此外, 不妨假设 K 和 L 分别包含在 X 和 Y 的单位球中.

设 $x_0 \in \text{dent } K, y_0 \in \text{dent } L, \varepsilon > 0$. 利用引理 8.1, 可以找到 $x^* \in X^*, y^* \in Y^*, \delta_1 > 0, \delta_2 > 0$ 满足下列条件:

$$x^*(x_0) = y^*(y_0) = 1,$$
$$x \in K, x^*(x) > 1 - \delta_1 \text{ 蕴涵 } \|x - x_0\| \leqslant \varepsilon,$$
$$y \in L, y^*(y) > 1 - \delta_2 \text{ 蕴涵 } \|y - y_0\| \leqslant \varepsilon,$$
$$\text{对所有 } x \in K, \text{ 有} x^*(x) < 1 + \varepsilon\delta_1,$$
$$\text{对所有 } y \in L, \text{ 有} y^*(y) < 1 + \varepsilon\delta_2.$$

由引理 8.2 可知, 可以假设 $\delta_1 = \delta_2 = \delta$.

第一步, 先证明

$$\text{若 } x \in K, y \in L, \langle x^* \otimes y^*, x \otimes y \rangle > 1 - \frac{\delta}{2}, \text{ 则}$$
$$\|x \otimes y - x_0 \otimes y_0\|_\alpha \leqslant 2\varepsilon. \tag{8.1}$$

由于

$$\frac{\delta}{2} > \langle x^* \otimes y^*, \, x_0 \otimes y_0 - x \otimes y \rangle$$

$$= (1 - x^*(x))y^*(y) + (1 - y^*(y))$$
$$\geqslant (-\varepsilon\delta)y^*(y) + (1 - y^*(y)) \quad (\text{不失一般性, 不妨假设 } y^*(y) \geqslant 0)$$
$$\geqslant -\varepsilon\delta(1 + \varepsilon\delta) + (1 - y^*(y)),$$

因此, 对足够小的 ε, 有

$$1 - y^*(y) < \frac{\delta}{2} + \varepsilon\delta(1 + \varepsilon\delta) < \delta.$$

故 $\|y - y_0\| \leqslant \varepsilon$. 类似地, 可以证明 $\|x - x_0\| \leqslant \varepsilon$. 所以

$$\|x \otimes y - x_0 \otimes y_0\|_\alpha \leqslant \|x \otimes (y - y_0)\|_\alpha + \|(x - x_0) \otimes y_0\|_\alpha < 2\varepsilon.$$

第二步, 若能够证明: 若 $u \in \mathrm{co}(K \otimes L), \langle x^* \otimes y^*, u \rangle > 1 - \dfrac{\varepsilon\delta}{2}$, 则

$$\|u - x_0 \otimes y_0\|_\alpha \leqslant 16\varepsilon, \tag{8.2}$$

则足以证明 $x_0 \otimes y_0 \in \mathrm{dent}\,\overline{\mathrm{co}}\,(K \otimes L)$.

为了证明 (8.2), 考虑凸组合 $u = \sum_N \lambda_i \cdot x_i \otimes y_i \in \mathrm{co}(K \otimes L)$, 并定义以下 $N = \{1, \cdots, n\}$ 的子集:

$$I = \{i \in N : \|x_i \otimes y_i - x_0 \otimes y_0\|_\alpha \leqslant 2\varepsilon\},$$
$$J = \{i \in N : \|x_i \otimes y_i - x_0 \otimes y_0\|_\alpha > 2\varepsilon\},$$
$$J' = \left\{i \in N : \langle x^* \otimes y^*, \ x_i \otimes y_i \rangle \leqslant 1 - \frac{\delta}{2}\right\},$$
$$R = \{i \in N : \langle x^* \otimes y^*, \ x_i \otimes y_i \rangle > 1\}.$$

根据 (8.1) 式可得 $J \subseteq J'$, 因此

$$\sum_J \lambda_i \leqslant \sum_{J'} \lambda_i$$
$$\leqslant \frac{2}{\delta} \sum_{J'} \lambda_i \cdot (1 - \langle x^* \otimes y^*, \ x_i \otimes y_i \rangle)$$
$$\leqslant \frac{2}{\delta} \left(\sum_N - \sum_R \right) (\lambda_i \cdot (1 - \langle x^* \otimes y^*, \ x_i \otimes y_i \rangle))$$
$$\leqslant \frac{2}{\delta} \Bigg(1 - \langle x^* \otimes y^*, \ u \rangle$$
$$+ \sum_R \lambda_i \cdot (\sup\{x^*(x) : x \in K\} \cdot \sup\{y^*(y) : Y \in L\} - 1) \Bigg)$$

$$\leqslant \frac{2}{\delta}\left(\frac{\varepsilon\delta}{2}+(1+\varepsilon\delta)^2-1\right)$$

$$\leqslant 7\varepsilon.$$

所以

$$\|u-x_0\otimes y_0\|_\alpha \leqslant \left(\sum_I + \sum_J\right)(\lambda_i\|x_i\otimes y_i-x_0\otimes y_0\|_\alpha)\leqslant 2\varepsilon+7\varepsilon\cdot 2=16\varepsilon.$$

反过来, 若 $v\in \operatorname{dent}\overline{\operatorname{co}}(K\otimes L)$, 既然对于任意 Banach 空间的任意有界子集 D, 都有 $\operatorname{dent}\overline{\operatorname{co}}D\subseteq\bar{D}$. 而且容易知道 $K\otimes L$ 在 $X\hat{\otimes}_\alpha Y$ 中是闭的, 因此, $v\in K\otimes L$. 故存在 $x_0\in K, y_0\in L$, 使得 $v=x_0\otimes y_0$, 并且容易知道 x_0 和 y_0 是 K 和 L 的可凹点. ■

由于射影张量积的单位球是用 $\overline{\operatorname{co}}(B_X\otimes B_Y)$ 来定义的, 因此, 可以得到以下推论.

推论 8.2　　$\operatorname{dent}B_{X\hat{\otimes}_\pi Y}=\operatorname{dent}B_X\otimes\operatorname{dent}B_Y.$

罗森塔尔 (Haskell Rosenthal), 美国数学家, 出生于美国北达科他州, 1965 年在斯坦福大学获得博士学位. 博士论文题目为 *Projections onto translation-invariant subspaces of* $L('P)(G)$. 他是得克萨斯大学奥斯汀分校数学系教授, 研究方向是算子理论和 Banach 空间理论.

不变子空间问题是泛函分析领域最著名的悬而未决的问题之一, 这个问题就是下述命题是否成立: 设 H 是维数大于 1 的复 Hilbert 空间, T 是 H 到 H 的有界线性算子, 则 H 有一个非平凡闭 T-不变子空间, 也即存在一个 H 的闭线性子空间 W, 它不同于 $\{0\}$ 和 H, 且使得 $T(W)\subseteq W$. 罗森塔尔在该问题上作出了一系列出色的结果, 并且相信自己非常接近于解决该问题更强的否定版本.

他与 Maurey, Enflo, Godefroy, Lindenstrauss, Bourgain, Johnson 等著名学者合作发表一系列高质量论文, 取得了丰硕的成果. 论文发表在 *Acta Math., Ann. of Math., Journal of American Math. Soc., Journal of Functional Analysis* 等权威期刊上.

参 考 文 献

[1]　Bourgain J, Talagrand M. Dans un espace de Banach reticulé solide, la propriété de Radon-Nikodym et Celle de Kreĭn-Mil'man sont équivalentes. Proc. Amer. Math. Soc., 1981, 81(1): 93-96.

[2]　Bourgin R D. Geometric Aspects of Convex Sets with the Radon-Nikodym Property. Lecture Notes in Mathematics, 993. Berlin: Springer-Verlag, 1983.

[3]　Hu Z B. Strongly extreme points and the Radon-Nikodym property. Proc. Amer. Math. Soc., 1993, 118(4): 1167-1171.

[4]　Lin B, Lin P K, Troyanski S L. Characterizations of denting points. Proc. Amer. Math. Soc., 1988, 102(3): 526-528.

[5]　Phelps R R. Dentability and extreme points in Banach spaces. J. Functional Analysis, 1974, 17: 78-90.

[6]　Rao T S S R K. Points of weak*-norm continuity in the dual unit ball of injective tensor product spaces. Collect. Math., 1999, 50(3): 269-275.

[7]　Ruess W M, Stegall C P. Exposed and denting points in duals of operator spaces. Israel J. Math., 1986, 53(2): 163-190.

[8]　Werner D. Denting points in tensor products of Banach spaces. Proc. Amer. Math. Soc., 1987, 101(1): 122-126.

第 9 章 正张量积 Dunford-Pettis 性质

在数学中, 提出问题的艺术必须比解决问题具有更高的价值.

Cantor (1845—1918, 德国数学家)

1953 年 Grothendieck 引入了 Dunford-Pettis 性质[1].

定义 9.1 设 X 是 Banach 空间, 若对于任意 $x_n \in X, x_n$ 依弱拓扑 $\sigma(X, X^*)$ 收敛到 0, $f_n \in X^*$, f_n 依弱拓扑 $\sigma(X^*, X^{**})$ 收敛到 0, 则 $f_n(x_n)$ 收敛到 0, 则称 Banach 空间 X 具有 Dunford-Pettis 性质.

Dunford 和 Petti 证明 Lebesgue 空间 $L_1(\mu)$ 具有 Dunford-Pettis 性质, Grothendieck 证明了连续函数空间 $C(X)(X$ 为紧 Hausdorff 空间) 具有 Dunford-Pettis 性质. Bourgain 在 1981 年证明了对于任意可数测度 μ 和紧 Hausdorff 空间 $K, L_1(\mu, C(K))$ 和 $C(K, L_1(\mu))$ 具有 Dunford-Pettis 性质[9].

自反 Banach 空间 X 具有 Dunford-Pettis 性质当且仅当 X 是有限维的.

若 Banach 空间 X 的每个弱收敛序列都是范数收敛的, 则称 X 具有 Schur 性质或者称 X 是 Schur 空间. 下面关于 Dunford-Pettis 性质的结论都是大家知道的[3].

命题 9.1 (1) Schur 空间具有 Dunford-Pettis 性质.

(2) 若 X^* 具有 Dunford-Pettis 性质, 则 X 具有 Dunford-Pettis 性质.

(3) 若 X 具有 Dunford-Pettis 性质, M 是 X 的可补子空间, 则 M 具有 Dunford-Pettis 性质.

由上面结论, 可以证明以下的命题.

命题 9.2 若 $X \hat{\otimes}_\pi Y$ 具有 Dunford-Pettis 性质, 则 Banach 空间 X 和 Y 都具有 Dunford-Pettis 性质.

上面命题反过来不一定对, Talagrand 在 1983 年找到 Banach 空间 X, 使得 X^* 是 Schur 空间, 但 $X^* \hat{\otimes}_\pi L_1[0,1]$ 不具有 Dunford-Pettis 性质. 由于 Schur 空间和 $L_1[0,1]$ 具有 Dunford-Pettis 性质, 因此, 这说明上面命题的条件不是充分条件.

Pethe 和 Thakare 还证明了下面结论[5].

命题 9.3 设 X 是 Banach 空间, 则 X^* 是 Schur 空间当且仅当 X 具有 Dunford-Pettis 性质并且 X 不包含 ℓ_1 副本.

Castillo 和 González 在 1994 年提出了下面问题[2].

问题9.1　投影张量积 $\ell_\infty \hat{\otimes}_\pi \ell_\infty$ 和 $C[0,1] \hat{\otimes}_\pi C[0,1]$ 是否具有 Dunford-Pettis 性质?

Bombal 和 Villanueva 在 2001 年考虑了上面问题[3].

Banach 空间 X 具有 Dunford-Pettis 性质的充要条件为任意 X 到 Banach 空间 Y 的弱紧算子都是全连续的 (completely continuous).

众所周知, 每个从 $C(K_1)$ 到 $C(K_2)^*$ 的线性算子都是弱紧的, 因此, 它是全连续的. 利用这个性质, 可以证明下面的引理.

引理 9.1　设 K_1, K_2 是紧 Hausdorff 空间, 若 $f_n \in C(K_1)$ 是弱收敛到 0 的序列, $g_n \in C(K_2)$ 是有界序列, 则 $f_n \otimes g_n \in C(K_1) \hat{\otimes}_\pi C(K_2)$ 弱收敛到 0.

证明　对于 $\phi \in \mathcal{L}(C(K_1) \hat{\otimes}_\pi C(K_2))^*$, 考虑的线性算子 $S \in \mathcal{L}(C(K_1); C(K_2)^*)$.

$$S(f)(g) = \phi(f \otimes g).$$

不失一般性, 不妨假设 $\sup_n \{\|g_n\|\} \leqslant 1$. 因为 S 是全连续的, 所以

$$\lim_{n \to \infty} |\phi(f_n \otimes g_n)| \leqslant \lim_{n \to \infty} \|S(f_n)\| = 0. \qquad \blacksquare$$

若拓扑空间 K 的每个非空子集 A 都包含孤立点, 则称 K 是分散的 (scattered), 这里 $x \in K$ 称为 K 的孤立点是指存在包含 x 的开集 U, 使得 $A \cap U = \{x\}$.

K 是分散的与 $C(K)$ 不包含 ℓ_1 副本有下面的关系[6].

命题 9.4　紧 Hausdorff 空间 K 是分散的当且仅当 $C(K)$ 不包含 ℓ_1 副本.

用文献 [4] 类似的方法, 可证明若 $K_1, \cdots, K_n$ 是分散的, 则 $(C(K_1) \hat{\otimes}_\pi \cdots \hat{\otimes}_\pi C(K_n))^*$ 是 Schur 空间.

定理 9.1　设 K_1, K_2 是两个无限的紧 Hausdorff 空间, 则 $C(K_1) \hat{\otimes}_\pi C(K_2)$ 具有 Dunford-Pettis 性质的充要条件为 K_1 和 K_2 都是分散的.

证明　若 K_1 和 K_2 都是分散的, 则 $(C(K_1) \hat{\otimes}_\pi C(K_2))^*$ 是 Schur 空间, 因此, $C(K_1) \hat{\otimes}_\pi C(K_2)$ 具有 Dunford-Pettis 性质.

假设 K_1 和 K_2 有一个不是分散的, 不妨假定 K_2 不是分散的. 既然 K_1 是无限集, 因此, $C(K_1)$ 不是 Schur 空间. 故存在 $f_n \in B_{C(K_1)}, \xi_n \in B_{C(K_1)^*}$, 使得 $\{f_n\}$ 弱收敛到 0, 并且对于任意 $n \in \mathbb{N}$, 有 $\xi_n(f_n) = 1$.

另外, 由于 K_2 不是分散的, 因此, $C(K_2)$ 包含 ℓ_1 副本, 故存在连续满射算子 $q : C(K_2) \to \ell_2$, 定义满射的三线性算子 T.

$$T : C(K_1) \times C(K_2) \times C(K_2) \to K$$

为

$$T(f, g, h) = \sum_{n=1}^{\infty} \xi_n(f) q(g)_n q(h)_n.$$

并且考虑线性算子

$$\hat{T}^1 : C(K_1)\hat{\otimes}_\pi C(K_2) \to (C(K_2))^*,$$

它与 T 的关系为

$$\hat{T}^1(f \otimes g)(h) = T(f, g, h).$$

明显地, 有 $\hat{T}^1 = q^* \circ \psi \circ \phi$, 这里 $\phi : C(K_1)\hat{\otimes}_\pi C(K_2) \to \ell_2$ 的定义为 $\phi(f \otimes g) = (\xi_n(f)q(g)_n)_n$, 并且 $\psi \in \mathcal{L}(\ell_2, \ell_2^*)$ 为两个空间经典的等距线性恒等同构. 既然 ψ, ϕ 和 q^* 都是弱紧的, 因此, $\hat{T}^1$ 也是弱紧的.

现在只需检查 $\hat{T}^1$ 是否全连续. 取 $g_n \in C(K_2)$, 使得 $q(g_n) = e_n$, 这里 e_n 是 ℓ_2 的基. 则序列 $f_n \otimes g_n \in C(K_1)\hat{\otimes}_\pi C(K_2)$ 弱收敛到 0, 但是, 对于每个 $n \in \mathbb{N}$, 有

$$\|\hat{T}^1(f_n \otimes g_n)\| \sup_n \|g_n\| \geqslant |\hat{T}^1(f_n \otimes g_n)(g_n)| = |T(f_n, g_n, g_n)| = 1,$$

矛盾. 所以, 定理得证. ∎

推论 9.1　设 $K_1, \cdots, K_n$ 是无穷的紧 Hausdorff 空间, 则 $C(K_1)\hat{\otimes}_\pi \cdots \hat{\otimes}_\pi C(K_n)$ 具有 Dunford-Pettis 性质的充要条件为 $K_1, \cdots, K_n$ 都是分散的.

定理 9.2　设 K 是紧 Hausdorff 空间, 则对称投影张量积 $C(K)\hat{\otimes}_s C(K)$ 具有 Dunford-Pettis 性质的充要条件为 K 是分散的.

证明　若 K 是分散的, 则 $(\hat{\otimes}_{n,s}C(K))^*$ 是 Schur 空间, 因此, $C(K)\hat{\otimes}_s C(K)$ 具有 Dunford-Pettis 性质.

若 K 不是分散的, 定义三线性算子

$$T : C(K) \times C(K) \times C(K) \to K$$

为

$$T(f, g, h) = \sum_{n=1}^\infty \frac{1}{2}\Big(\xi_n(f)q(g)_n + \xi_n(g)q(f)_n\Big)q(h)_n,$$

用类似于定理 9.1的方法可以证明线性算子

$$\hat{T}^1 : C(K)\hat{\otimes}_\pi C(K) \to (C(K))^*,$$

$$\hat{T}^1(f, g)(h) = T(f, g, h)$$

是弱紧的, 但不是全连续的. 所以, $C(K)\hat{\otimes}_s C(K)$ 不具有 Dunford-Pettis 性质. ∎

由于 $\hat{\otimes}_{n-1,s}C(K)$ 是 $\hat{\otimes}_{n,s}C(K)$ 的可补子空间, 因此, 下面推论成立.

推论 9.2　设 K 是紧 Hausdorff 空间, 则对任意 $n > 1, \hat{\otimes}_{n,s}C(K)$ 具有 Dunford-Pettis 性质的充要条件为 K 是分散的.

类似地, 可以证明下面结论成立.

定理 9.3　设 X 是 Banach 空间, 满足下列条件:

(1) 每个 X 到 X^* 的线性算子都是全连续的;

(2) X 不是 Schur 空间;

(3) X 包含 ℓ_1 副本.

则 $X \hat{\otimes}_\pi X$ 和 $X \hat{\otimes}_s X$ 不具有 Dunford-Pettis 性质.

Peralta 和 Villanueva 在 2006 年证明了下面的结果[10].

定理 9.4　设 K_1 和 K_2 是无穷的紧 Hausdorff 空间, 则 $C(K_1)$ 和 $C(K_2)$ 具有 Dunford-Pettis 性质, 并且不包含 ℓ_1 副本的充要条件为 $C(K_1) \hat{\otimes}_\pi C(K_2)$ 具有 Dunford-Pettis 性质.

下面的结果主要来自 González 和 Gutiérrez 的论文[7]. 他们在 2001 年证明 $(c_0 \hat{\otimes}_\pi c_0)^*$ 具有 Dunford-Pettis 性质, 但 $(c_0 \hat{\otimes}_\pi c_0)^{**}$ 不具有 Dunford-Pettis 性质, 从而得到 X 具有 Dunford-Pettis 性质, 但 X^* 不具有 Dunford-Pettis 性质的 Banach 空间. 他们还证明了下面的一些结果.

定理 9.5　若 X^* 不是 Schur 空间, Y^* 包含 ℓ_1 副本, 并且每个 X^* 到 Y^{**} 的线性连续算子都是全连续的, 则 $(X \check{\otimes}_\varepsilon Y)^*$ 不具有 Dunford-Pettis 性质.

推论 9.3　对于紧的 Hausdorff 空间 K_1 和 K_2, $(C(K_1) \hat{\otimes}_\pi C(K_2))^{**}$ 不具有 Dunford-Pettis 性质.

若存在 $\lambda \geqslant 1$, 使得对于 X 的任意有限维子空间 M, 都有另外一个子空间 N 包含 M, 并且满足 $d(N, \ell_\infty^n) \leqslant \lambda$ (或者 $d(N, \ell_1^n) \leqslant \lambda$), 则称 Banach 空间 X 是 L_∞-空间 (或者 L_1-空间). $d(X, Y)$ 为两个同构的 Banach 空间的 Banach-Mazur 度量, 它定义为 $d(X, Y) = \inf\{\|T\| \cdot \|T^{-1}\|\}$ 对所有 X 到 Y 的同构 T 取下确界. $C(K)$ 的可补子空间都是 L_∞-空间, $L_1(\mu)$ 的可补子空间都是 L_1-空间. L_1-空间的共轭空间是 L_∞-空间, L_∞-空间的共轭空间是 L_1-空间.

命题 9.5　设 X 和 Y 都是 Banach 空间, 则下面结论成立.

(1) 若 X 和 Y 都是 L_∞-空间, 则 $X \check{\otimes}_\varepsilon Y$ 是 L_∞-空间;

(2) 若 X 和 Y 都是 L_1-空间, 则 $X \hat{\otimes}_\pi Y$ 是 L_1-空间.

命题 9.6　若 X 是 L_1-空间, Y 是 L_∞-空间, 则 $X \check{\otimes}_\varepsilon Y$ 具有 Dunford-Pettis 性质.

利用表示 $(X \hat{\otimes}_\pi Y)^* = L(X, Y^*)$, 不难证明[3].

引理 9.2　若每个 X 到 Y^* 的线性连续算子都是全连续的, $x_n \in X$ 弱收敛到 0, $y_n \in Y$ 是有界序列, 则 $x_n \otimes y_n$ 在 $X \hat{\otimes}_\pi Y$ 中弱收敛到 0.

不难证明下面结论成立.

推论 9.4　若 X 和 Y 都是无穷维 L_1-空间, 则下列条件等价.

(1) $X \check{\otimes}_\varepsilon Y$ 具有 Dunford-Pettis 性质;

(2) $X \check{\otimes}_\varepsilon Y$ 是 Schur 空间;

(3) X 和 Y 都是 Schur 空间.

定理 9.6   若 X 不是 Schur 空间, Y 包含 ℓ_1 副本, 并且每个 X 到 Y^* 的线性连续算子都是全连续的, 则 $X \hat{\otimes}_\pi Y$ 不具有 Dunford-Pettis 性质.

证明   既然 X 不是 Schur 空间, 因此, 存在正规化的弱收敛到 0 的序列 $x_n \in X$, 不妨假设它就是基. 令 $\phi_n \in Y^*$ 为有界序列, 满足 $\phi_i(x_j) = \delta_{ij}$.

由于 Y 包含 ℓ_1 副本, 因此, 存在满射的算子 $q : F \to \ell_2$. 定义算子

$$T : X \hat{\otimes}_\pi Y \to \ell_2$$

为

$$T(x \otimes y) = (\phi_k(x) \, \langle q(y), e_k \rangle)_{k=1}^\infty.$$

既然

$$\|T(x \otimes y)\| \leqslant \sup_k \|\phi_k\| \cdot \|q\| \cdot \|x\| \cdot \|y\|,$$

因此, T 是弱紧算子.

选取有界序列 $y_n \in Y$, 使得 $q(y_n) = e_n$, 则

$$T(x_n \otimes y_n) = (\phi_k(x_n) \, \langle q(y_n), e_k \rangle)_{k=1}^\infty = e_n.$$

则 T 不是全连续的, 所以, $X \hat{\otimes}_\pi Y$ 不具有 Dunford-Pettis 性质.   ■

定理 9.7   若 X 和 Y^* 不是 Schur 空间, 并且每个 X^* 到 Y^{**} 的线性连续算子都是全连续的, 则 $X \check{\otimes}_\varepsilon Y$ 不具有 Dunford-Pettis 性质.

证明   选取弱收敛到 0 的规范, 基序列 $x_n \in X$ 和有界序列 $\phi_n \in X^*$, 使得 $\phi_i(x_j) = \delta_{ij}$.

可以找到弱收敛到 0 的规范, 基序列 $f_n \in Y^*$, 利用子序列代替, 不妨假设存在有界序列 $f_n \in [\psi_n]^*$, 满足 $f_i(\psi_j) = \delta_{ij}$, 这里 $[\psi_n]$ 是序列 $\{\psi_n\}$ 的线性扩张闭包, 满足定义 $T : Y \to [\psi_n]^*$ 为 $(Ty)(x) = x(y)$ 对任意 $y \in Y$ 和 $x \in [\psi_n]$, 有 $T(Y) \supseteq [f_n]$.

算子 $\gamma : T^{-1}([f_n])/\ker(T) \to [f_n]$ 为 $\gamma(y + \ker(T)) = T(y), y \in T^{-1}([f_n])$, 它是同构. 故存在有界序列 $y_n \in Y$, 使得 $T(y_n) = f_n$, 并且

$$\delta_{ij} = f_i(\psi_j) = (Ty_i)(\psi_j) = \psi_j(y_i).$$

既然每个 $L(X, Y^*) = (X \check{\otimes}_\varepsilon Y)^*$ 的算子都是全连续的, 因此, 序列 $\{x_n \otimes y_n\}$ 在 $X \check{\otimes}_\varepsilon Y$ 中弱收敛到 0. 故序列 $\{\phi_n \otimes \psi_n\}$ 在 $X^* \hat{\otimes}_\pi Y^*$ 中弱收敛到 0.

若 $J : X^* \hat{\otimes}_\pi Y^* \to (X \check{\otimes}_\varepsilon Y)^*$ 是自然映射, 则序列 $\{J(\phi_n \otimes \varphi_n)\}$ 在 $(X \check{\otimes}_\varepsilon Y)^*$ 中弱收敛到 0. 但是 $\langle J(\phi_n \otimes \psi_n), x_n \otimes y_n \rangle = 1$, 所以, $X \check{\otimes}_\varepsilon Y$ 不具有 Dunford-Pettis 性质.   ■

定理 9.8   若 X^* 不是 Schur 空间, X^{**} 不包含 ℓ_1 的可补副本, 并且 Y^* 包含 ℓ_1 的可补副本, 则 $(X\hat{\otimes}_\pi Y)^*$ 不具有 Dunford-Pettis 性质.

证明   先假设 Y^* 与 ℓ_1 同构, 取弱收敛到 0 的规范基序列 $\{\phi_n\} \subseteq Y^*$, 有界序列 $\{z_n\} \subseteq Y^{**}$, 使得 $\langle z_i, \phi_j \rangle = \delta_{ij}$. 我们知道 $(X\hat{\otimes}_\pi Y)^*$ 与 $L(X, \ell_1)$ 同构.

利用 Kalton 在文献 [8] 的方法, 可证 $\{T_n\} = \{\phi_n \otimes e_n\}$ 在 $K(X, \ell_1)$ 是弱收敛到 0 的, 因此, 它在 $L(X, \ell_1)$ 中也是.

既然 X^{**} 不包含 ℓ_1 的可补副本, 因此, X^{***} 不包含 ℓ_∞ 副本. 故从 ℓ_∞ 到 X^{***} 的线性连续算子都是全连续的. 根据引理 9.2, 序列 $\{z_n \otimes e_n\}$ 在 $X^{**}\hat{\otimes}_\pi \ell_\infty$ 中是弱收敛到 0 的.

考虑算子 $\gamma : X^{**}\hat{\otimes}_\pi \ell_\infty \to L(X, \ell_1)^*$ 为

$$\langle \gamma(z \otimes \xi), T \rangle = \langle T^{**}(z), \xi \rangle \quad \text{对} \quad T \in L(X, \ell_1), \quad z \in X^{**}, \quad \xi \in \ell_\infty.$$

则

$$\langle \gamma(z_n \otimes e_n), \phi_n \otimes e_n \rangle = \langle z_n, \phi_n \rangle \cdot \langle e_n, e_n \rangle = 1.$$

所以, $L(X, \ell_1)$ 不具有 Dunford-Pettis 性质.

对于一般的情形, 若 $P : Y^* \to Y^*$ 是投影, 满足 $P(Y^*)$ 与 ℓ_1 同构, 则 $Q(T) = P \circ T$ 定义了 $L(X, Y^*)$ 上的投影, 值域为 $L(X, P(Y^*))$, 所以, $L(X, Y^*)$ 不具有 Dunford-Pettis 性质. ■

推论 9.5   设 X 和 Y 是无穷维的 L_∞-空间, 并且至少有一个包含 ℓ_1 副本, 则 $(X\hat{\otimes}_\pi Y)^*$ 不具有 Dunford-Pettis 性质.

皮西耶 (Gilles Pisier), 生于 1950 年, 法国数学家, 法国科学院院士. 他在数学多个领域都做出了开创性的贡献, 包括泛函分析、概率论、调和分析和算子理论. 他 1977 年在巴黎第七大学菲尔兹奖得主 Laurent Schwartz 教授的指导下获得博士学位, 博士学位论文为 *Séries aléatories vectorielles, martingales et propriétés géométriques des espaces de Banach*. 2001 年, 他被授予波兰科学院 Stefan Banach 奖章. 在 Banach 空间理论中, 皮西耶使用鞅方法证明了超自反的 Banach 空间可以进行重新赋范使之成为一致凸空间. 他和 Enflo, Lindenstrauss 在著名的 "三空间问题" 上取得了一系列好的结果, 该结果也对 Nigel Kalton 在拟赋范空间上的工作产生了深远影响.

皮西耶与 Junge 合作, 在权威期刊 *Geometric and Functional Analysis* 发表论文 *Bilinear forms on exact operator spaces and $B(H) \otimes B(H)$* 解决了 C^* 代数理论长期存在的一个开问题, 即 $B(H)$ 的两个副本的张量积上 C^* 范数的唯一性问题, 其中 $B(H)$ 是 Hilbert 空间 H 上的有界线性算子.

参 考 文 献

[1] Grothendieck A. Sur les applications linéaires faiblement compactes d'espaces du type. Canad. J. Math., 1953, 5: 129-173.

[2] Castillo J M F, González O M. On the Dunford-Pettis property in Banach spaces. Acta Univ. Carolin. Math. Phys., 1994, 35(2): 5-12.

[3] Bombal F, Villanueva I. On the Dunford-Pettis property of the tensor product of $C(K)$ spaces. Proc. Amer. Math. Soc., 2001, 129(5): 1359-1363.

[4] Bombal F, Villanueva I. Regular multilinear operators on $C(K)$ spaces. Bull. Austral. Math. Soc., 1999, 60(1): 11-20.

[5] Pethe P. Thakare N. Note on Dunford-Pettis property and Schur property. Indiana Univ. Math. J., 1978, 27(1): 91-92.

[6] Ghenciu I. On the Dunford-Pettis property of tensor product spaces. Colloq. Math., 2011, 125(2): 221-231.

[7] González M, Gutiérrez J. The Dunford-Pettis property on tensor products. Math. Proc. Cambridge Philos. Soc., 2001, 131(1): 185-192.

[8] Kalton N J. Spaces of compact operators. Math. Ann., 1974, 208: 267-278.

[9] Bourgain J. On the Dunford-Pettis property. Proc. Amer. Math. Soc., 1981, 81(2): 265-272.

[10] Peralta A M, Villanueva I. The alternative Dunford-Pettis property on projective tensor products. Math. Z., 2006, 252(4): 883-897.

索　引